THE MATTER OF EVERYTHING

迷人的粒子

[澳] 苏西·希伊（Suzie Sheehy）著 杨光 译

CNS 湖南科学技术出版社 博集天卷 CS-BOOKY

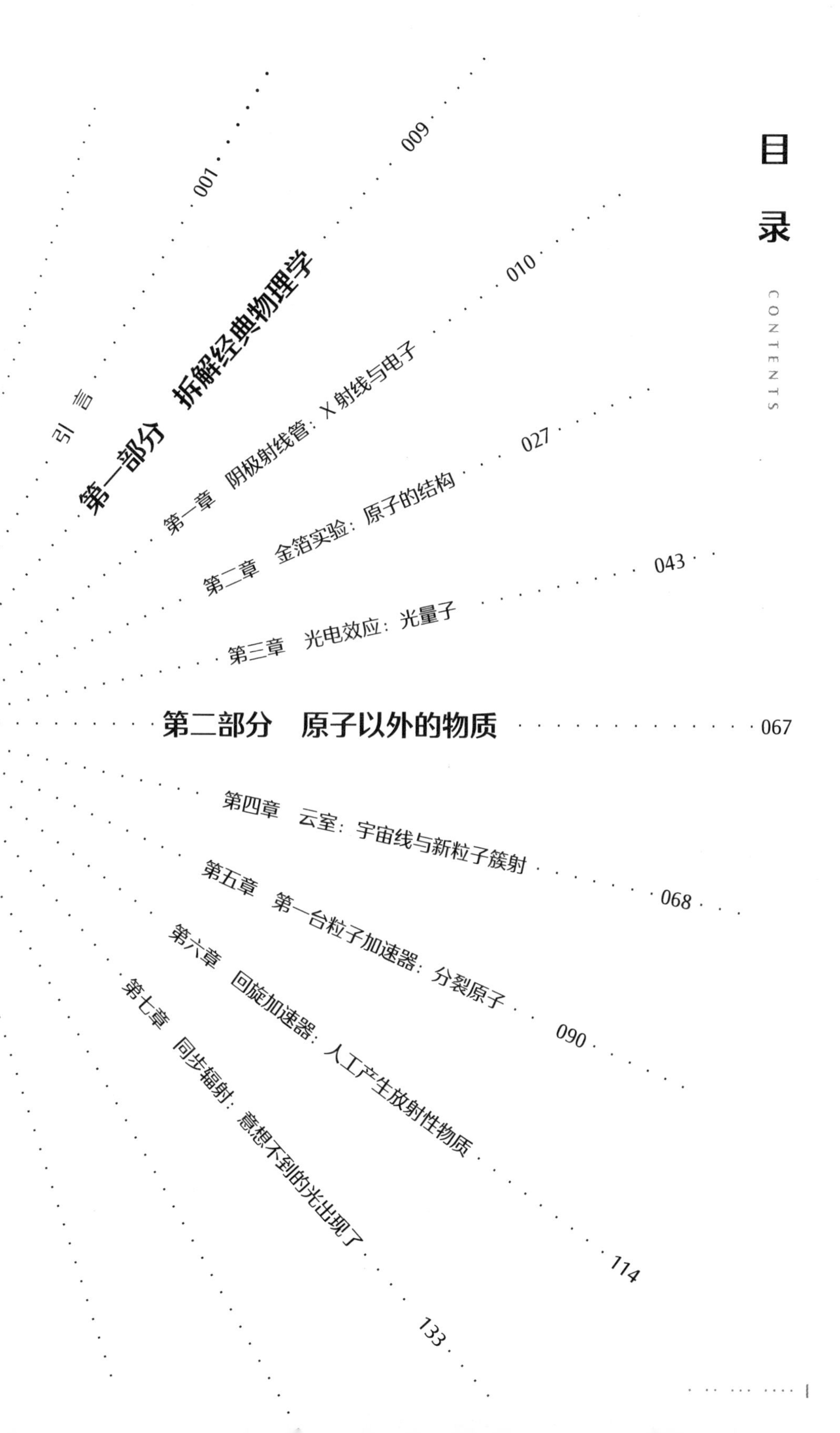

目录

CONTENTS

引言 001

第一部分 拆解经典物理学 009

第一章 阴极射线管：X射线与电子 010

第二章 金箔实验：原子的结构 027

第三章 光电效应：光量子 043

第二部分 原子以外的物质 067

第四章 云室：宇宙线与新粒子簇射 068

第五章 第一台粒子加速器：分裂原子 090

第六章 回旋加速器：人工产生放射性物质 114

第七章 同步辐射：意想不到的光出现了 133

第二部分　标准模型与超越

第八章　粒子物理学变大了：奇特的共振　151
第九章　巨型探测器：寻找难以捕捉的中微子　152
第十章　直线加速器：发现夸克　173
第十一章　粒子加速器：第三代物质　191
第十二章　大型强子对撞机：希格斯玻色子及更远处　208
第十三章　未来的实验　230
致谢　250
注释　261
263

引 言

FOREWORD

几年以前，我坐在笔记本电脑前，面对四位牛津大学粒子物理学家提出的看似简单的问题，眉头紧锁。我没有听到他们的名字，并非由于紧张，而是因为我的博士面试是在澳大利亚内陆一间汽车旅馆的房间里进行的，这里的网络连接很不稳定。他们问我：“你觉得粒子物理学有什么迷人之处？”

这肯定是个圈套：牛津的入学面试可是出了名地困难。那一瞬间，我决定坦诚为妙。我告诉他们，我惊讶于物理学似乎能够描述一切：从最小的亚原子粒子，到组成我们身体的原子，一直到宇宙的最大尺度，以及这一切是如何关联的。

粒子物理，我说，它是这一切的基础。

五年以前，我在墨尔本大学学习土木工程，从没想过成为物理学家这个选项。虽然我上学时很享受物理的乐趣，但只知道它会让我从事工程学方面的工作。在我攻读本科学位一年后，这一切都变了，当时同学邀请我参加物理学生社团每年日程里最精彩的部分：天文营。

一个周五下午，我们离开墨尔本，两小时后抵达 Leon Mow 黑暗天空基地（Dark Sky Site）[1]。驶过颠簸的土路，我们抵达一栋铁皮屋顶建筑，在这里取出啤酒和望远镜，在一大片林中空地搭好帐篷。随着光线逐渐暗淡，温度下降，蝉鸣开始穿透空气。为了夜间也能看见，我用头绳把一张红色玻璃纸固定在手电筒上。我爬进睡袋，感谢它具有双重功能，既能提供温暖，又能屏蔽昆虫。我闻到了熟悉的桉树香味，然后抬头望去。

“那儿有一颗！”我旁边的人喊道，正有一颗流星划过夜空。随着我的眼睛适应了黑暗，这个“黑暗天空基地”的真正惊人之处才显现出来。人们的聊天转为低语，随后一片寂静。金星缓慢落下地平线，其他行星映入眼帘。经过那个夜晚，我了解到夜空变化虽然缓慢但持续的本质。透过朋友的望远镜，我看到壮丽的土星环，土星环的图片我很熟悉，但透过镜片看到却感到异常新鲜，我还看到星体在充满发光尘埃的星云中形成，以及球状星团闪闪发光，数百万星体在十万光年外环绕着我们的星系。

最壮观的景色是恒星的亮带与尘埃，这些尘埃是我们的星系——银河系的弧光。从南半球可以看到我们圆盘状星系的中心，我们在银河系中心到边缘的距离的大约三分之二处围绕自己的恒星转动，我们的恒星本身也在银河系中移动。星系正和所处的星系群一起，以约每秒600千米的速度在太空中航行。除此之外还有数十亿类似的天体，有星体与星云，黑洞与类星体，以及通过巨大的时空转换的能量形成的物质。

那一瞬间我才真正理解自己多么渺小，生命多么短暂，要描述我所见到的宏大有多么艰难。恒星与行星并非在**那上边**，我也不是在**这下边**：这些全都是名为宇宙的巨大物理系统的一部分，我也是其中一部

① 澳大利亚维多利亚州天文协会运营的热门观星据点，观测视角极佳。——如无特别说明，本书脚注均为编者注

分。我当然早就知道这点，但直到那一瞬间，我才真正**感受**到自己在其中的位置。

突然间，其他一切都显得不再重要，我想要了解关于引力、粒子、暗物质、相对论的更多东西。关于星体、原子、光与能量。最重要的是，我想知道它们是怎样关联在一起的，以及我与它们是怎样关联的。我想知道关于万物的理论是否真的存在。我深深感到这一切十分重要，作为人类，这对我非常重要，理解这一点是个足够大的目标，即便我能完成一丁点，也算没浪费身为有意识生命的这短暂时光。我决心成为一名物理学家。

物理学的目的是理解宇宙以及其中的万物有怎样的行为表现，我们尝试理解的方法之一是提出问题。随着研究深入，这一切问题的核心似乎是："物质是什么？它们如何发生相互作用，从而创造了我们周围的一切，包括我们自身？"我想我正在努力搞清楚自身存在的意义。我没有选择研究哲学，而是采用了一种更加迂回的方式：我开始试图理解整个宇宙。

关于物质本性的问题，人类已经发问了上千年，但只在最近一百二十年里，这种好奇心才终于给了我们一些答案。关于自然界的最小组成部分以及支配它们的作用力，如今我们的理解由粒子物理学描述，这是人类进行过的最令人敬畏、错综复杂、富有创造力的冒险旅途之一。关于宇宙的物质实体以及它们结合的方式，如今我们已经拥有了详尽的知识，我们发现实在[①]所具有的丰富性与复杂性是仅仅几代以前的人们无法想象的。我们已经颠覆了原子是世界最小组成部分的观念，发现了在日常物质中并不发挥作用的基本粒子，但基于描述实在的数学，它们又必须出现——这看来有点不可思议。只用几十年时间，我们就了解了如何

① 实在（reality），指在认识的现象后面的现实存在的事物，也可以指宇宙、不以意识为转移而存在的东西。

将这一切融合在一起，从宇宙之初的能量爆发到自然界最精确的测量。

过去一百二十年间，我们对自然界最小组成部分的观点快速变化：从放射现象和电子，到原子核与核物理领域，以及量子力学（它在最小的尺度上描述自然）的发展。进入 20 世纪，这项工作被人们熟知为“高能物理学”，新粒子被发现，注意力从原子核移开了。如今对粒子以及它们如何形成、表现、转化的研究都被称为粒子物理学。

粒子物理学的标准模型阐释了自然界所有已知粒子以及它们之间的相互作用，它由几十年来很多物理学家的研究发展而来，我们目前的版本出现在 20 世纪 70 年代。这是个绝对成功的理论：数学上十分精妙，极其精确，却只需要一个马克杯的侧面就能写下。标准模型似乎能在基本层面如此完备地描述自然界的运作方式，作为一个学习者，我被迷住了。

标准模型告诉我们，构成我们日常存在的一切物质只由三种粒子组成。我们由名为“上夸克”和“下夸克”的两种夸克组成，它们构成了质子和中子。这两种夸克与电子一起组成原子，被电磁相互作用、强核力与弱核力聚合在一起。就是这样，我们以及周围一切就是如此而已。[1]（此类注释见书末尾。）然而尽管只由夸克和电子组成，我们人类却以某种方式搞清了自然**远不止于此**。

我们知识上的成就并非完全来自概念与理论的飞跃，一位天才独自在桌旁创建理论，这种刻板印象很大程度上是不正确的。一个多世纪以来，诸如“原子内有什么”“光的本质是什么”“我们的宇宙如何演化”这样的问题已被物理学家以完全实际的方式解决了。今天我们可以说我们**知道**这一切，认为我们的理论模型表现了实在，原因并不在于我们有精美的数学，而是因为我们进行了实验。

我们不少人在孩童时代就了解到这种观点：质子、中子和电子组成了世界，但对我们是**怎样**了解物质、作用力以及万事万物的，却知之甚少。一个质子的尺寸是一粒沙子的一万亿分之一，我们实际上是怎样研究如此小尺度物体的，这一切远非显而易见，这就是实验物理学的艺术：从想法的萌芽开始，追随我们的好奇心，使用真实的物理仪器，完成新知识的积累。在黑暗天空基地的那一晚，当我直接体验到这点时，我了解到我享受物理学，这让我有了成为实验物理学家的想法。

理论物理学家可以沉迷于数学上的可能性，但实验会将我们带到让人恐惧的脆弱边界：真实世界。这就是理论与实验的不同之处。理论物理学家的想法必须考虑实验结果，实验物理学家却有更细致入微的工作。她①不仅要检验理论物理学家的想法，还要追问自己的问题，设计与动手搭建实验，检验这些想法。

实验物理学家必须理解并能够运用理论，但她绝不可以被其所限，她必须对发现意想不到与未知的事物保持开放，还必须了解很多其他事情：她的实践知识的覆盖范围从电子学到化学，从焊接到处理液氮。然后她必须把这一切结合起来，能够操控不可见的物质。事实是实验非常困难，这一过程涉及很多错误的开始与失败，需要想完成这些的某种好奇心与个性，然而纵观历史，很多人都具有这样的热情与执着。

纵观 20 世纪，科学家进行的粒子物理实验已经从“一个人一间屋”模式转变为使用地球上最大型的机器。20 世纪 50 年代开始的“大科学”时代，时至今日已发展为涉及一百多个国家、成千上万科学家的合作的实验。我们修建的地下粒子对撞机由数千米高精度电磁仪器组成，这一项目持续超过二十五年，花费数十亿美元。我们已来到这样一个时点：任何一个国家都无法独自完成这一壮举。

与此同时，我们的日常生活也经历了类似的巨大转变。1900 年，绝大部分家庭还要等二十年才能用上电，马是主要的交通方式，英国或

① 原文及下文均为“她”（She）。

美国的人均寿命不到五十岁。如今我们寿命更长，部分原因在于医院有了 MRI（核磁共振）、CT 与 PET 扫描仪来诊断疾病，以及一系列药品、疫苗、高科技工具来进行治疗。我们用电脑、万维网、智能手机彼此联络，这也产生了全新的工业与工作方式。就连我们周边的商品，从车子的轮胎到首饰中的宝石，也使用新技术进行设计、增加与改进。

当我们想到构成现代世界的思想和技术时，很少将其与实验物理学的同步发展联系在一起，但它们是紧密相连的。上述例子都来源于实验，它们被设计来进一步了解自然界的物质与力——这份清单还只涉及了很小一部分。只用了两代人的时间，我们就学会了操控单个原子来建造微型计算设备，它们小到连显微镜都很难观察到；学会了运用物质的不稳定特性来诊断与治疗疾病；学会了使用来自太空的高能粒子看古老的金字塔内部。这一切成为可能，是因为我们能够在原子与粒子层次控制物质，因为我们掌握了这些知识，它们都来源于好奇心驱动的研究。

我选择成为一名加速器物理学领域的实验物理学家：我的工作是发明真实世界的仪器，来操控微小尺度的物质。加速器物理学家不断发现创造粒子束的新方法，帮助人们进一步了解粒子物理学，但我们的工作也对社会的其他领域做出越来越多的贡献。当我告诉学生、朋友、听众，离他们最近的医院基本上都配备了一台粒子加速器，智能手机依赖于量子力学，他们能浏览网页是因为粒子物理学家时，他们都感到十分惊讶。我们建造粒子加速器，来研究病毒、巧克力、古代卷轴。对地质学与我们行星古老历史的详尽了解正是粒子物理学研究的成果。

好奇心驱动的研究带领我们超越所知与预期的局限，带给我们改变历史进程的观念、新领域与解决办法。通过探寻新知，我们消除了已知有可能之事与坚信不可能之事之间的鸿沟，好奇心由此带来了真正具有开创性的革新。物理学，特别是粒子物理学，也许提供了这一现象最为生动的案例。一系列物理实验怎样带来现代世界的所有这些方方面面？

进行过的实验当然成千上万，所有实验都以某种方式对我们的知识有所贡献。在本书中，我将带你经历十二个重要实验，它们都标志着空前的成就—— 一项至关重要的发现，对我们现在理解我们生存的世界来说不可或缺。我们会从 19 世纪之交，英国和德国的小实验室中几个人进行的实验开始，这些实验表明经典物理学正在崩塌，将我们的视线转向比原子还小的实体的存在。然后我们将看到芝加哥的实验如何证实正在涌现的量子力学观点，使得全球的物理学家乘热气球高飞，登上山顶，追寻新粒子的踪迹。每一个实验都让我回想起那种沮丧与欢乐交织在一起的感觉，因为我在自己的实验室里也深有感触，这是实验科学者独有的人类体验，但后见之明的益处使我能够发现这些早期实验者们无法发现的：他们的发现与发明会变成什么样子。

接下来几个实验带我们领略美国、德国、英国之间在建造第一台粒子加速器与分裂原子上的竞争。这些实验涉及加州人工放射性元素的诞生，导致了工业科学家的偶然发现，由此创造出研究的新工具，带来了天文学的全新理解。最后我们会看到很多团队与国家的故事，他们团结在一起建造大型实验仪器，构成了我职业生涯的背景：从布鲁克海文和伯克利这样的美国实验室，到斯坦福直线对撞机与费米实验室，最终到欧洲核子研究组织（CERN）。

总体来说，这些实验体现了源于人类好奇心的探索精神。经过一个世纪的历程，它们几乎改变了我们生活的方方面面，从计算机技术到医学，从能量到通信，从艺术到考古学。物理学的核心永远是关于理解我们在宇宙中的位置，自从那次看见夜空，我就感受到了这个事实。这趟旅程也会阐明物理学是如何带来如此之多我们现在视为理所当然的现代技术，以及我们甚至从未想象到的实际成果的。它告诉我们物理学教会我们每个人的关于好奇心的事，以及我们每个人都拥有的做出突破的力量，这力量也许会改变世界。

第一部分

拆解经典物理学

想象力是卓越的发现能力，它深入我们周围的不可见世界以及科学世界，

感受与发现那实在，那我们通过感官无法得见的真实。

——引自阿达·洛夫莱斯 1841 年 1 月写给拜伦勋爵的信

第　一　章

阴极射线管：X射线与电子

我们的故事要从1895年德国维尔茨堡的一间实验室讲起，这里看起来并不太像现代科学家使用的那种整洁的白色空间，而是铺着漂亮的镶木地板，从高高的窗户望出去，可以俯瞰园林和葡萄园。物理学家威廉·伦琴①合上百叶窗，着手工作。在一张长长的木桌上，他放了一个小酒瓶大小的玻璃管，用真空泵把里面的绝大部分空气抽了出去。[1]导线从金属电极上垂下来，一根在管子的末端（阴极），另一根大约在管子中间（阳极）。加上高压电时，里面会出现名为“阴极射线”的亮光，“阴极射线管”由此得名。目前为止，一切都在伦琴的预料之中。然而，他的余光注意到，实验室另一端的一块小荧光屏上出现了亮光。

他走过去仔细审视，磷涂层的屏幕正发出绿色的光。关上阴极射线管，光就消失，再打开，光又出现。也许这只不过是眼睛的错觉，是阴极射线管发出的光反射过来的？他把玻璃管用黑纸板挡住，但荧光屏上的光还在。他可从没遇到过这种情况，但感觉这也许会很重要。

① 威廉·伦琴（Wilhelm Röntgen，1845—1923），德国物理学家，X射线的发现者。1901年获得首届诺贝尔物理学奖。

从那一刻起，物理学由此改变。从那个偶然发现开始，阴极射线管将引领物理学进入崭新的领域，开始颠覆千百年来人们已经接受的关于自然界的观念，最终会带来改变人们生活、工作、交流方式的技术。一切都从那里开始，从那个发光的荧光屏和一个人的好奇心开始。

和 19 世纪末世界上绝大多数科学家一样，威廉·伦琴也认为，物理学的课题已经基本完成。宇宙由“原子”组成的物质构成，他们发现存在着不同类型的原子，对应不同的化学元素。从树木到金属，从水到毛发：物质世界的复杂性，不管是软硬、颜色还是质地，全都是因为它们由不同的原子组成，这些原子看起来就像一个个小球，像乐高的零件。只需拥有正确的操作指南，你就可以用一套原子创造出任何喜欢的东西。

他们也知道存在几种万物间相互作用的力。万有引力让恒星待在我们的星系里，并且让我们的行星绕太阳转。即便是最为神秘的电力和磁力，最终也被归结为一种力：电磁相互作用。宇宙是可以预测的：如果你掌握它内在运作的全部细节，并且让它运转起来，那么万物的运动都可以被精准预测。

如今剩下要去探索的仅仅是一些细枝末节——比如阴极射线管的工作原理，这是他们还无法解释的几件小事之一。当然也有理论试图解释它，比如有的观点认为，射线管内部的光线与人们假定的以太波纹有关，人们认为光通过以太这种介质传播，就像声音通过空气传播。在对阴极射线管的研究中，伦琴似乎碰上了更复杂的问题。不仅是射线管内部的有些事情无法解释，他还在射线管外发现了一个奇怪的现象。

伦琴小时候看起来平平无奇。他是个布料商人的儿子，喜欢在乡村和森林里探索大自然。[2] 如果说在有件事上他确实展现出了一些天赋的话，那就是制作机械[3]，这一早期的能力对他日后的实验工作很有帮助。

成年后，黑发在他前额竖起，“好像他的热情一直让他通着电”。[4]

伦琴是个很害羞的人，发表演讲时声音很小，对自己的学生要求十分严格，甚至对实验室要有助手这件事都有点不适应。但他热爱科学，有时会引用伟大的工程师维尔纳·冯·西门子①的话：“学术生活能够带给我们的，也许是人类能够企及的最纯粹最高级的愉悦。”

如今他发现了一些从未有人见过的事情。看到这个奇特的发光荧光屏，他认为他看到的并不是使阴极射线管发光的同种“射线”，因为这种效应似乎发生在射线管内部。他发现的是一种全新的不可见射线，似乎可以传播得更远。他立刻全心投入研究，把全部时间和精力都花在了实验室。后来当被问及那时他都想到了什么时，他说：“我并没有去想什么，而是做研究。”实验室里有很多类似的玻璃管[5]，他细致入微地调试了荧光屏和玻璃管，希望搞清楚这种新射线的本质。他在玻璃管和荧光屏之间放了各种东西，尝试了纸、木块，甚至硬橡胶，射线都可以从中穿过，几乎没有衰减。他又让射线射向隔壁实验室厚厚的木门，结果在另一边仍然可以探测到这种射线。只有在玻璃管前面放铝箔的时候，射线才无法穿过。

他花了七周时间在实验室全神贯注地工作，有时候吃饭都需要妻子安娜·伯莎提醒。除了这点交流以外，他几乎都是独自工作，对自己的研究只字不提，连助手都没告诉，更别提国外的同行了。他深知，如果不能率先宣布这一发现，其他上百位在做类似实验的科学家就会抢先一步。据记载，他唯一一次谈及自己的工作，是对一位好友，但也只是谈道：“我发现了些有趣的东西，但也不确定观测结果是否正确。”[6]

后来，他把手放到射线前，记录中写道：如果把手放在放电管和荧

---

① 维尔纳·冯·西门子（Werner von Siemens，1816—1892），德国发明家、企业家、物理学家、电气工程师，创办了西门子公司。

光屏之间，在手的影子之中，就会看到更暗的骨骼的影子……他又有了新点子——用射线在照相底片上记录下伯莎手的影像，这也印证了他的想法：射线能轻易穿过皮肉，但无法轻易穿过骨骼或金属。从肉眼来看，她的手骨和婚戒看起来要比皮肉更暗一些。挡住新射线的程度与物体的密度有关。据说，伯莎看到自己的手骨时尖叫道："我看到了自己的死亡！"此后再未踏入她丈夫的实验室半步。

伦琴需要给这种新射线起个名字，记在笔记本上。在科学上，我们通常用字母 X 表示未知的事物，所以伦琴想出了也许是物理学史上最不刻意的命名，把他的新发现称为"X 射线"。

伦琴理解了 X 射线的运作，对此感到非常满意，但需要做个决定：应该将自己的想法申请专利，把自己的发现公之于众，还是在宣布发现之前做更多的工作？他还对很多问题充满好奇：比如 X 射线与光和物质有着怎样的联系，X 射线是由什么构成的，以及是怎样形成的。他觉得 X 射线的宣布一事不能再拖延了，其他人发现 X 射线的可能性太大了。如果在申请专利之前就公开自己的发现，那当 X 射线在医疗上派上用场时，他就一分钱也挣不到了。但伦琴是物理学家，不是医生，他并不清楚医师们对他的想法感不感兴趣。他认为让 X 射线发挥作用的最好办法，就是公布自己的发现，把它告诉医学界。

1896 年 1 月 23 日这天，伦琴克服了自己的羞怯，在离实验室没多远的维尔茨堡医学物理学会的大讲堂里摆上了一张桌子，放上了 X 射线的实验装置。人们已经通过报纸得知了他的发现，来观看的人非常多，过道上都站了人。伦琴第一次做演讲，讲述了他的发现，给观众展示了 X 射线能够穿过木头和橡胶，但不能穿过金属。他展示了伯莎手的照片，把自己的想法告诉他们，认为可以用 X 射线看到人体内部。为把问题讲清楚，他决定要演示一下，创造出这样的影像有多么容易。

在讲堂前面，伦琴邀请医学物理学会会长——一位著名解剖学家，让他把手放在X射线的路径上。伦琴打开阴极射线管，拍摄了会长手部的X射线影像，在场的医生都大为震惊，他们立刻明白了这项发现的价值所在，会长本人更是深受震撼，他让大家为伦琴欢呼了三次，人们甚至提议以伦琴的名字来命名这种新射线。[7]

关于这个新现象的消息像野火般传遍了全世界，有鼓舞人心的赞美之词，也有恐惧，甚至还有诗歌。当时，儒勒·凡尔纳①的《地心游记》正引发公众的想象，伦琴突然发现了透视人体的能力，这还带来了一些有趣的误解，比如有人认为用X射线可以透视女士的衣服（透视男性衣服的想法未被提及），当时的创业者开始售卖防X射线的铅制内衣，可能是专供女士吧。许多戏院里也禁止戴“X射线眼镜”，尽管并非真有这种眼镜。哲学家则担心X射线会暴露一个人最深处的自我。

全球成百上千的科学家已经拥有了阴极射线管，它成了物理实验室标配的设备。他们首先验证了伦琴的实验，然后开始将阴极射线管投入使用，大概花了几个月的时间。1896年，距离被发现还不到一年时间，在意大利和阿比西尼亚的战场上，X射线就已被用来定位士兵骨折或体内弹片的位置，格拉斯哥皇家医院则设立了世界上第一个X射线影像科。

在其他社会领域，商人将X射线另作他用。当时比较流行的有“鞋镜”，在人们试鞋的时候拍摄X射线影像，但这一做法后来消失了，因为有证据表明，X射线有时会对皮肤或细胞组织造成伤害——这个话题我们后边会再谈到。伦琴本人提出另一种X射线在工业上的潜在应用，比如一个不透明的箱子里装有金属重物，用X射线可以拍出金属重物的照片。这些早期的“X射线影像”也为现在机场里安全扫描仪的发明

① 儒勒·凡尔纳（Jules Verne，1828—1905），法国作家，现代科幻小说的先驱。代表有《格兰特船长的儿女》《海底两万里》《神秘岛》等。

做好了铺垫。

由于伦琴决定不为他的发现申请专利，不使之成为其医学应用的潜在阻碍，他本人并未从中得到任何收入。他巧妙地将开发这些技术的职责留给了医学界，宣称自己要忙于其他研究，但如果有需要的话，他会继续提供帮助。

伦琴看起来也许是个奇特的人：一位“孤独的天才”，做出了一个不知从哪儿冒出来的“偶然发现”，毕竟任何一个拥有荧光屏的人如果走运的话，都可能会有同样的发现。但如果我们再仔细审视一下，就会发现还有其他因素在起作用。他有机会接触世界上的很多专家，有着多年的实验训练，即使十分兴奋，也能保持耐心与谦逊。在注意到发光的显示屏时，他有足够的知识来理解其中的含义，也有好奇心深入挖掘。

尽管被大肆宣传，但仍然没有人真正了解 X 射线究竟**为何物**。伦琴已经证明，与可见光和可见光谱以外的紫外线、红外线相比，X 射线并没有完全相同的反射和折射性质。人们并不十分清楚，X 射线是怎样从阴极射线被创造出来的，以及它与其他物质——比如荧光屏，有怎样的相互作用。他的发现引发了一系列关于物质与光由什么构成、它们怎样相互作用的新问题。要回答这些问题，需要进一步用阴极射线管做实验，而阴极射线管在接下来的发现中将继续扮演重要角色。

在 1897 年早春的英格兰剑桥，身为世界上出类拔萃的物理实验室的主任，约瑟夫·约翰·汤姆孙①正致力于解决一个长达二十年的争论。他并没有把注意力放在玻璃管外的 X 射线，而是想搞清楚玻璃管内的阴极射线是由什么构成的。

---

① 约瑟夫·约翰·汤姆孙（Joseph John Thomson，1856—1940），英国物理学家，电子的发现者。

汤姆孙的猜想并不受欢迎，他认为阴极射线是某种微粒或粒子。在这点上，伦琴和他的德国同行并不认同，他们认为阴极射线并不是一种物质，而是某种形式的光。[8]汤姆孙之前用实验室里的玻璃管研究气体中的电，但现在他设计了一系列新实验，试图回答这个问题：阴极射线的本质究竟是什么?

汤姆孙是曼彻斯特一个书商的儿子，他很腼腆，十一岁时就宣称想要做基础研究，这有些少年老成的愿望不知从何而来。他的父亲在他只有十六岁时就过世了，没有给他的教育留下任何积蓄。由于物理系没有奖学金，他就进入了剑桥三一学院学习数学。他那种沉静的幽默感——经常表现为孩子气的咧嘴笑——再加上那种不可动摇的学术自信，把他的同学都吓跑了，他们看待他几乎有种敬畏感。[9]

年仅二十七岁时汤姆孙就被评为教授，被任命为剑桥大学卡文迪什实验室主任。他个子不高，留着杂乱的胡须，黑色的头发从中间梳开，几乎毫不在意自己的穿衣风格。一位老友后来回忆起，他的领结有时会挂在耳朵上，而汤姆孙本人四处走动，浑然不知。他的家庭生活也很简单，但涉及对物质和宇宙本性的推测，他却非常具有革命性。

汤姆孙的研究始于仔细重复前人的实验。他首先想要确认的是阴极射线具有电荷。他用磁铁让阴极射线发生偏转，击中计量电荷的验电器。令人惊讶的是，仪器显示存在大量负电荷，[10]射线具有电荷的观点得到了证实。

随后他又设计了一个实验，让他的助手在特制的真空管里装上一对平行金属板，在两板间加上电压，尝试用电场让射线偏转。如果这种射线是他所认为的粒子，那么它就会因为电压而偏转。而如果射线是光的话，它就会沿直线传播，丝毫不会偏转，就像手电筒发出的光不会因加上电压而受到影响。

汤姆孙希望能发现，与加较高电压相比，加较低电压时阴极射线偏转的角度会小一些。之前发现电磁波的德国物理学家海因里希·赫兹①在汤姆孙之前就做过同样的实验，但他发现高电压会让射线偏转，而低电压对射线没有任何影响。汤姆孙刚开始尝试这个实验时，沮丧地得到了和赫兹相同的实验结果。阴极射线似乎在高电压下表现得像粒子，而在低电压下表现得像光。对汤姆孙的粒子假说而言，这可是个巨大的挑战。

汤姆孙用他的仪器进行实验，试图搞清楚他的发现。首先他把玻璃管中的气体换成另一种，但实验结果并没有改变。下一步他尝试改变气体的数量，给玻璃管抽真空，发现结果产生了变化：低电压时偏折较小，高电压时偏折较大，和他预料的一样。为了确定这点，他又放进一些气体，低电压造成的偏折又消失了。留存在玻璃管中的少量气体带上了电，抵消了低电压，但抵消不了高电压。结果就是，当有气体时，低电压对阴极射线不会有什么作用。正是这点导致了赫兹的实验结果，也让汤姆孙的实验失败了。正如汤姆孙后来在回忆录中写道："在彻底掌握使用技巧之前，物理实验室的精密仪器，也许第一天给出一个结果，第二天又给出相反的结果，这恰恰证明了这种说法的真实性：自然的恒定法则从来不是在物理实验室中发现的。"[11]

这些实验结果促使汤姆孙得出结论："射线的轨迹与气体的性质无关。"[12]也就是说，他的演示结果与玻璃管中的气体无关，射线也不是其他人所认为的带电气体分子流，射线是远比这更为基本的东西。由此他得出了关键论点：如果射线真是一种带负电的粒子，那么所有实验结果都可以得到解释了。

现在要做的只剩下要弄清楚射线是**哪种**粒子：原子、分子还是其他。为了确定这点，汤姆孙使用电场和磁场测定了其电荷量和质量，特

① 海因里希·赫兹（Heinrich Rudolf Hertz，1857—1894），德国物理学家，于 1888 年首先证实了电磁波的存在，对电磁学有很大的贡献，故频率的国际单位制单位赫兹以他的姓氏命名。

别是二者之比荷质比——e/m，得到的数值比他预期的要大很多。这个结果很令人费解，与任何已知的原子或分子都不匹配，而原子和分子是目前人们已知的自然界的最小组成部分。汤姆孙给出了两种可能的解释：要么这种粒子太“重”了，像原子一样，带有非常大的电荷量，要么这种粒子质量极小，带有一个单位元电荷。这两种选择看起来都不吸引人。如果它是具有非常大电荷量的原子，他就需要彻底反思电荷量的概念。另一方面，如果质量极小，就意味着原子并不是不可分的基本粒子。

汤姆孙改变了他能想到的每个变量，在玻璃管里用了不同气体，尝试了不同金属作为电极，还改变了真空程度。每种实验产生的都是同样类型的新粒子，具有相同的荷质比。在对新粒子的本质进行推测时，他还调用了化学实验、星体光谱观测，甚至磁铁结构的知识。虽然进程缓慢，但他确信，要摒弃“新粒子是带有很大电荷量的原子”这一想法。他为公布结论做好了准备。

1897 年 4 月 30 日，周五，距离伦琴公布他的发现还不到一年时间，在伦敦皇家学会的周五晚间演讲现场，汤姆孙身着晚礼服出现在拥挤的人群前，重现了他的一系列实验。公开演讲在每周五晚进行，吸引了非常多穿着考究的伦敦人[13]——那时最新的科学发现被视为高等文化。在演讲的高潮，他宣称这种神秘射线实际上是一种带负电的粒子，他测定其质量是最轻的原子（氢原子）的 2000 分之一。汤姆孙发现了电子，第一个**亚原子**粒子。[14]

这是智性的胜利。汤姆孙深入钻研了阴极射线的神秘发光，对物质本性有了全新的理解。同年十月，他又向前迈进一步：由这种微小粒子组成的不只有阴极射线，实际上这种粒子是至今未知的物质组成部分，这也推翻了“原子是最小不可分实体”的观点。他还无法确定电子来自哪里，但坚信它几乎肯定来自原子内部。在证据面前，即使伦琴和他的德国同事都不得不承认，汤姆孙是对的。伦琴和汤姆孙两人，用了同一套仪器，发现了之前从未被发现的自然界的两个全新方面。

现在我们可以把他们的观点放在一起，来解释阴极射线管内部到底发生了什么了。阴极在高压下发射出高速电子，被吸引到带正电的阳极，但有些电子没有击中阳极，而是从一旁高速飞过，撞击气体与玻璃管，这个过程中转移的能量产生了光——这让科学家们困惑了数十年。这一过程被称为轫致辐射，即“刹车的辐射”，就像电子在玻璃管上刹车了一样。只要电子损失足够的能量，就可以产生 X 射线：一种高能光——电磁辐射——具有穿透手部（以及人体其他部分）的能力。

和 X 射线不同的是，汤姆孙的发现的用途在当时还不明确。汤姆孙很好奇，像电子这样极小又微不足道的东西，怎么可能会让物理学界以外的人感兴趣。20 世纪早期，在他做出发现的卡文迪什实验室，一次年会记录中有这样一首半开玩笑的祝酒词：“敬电子！愿它永不为人所用！”[15] 然而在电子被发现后的二十年，汤姆孙再次在皇家学会发表了周五演讲，这次的题目是“电子的工业应用”，此后我们发现，他的发现以及我们对它的理解，将构成整个电子学领域的基础。

这一切是怎样发生的呢？从表面来看，似乎讲得通，毕竟电子学——就像名字所表明的——依赖于电子的运动。但汤姆孙的发现与此有什么关联？我们真的需要他的研究，还是说电子学早晚都会出现？为了理解汤姆孙的好奇心与电子学变革之间的关系，我们需要把他的工作放到当时的背景中。

在英国科学博物馆里，有个名为“创造现代世界”的常设展厅。通道中间一个很小又不起眼的玻璃橱窗里，有一些带有简洁说明牌的玻璃仪器，其中一个就是汤姆孙发现电子时所使用的阴极射线管。这个橱窗里还有个早期的电灯泡，另一侧有两个长相奇特的仪器，叫作弗莱明管，看起来就像电灯泡，只不过底部有三只管脚。这个展示柜就是早期电子学发明的历史缩影。

附近的一件陈列让我们注意到另外一位著名发明家——托马斯·爱迪生①。1880 年，像汤姆孙这样的科学家在认真钻研阴极射线管时，爱迪生和他的助手在实验时无意中发现了一项相似的技术，可以把电转化为光。那时爱迪生三十三岁，比汤姆孙年长九岁，由于被其他动机驱使——希望通过发明来赚钱，他采取了与实验科学家截然不同的方法。爱迪生的团队采用了“试错法”这一有点蛮力的策略，尝试了尽可能多的物质和构造。绝大多数类型的灯丝会立刻烧坏，但团队里的一位成员，刘易斯·拉蒂莫，一位非裔美国人，确定了一种方案，他使用碳丝制作电灯，可以维持大约 14 个小时。[16]

然而还有个问题：在工作时，灯泡玻璃表面会变黑，就好像碳粒子被从灯丝“搬运”到了玻璃上。尽管他们已经尽可能提升了真空的程度，灯泡仍会烧坏。现在我们知道这是由于灯丝的蒸发，但爱迪生当时并不了解。为了解决问题，爱迪生在灯泡里放了个电极，试图在中途抓住碳粒子，结果意外发现可以产生电流，但是只能朝一个方向。虽然没有解决发黑问题，但是这个装置似乎可以控制电流，就像阀门控制水流一样，他称之为“爱迪生效应”。对于控制电流流动的原理，他毫无兴趣，只是知道可以控制。爱迪生为“爱迪生效应电灯”申请了专利，然后就放弃了这个想法，因为他看不到它能有什么用途。他继续灯泡的工作，一点一点改善，最终把碳丝的寿命延长至 600 个小时，后来有人询问其中的原理，他告诉他们，他没有时间去研究工作中的“美学”部分。[17]

对美学——工作中所蕴含的原理，有时间进行研究的人是汤姆孙。

---

① 托马斯·爱迪生（Thomas Alva Edison，1847—1931），美国发明家。

1899 年，在发现电子两年后，汤姆孙证明，和阴极射线管一样，灯泡中的灯丝也在发射电子。按照爱迪生的方法来加热灯丝，会使电子跳出来，我们现在把这个过程称为“热电子发射”。这与灯丝蒸发有很大区别，是揭示爱迪生效应的关键。爱迪生看似无用的发明闲置了快二十年后，汤姆孙的工作最终揭示了电极产生电流的原理。当电极带正电时，会在真空中吸引电子流，完成回路，但电极带负电时，会排斥电子，电流就断了。有了这样的充分理解，爱迪生的“阀门”将会在这个飞速发展的世界里找到其用途所在。

我们故事的下一站要来到 1904 年，涉及马可尼无线电报公司顾问的工作，无线电和电信就发源于这家公司。[18] 为了让电话工作，英国物理学家约翰·安布罗斯·弗莱明①需要把微弱的交流电转换为直流电。他在 1889 年偶然发现了爱迪生效应，意识到爱迪生发明的阀门正好可以做到这点，当时他正是爱迪生 & 斯旺电灯公司[19] 的顾问。无线电传输时发出的微弱信号足以引起阀门电流的开或关。这种联系突然浮现在他脑海中，之后他写道：“令我高兴的是，我们从这种奇怪的电灯中发现了答案……”

阴极射线管的知识与电灯相结合，第一个“热电子二极管”，或“弗莱明阀”被发明出来：这是第一个电子设备。电气设备涉及电子在导线中的流动，电子学则涉及电子在真空中的运动，它能够被简便快速地操控，无须早期电器设备的机械运动。弗莱明的发明引发了一场技术革命。几年以后，一位美国发明家在热电子二极管里加上了第三个电极，每一步都遵循汤姆孙理论的指导。[20] 1911 年，“三极管”被用作放大器，不久后，真空管中的电子流被用作振荡器、电信号的调节器等

---

① 约翰·安布罗斯·弗莱明（John Ambrose Fleming，1849—1945），英国电机工程师、物理学家。

等。这些早期的电子设备催生了远距离无线电通信、雷达和早期的电脑。电子工业由此诞生了。

对这个故事中呈现的两种不同路径稍做审视，还是很重要的。一方面，对理解真空管的运作来说，汤姆孙这种由好奇心驱动的路径看起来当然很重要，但除了知识，他并没有计划创造其他东西。另一方面，爱迪生的试错法会带来企业家式的成功，但对于这些技术按照目前方式运作的原理以及原因，他并没有兴趣进行详尽了解。在某种意义上，弗莱明将这两种路径结合起来，创造出一种复杂精妙的技术。在电子工业形成的过程中，毫无疑问他们所有人都是不可或缺的，但如果没有那些不以商业为目的去做阴极射线管实验的科学家，这一切都将无从谈起。

与通过试错法发明新产品相比，在科学进程中追求知识与理解常常会有累积效应，随着时间推移，经常会带来越来越多的应用。对电子来说如是，对 X 射线来说也是如此，因为这两者是相关联的。由于电子工业的诞生，制造产生 X 射线的特制玻璃管成为可能，为医疗与工业用途的 X 射线管创造了一个繁荣的市场。这些玻璃管的样品就陈列在科学博物馆的展厅，挨着汤姆孙的阴极射线管和早期的弗莱明阀。

X 射线剩下的故事只需在博物馆里多走几步，电子工业和 X 射线让这种大型医疗仪器成为可能，也就是被称为计算机断层扫描仪（CT）的救命技术。

20 世纪 70 年代以前，如果病人需要脑部扫描，医生会进行“气脑造影术”。在脊柱底部打个洞，或直接在头骨钻洞，病人的大部分脑脊液会排出来，然后打入空气或氦气，在大脑和头骨间创造一个气泡。病人会被绑在椅子上，四面八方旋转，还要有不同的姿势（倒过来或侧着都有），这样气泡才能在大脑和脊柱里游走，与此同时在各个位置照射 X

射线。已经患病的人要被迫忍受极度的痛苦、恶心与头痛，而且整个过程通常没有麻醉。这一切只不过是为了在 X 射线影像中得到充分对比，以便能够区分大脑和（已经排出的）脑脊液。在这痛苦的经历后，医生会检查 X 射线影像，希望可以辨别出大脑的形状由于损伤或肿瘤是否有轻微变形。这个手术极其野蛮，却是 1919 年到 20 世纪 70 年代的唯一选择。

当时 X 射线只能产生二维影像。如果把身体想象成一盒液体，其中有一系列物体（骨头、器官、肌肉），在盒子里用 X 射线看到一个物体是非常困难的，因为任何前面和后面的物体都会挡住它。以二维去呈现三维结构，医生理解起来十分困难。真正需要的是革新，可以创造真正三维影像的革新。

19 世纪 60 年代，供职于 EMI（电子与音乐工业公司，一家英国大型公司，也经营电子器件和其他设备）的戈弗雷·豪斯菲尔德①，正在寻找计算机可以发挥作用的领域，他提出了一种全新方法，使计算机成了更好的 X 射线医疗设备。他想到可以在病人周围旋转发射源与探测器，进而收集一系列 X 射线影像，用计算机进行数据重建。这使得创造一幅完整的人体内部 3D 影像成为可能，被称为“计算机断层扫描”或 CT。[21]

要实现这个想法，他首先开发了一个脑部扫描仪的试验性装置。为了测试，他前往当地屠宰场，切下了奶牛的大脑，用来采集图像。[22] 在一次访谈中，他用典型的英国式低调说法这样形容道：“用纸袋搬着这些大脑，穿越伦敦，最后放到机器上，这可真是个大工程。”[23]

初期测试得到了有机组织内部的全 3D 图像，清晰程度令人震惊。CT 扫描仪甚至可以显示出组织中的细微差别，这在伦琴看来绝不可能：

① 戈弗雷·豪斯菲尔德（Godfrey Hounsfield，1919—2004），英国电子工程师，发明计算机控制的轴向断层（CAT）X 射线扫描仪，用于医疗诊断。他因这一贡献获得 1979 年诺贝尔生理学或医学奖。

在他早期的X射线影像里，组织是透明的，现在却有很多影像混合，说明现在可以看到了。这需要计算能力、一台旋转设备和一些熟练的数学运算，但这项技术真的很有效。1971年，脑部扫描仪开始在伦敦的阿特金森·莫利医院进行试验，它由一个特制的可活动床组成，病人躺在上面，头部处于一个环形孔径中，其中装有扫描设备——实际上和今天的样子没有太大不同。

1971年，第一位接受扫描的病人是一位女士，左前额叶疑似有肿瘤。CT扫描仪成功识别出肿瘤，由此进行手术，病人重获健康。直到此刻，豪斯菲尔德和他的团队才“像足球运动员攻入制胜球一般欢呼雀跃”。[24] 他终于意识到自己工作产生的影响：他的发明给传统头颅X射线的痛苦画上了句号。

1972年，脑部扫描仪向世界公布，但豪斯菲尔德并未止步于此，他继续制造了一台机器，可以揭示人体其余部分的内在机制。1973年，第一台CT扫描仪安装在美国的医院里，截至1980年，全世界已有300万台投入使用。随着时间推移，CT扫描仪已十分普遍，截至2005年，扫描仪的数量达到了6800万台。

从那时起，新思想带来了实时影像，并与其他影像技术相结合（我们后续会见到），CT应用成了急诊室里的一线技术。20世纪70年代，得到一个影像要花费半小时，现代机器只需不到一秒。现在，在植入支架时，CT技术甚至可以帮助医生3D定位心脏，提升手术成功率。此外，CT显示的内部结构可以用3D打印机打印出来，在为手术和移植做计划时，可以帮助医生了解病人体内的真实情况，而这一切都不会在皮肤上留下刀口。技术与性能持续提升，聚焦于加快扫描速度，减少辐射剂量，以及得到更为精细的3D影像。

从发现X射线到现代CT扫描仪，这趟旅程用了超过七十年才得以完成。这需要一系列发明，数学技巧的突破，计算机的出现，需要这一切整合在一起。在世界上任何一家医院，你都可以找到某种形式的这项技术。如果问伦琴时代的医生，怎样能够增进人体的内部知识，他们也许只能拿出一把更好的手术刀。对于这个看似鲜为人知的物理学领域，正是伦琴和汤姆孙为了理解它所做出的探求，才使得他们的发现带来了一项全新的工具，日后由豪斯菲尔德和其他人不断完善，最终彻底改变了医学。

医学当然不是受益于 X 射线的唯一社会领域。一旦明确用途，就会发现到处都有对它的应用。下次去机场时，留意下 X 射线行李扫描仪：其源头同样来自维尔茨堡的一间实验室。除了安全应用，我们的物质和物理世界也仰赖于 X 射线知识。企业制造的东西，从输油管道到飞机，从桥梁到楼梯，现在都使用 X 射线影像来确保产品达到标准。出现裂缝或存在气泡，X 射线都会显示出来，就像伦琴所做的原始实验那样。这种“无损测试”技术是我们的人造世界里不易察觉的部分，但也正是源于此，管道才很少爆裂，也罕有飞机从天空坠落。无损测试技术是个价值 130 亿美元的产业，并且在持续增长，X 射线占有其中 30% 的份额。

要将可能变为现实，电子学花费了半个世纪，而 X 射线几乎用了一个世纪，但即便是本章中所讲的故事也只是个简介。完整的故事要回溯知识与技术在数个世纪的逐渐积累，从 1643 年埃万杰利斯塔·托里拆利[①] 的第一个实验室真空，到 1654 年奥托·冯·格里克发明的第一个真空泵，也需要专业的吹玻璃工人造出严丝合缝的精密仪器来保持真空，还需要设备提供足够高的电压，把电子从金属电极打出。整个过程

① 埃万杰利斯塔·托里拆利（Evangelista Torricelli，1608—1647），意大利物理学家、数学家。1642 年继承伽利略任佛罗伦萨学院数学教授。

持续了几代人的时间，即便看起来突破就发生在眨眼间。

1895 年至 1897 年间进行的阴极射线管实验，拓展了我们的电磁波谱视野，推翻了“原子是自然界的最小粒子”这一观念，导致了第一个亚原子粒子的发现，阴极射线管实验是如何做到这些的，让人惊讶不已。如果让人预测这些实验的成果，在评估这些实验对物理知识的影响上，人们肯定会彻底失算，如果预测其社会影响的话，甚至会错得更离谱。

伦琴和汤姆孙的发现中另一个相同的脉络，就是它们都迅速被技术采纳。在后续几十年电子学和救生医疗设备出现的革新中，这些观念都是不可或缺的，然而这些技术的基础概念并不来自工业，而来自好奇的头脑，他们进行实验，努力增进我们的集体知识。如今许多人把“阴极射线管”和老式电视机联系在一起，但它远不止于此。它代表着某种力量，好奇心驱动的研究将带来开创性的革新。

阴极射线管实验推翻了物理学已几近完成的观念。随着亚原子物理学的兴起，新的前景为充满好奇心的科学家敞开。后续几个重要实验将来自汤姆孙的学生，物理学家开始追问：原子内部还有什么？

第　二　章

金箔实验：原子的结构

欧内斯特·卢瑟福①收到当地物理学会的邀请，参加一场辩论时，才刚到蒙特利尔几个月时间。那是1900年，辩题为“比原子还小的实体的存在”。卢瑟福热切参会，并给他之前的导师汤姆孙写信，表示希望驳倒他的对手——弗雷德里克·索迪②，一位比他小6岁、牛津大学培养的化学家。索迪一直对物理与化学的交叉领域感兴趣，但他将会发现，卢瑟福是一位撼动化学基本原理的物理学家。[1]这场辩论将引发科学上最令人震惊的系列实验之一，使得不只科学家，还有艺术家、哲学家、历史学家彻底重新思考关于身边世界的假设。

索迪首先发言。他很高大，表情严肃，金发碧眼。他出生在英国南部，是七个孩子里最小的，上学时他克服了口吃，把之前的儿童房变成了一间可以做实验的化学实验室，偶尔会差点让整个房子起火。他有两

① 欧内斯特·卢瑟福（Ernest Rutherford，1871—1937），新西兰裔英国物理学家，原子核物理学之父。荣获1908年诺贝尔化学奖。

② 弗雷德里克·索迪（Frederick Soddy，1877—1956），英国放射化学家，1913年发现了放射性元素的位移规律，为放射化学、核物理学这两门新学科的建立奠定了重要基础。荣获1921年诺贝尔化学奖。

条坚决持有的价值观：求真与致美。[2]

索迪是来为原子辩护的。他的观点是：汤姆孙和其他人发现的电子，肯定不同于他和其他化学家所知的“物质”。他说：“化学家保有一种信念与崇敬，认为原子是具体的永恒的实体，就算不是永恒不变的，也肯定不是可以转化的。”他向卢瑟福提出挑战：“也许卢瑟福教授可以让我们相信，他所知的物质与我们所知的是同样的物质。”[3]

卢瑟福接着为他的观点辩护。在卢瑟福看来，电子就是普通物质的一部分。他描述了汤姆孙以及之前科学家的工作，比如德国的海因里希·赫兹和菲利普·勒纳①，法国的让·佩兰②，英格兰的威廉·克鲁克斯③。他回顾了汤姆孙发现电子的实验，并解释说，既然电子来源于物质，也就必然是组成原子的一部分。卢瑟福把新的实验结果解释得非常好，使得麦吉尔大学的学生和教职工都相信，关于原子是物质最小的不可变的组成部分这一观念，应该转变了。即便卢瑟福赢得了辩论，关于物质的内部图景仍然留有很多问题。化学家和物理学家的意见仍存在分歧。

卢瑟福——朋友叫他埃尔恩，是一位物理学家，但与你通常想象的那种物理学家很内向的刻板印象相比，他却截然不同。他又高又壮，说话声音很大，大到会打扰到实验室里敏感的科学仪器。他的学生很懊恼，最后制作了一个精心设计的发光标识，挂在仪器上方，写着“请轻声说话”。据科学作家理查德·P. 布伦南描述，卢瑟福有一条“深信不疑的信念，认为咒骂仪器会让它更好地工作，鉴于他的成果，也许他是

① 菲利普·勒纳（Philipp Lenard，1862—1947），德国物理学家，是赫兹的学生。由于对阴极射线的研究贡献，获得 1905 年诺贝尔物理学奖。

② 让·巴蒂斯特·佩兰（Jean Baptiste Perrin，1870—1942），法国物理学家，1926 年获得诺贝尔物理学奖。

③ 威廉·克鲁克斯（William Crookes，1832—1919），英国著名物理学家与化学家。

对的”。[4]

卢瑟福来到麦吉尔大学，作为物理学教授，他看起来有点太年轻了，由于前导师汤姆孙的强烈推荐，他的职业生涯就像进入了快速通道。就在几年前，卢瑟福从故乡新西兰来到英格兰，赶上了辐射领域的新发现浪潮，这个睿智的年轻人带着热情投入其中，证明了自己，很快脱颖而出，成为剑桥大学的明星校友，展现了自己研究的独立性，而他的导师正忙于他事（不过，公平地说，他的导师当时正忙于发现电子）。

1896 年，放射性的发现有些偶然，当时法国物理学家亨利·贝克勒尔①正在研究铀晶体的发光效应。1898 年，玛丽·居里发现了钍元素发出的射线，她的丈夫也加入她的研究，他们宣布发现了钋[5]与镭元素，并在这重要的一年命名了“放射性”。在剑桥的研究生学习期间，卢瑟福就加入这个行列，证明至少有两种不同类型的射线：可以被一张纸挡住的 α 射线和可以被一块木头挡住的 β 射线。[6]α、β，以及几年后的 γ 射线，用了希腊字母表的前三个字母来命名。人们最初并不了解它们的本质，没过多久，1899 年贝克勒尔就确认 β 射线是电子。1907 年，卢瑟福指出 α 射线由失去两个电子的氦原子组成——使其具有两个单位正电荷。不过当时并不清楚 γ 射线由与 X 射线类似的高能光构成。卢瑟福关于放射现象的发现当然引起了汤姆孙的注意。

有了麦吉尔大学的新教授职位，以及自己的第一个研究小组和自己的实验室，卢瑟福想要更深入地探究放射现象。和剑桥相比，加拿大提供了相当不同的氛围，其中一点似乎是把他从老派英国大学的社交约束中解放出来，他可以做他想做的了。他把目光放得很高：想要了解原子的结构。

---

① 安东尼·亨利·贝克勒尔（Antoine Henri Becquerel，1852—1908），法国物理学家。发现天然放射性，与皮埃尔·居里和玛丽·居里夫妇因在放射学方面的深入研究和杰出贡献，共同获得 1903 年诺贝尔物理学奖。

1900 年早些时候的辩论之后，索迪和卢瑟福彼此间产生了真正的兴趣与合作，他们对理解对方的工作有了更强烈的好奇心。索迪对了解更多关于射线的内容很感兴趣，他参加了卢瑟福讲授的一门高阶课程，学习 X 射线、铀和钍的射线，以及怎样使用静电计的实际操作。作为化学家，他印象最深的是静电计，根据钍的辐射量可以探测出其极微小的质量。与化学使用的简单称重相比，这个办法灵敏得多。事实上，电学方法能够探测的物质的量，是最好的分析天平能够探测的物质的量的 10^{12}（1 万亿）分之一。

在此期间，卢瑟福招收了自己的第一位研究生：名叫哈丽雅特 · 布鲁克斯的女生。即便玛丽 · 居里的成功可能带来了一些影响，但那时女研究生仍然非常少见。布鲁克斯在家里九个孩子中排行第三，来自西部安大略省的一个小镇。她的父亲是一位做面粉生意的旅行商人，经常没有足够食物满足孩子们的需求。遗憾的是，对于她如何发现对物理学的热爱，以及她的性格和风度，我们不得而知：这些事情没有记录下来。[7] 看起来比较明确的是，她意识到更高等的教育会带给她什么：逃离家乡与变得独立的能力。在麦吉尔大学学习四年后，她取得了优异成绩，获得数学和德语的很多奖学金，缓解了家里供她读书的负担。她是一位满怀雄心壮志的学生，卢瑟福本人对女性做研究也没有任何疑虑，因此邀请她一起工作是十分自然的事。

布鲁克斯与卢瑟福一起研究了钍元素，发现它会发射一种神秘的“放射物”，一种他们从未见过的气体。这点太奇特了，但他们还发现，放射物似乎会使附近物体具有放射性。也就是说，当放射物与一个物体接触时，它似乎会影响到物体，使它自发地发出 α 、β 或 γ 射线，与镭和钋这样的天然放射性物质一样。

1902 年，布鲁克斯凭借与卢瑟福合作所完成的博士工作赢得了奖学金，并用它从加拿大旅行到英格兰，与汤姆孙一起工作，她成了第一位在卡文迪什实验室做研究的女性。基于她的研究成果，卢瑟福开始觉得，擅长化学技巧的人可以帮助他理解出现的情况，于是邀请索迪与他合作，索迪立即放弃了先前的研究工作，欣然接受。[8]

索迪使用化学方法继续完成布鲁克斯的工作，尝试搞清楚钍的放射物是否会与不同的化学药剂发生反应，但徒劳无功。他发现实验的温度没有影响，用二氧化碳取代空气做实验也没有影响。放射物看起来似乎是某种惰性气体，并确认不是钍，而是由钍通过某种方式创造的。

终于，一切豁然开朗。钍正变成气体，钍原子自发地转变了形式。并不像炼金术师的梦想那样，把铅转化为黄金，而是原子在改变。索迪“站在那里，呆住了，被这件意义非凡的事震惊了”，惊叫道：“卢瑟福，这就是嬗变！”[9]

现在我们知道，卢瑟福和索迪观察到的是放射性元素的衰变，通过发射 α 和 β 粒子转变为其他元素，最终形成稳定的物质。自然界一直在免费施展炼金术。几年以前索迪还坚持认为化学原子是不能改变的，现在却发现了彻底颠覆世界观的证据。

他们接着发现，放射性衰变遵循**指数律**。经过一段被称为“半衰期”的时间，一堆放射性物质中的一半原子会变成另一种原子。如果一开始有一百个氧 -15 原子（氧的一个放射性类型，原子质量是氢原子的 15 倍），两分钟后就只剩下 50 个原子，另外 50 个转变为氮 -15 原子。再过两分钟，只有 25 个原子（50 ÷ 2）。再过两分钟就剩下 12.5 个原子，等等。（严格来说，无法得到半个原子，但是两分钟的“半衰期”时间保持不变。）物质不再像以往那样稳定而不可改变。

以 20 世纪早期的标准，卢瑟福和索迪的观点十分激进，因此科学共同体有各种反应。在伦敦，作为英国物理学界最年长的人物，开尔文勋爵（威廉·汤姆孙）① 完全拒绝相信原子的衰变。坚信物质不灭的化学家，也竭力反对这项工作的意义。在麦吉尔，卢瑟福的古怪和他的放射性理论也开始困扰到其他教授，其他教师认为，他关于物质的非正统观念可能会给大学带来不好的名声：与他和索迪辩论的物理学会成员对此提出了强烈批评，建议他延期宣布，应该更谨慎些。[10] 他的教授同事们一度把他拉去参会，直言不讳告诉他要把事情放缓。卢瑟福气冲冲地走出房间，无法掩饰自己的怒气。

他肯定不会一直听命于此。1904 年，在校园里遛弯时，他偶遇了地质学教授弗兰克·道森·亚当斯，开门见山问道地球的年龄应该是多少。亚当斯说，根据当时的各种估算方法，猜测有一百万年。卢瑟福把手伸进口袋，拿出一个黑色石块，说道："亚当斯，毫无疑问，我知道我手中的这块沥青铀矿有七百万年历史。"然后就离开了。

卢瑟福意识到，可以用自然界中持续衰变的放射性物质估测地球的年龄。石块含有少量他和索迪正在研究的放射性原子。如果知道一种原子衰变为另一种原子的比率，他就可以算出与"子代"粒子相比，有多少未衰变的原子，从而计算出物体已经存在了多久。卢瑟福想出了"放射性定年法"的主意。他之前的估测基于铀 -238，其中 238 指的是原子质量数。具有不同质量数的元素被称为"同位素"，虽然它们是相同的化学元素，但可以有不同的放射性质（1913 年索迪发现了同位素，并发明了这个术语）。通过实验室对半衰期的粗略估测，卢瑟福比较了沥青铀矿样品中铀和铅的数量，发现地球的年龄比预想中要大得多。

向地质学教授炫耀是一回事，但他还需要说服物理学家和化学家，他关于原子转化的想法是正确的。卢瑟福去了英格兰，1904 年 5 月 20

① 威廉·汤姆孙（William Thomson，1824—1907），1892 年被封为开尔文勋爵（Lord Kelvin），英国的数学物理学家、工程师，也是热力学温标（绝对温标）的发明人，被称为现代热力学之父。

日在皇家学会发表了演讲，展示了有关放射性的发现。在观众中，他发现了开尔文勋爵。开尔文一直在与原子衰变的观念做斗争，卢瑟福清楚，他演讲的最后一部分要谈到地球的年龄，这部分会十分困难。有关地球的年龄问题，开尔文被视为权威人物，他根据地球的冷却速率做出过计算。[11] 卢瑟福回忆说："让我感到庆幸的是，开尔文很快睡着了，但当我谈到关键点时，我看到这个老油条坐起来，睁开眼睛，凶狠地瞪了我一眼！我突然来了灵感，我说，开尔文勋爵限定了地球的年龄，前提条件是没有发现新的（能量）来源。这一预言涉及的，正是我们今晚正在讨论的，镭！看吧！老男孩对我笑容满面。"[12]

其他实验室也得到了证据，确认了许多元素不稳定且具有半衰期这一想法。在英国科学促进协会的一次会议上，开尔文勋爵公开放弃了先前反对放射性的观点，结果不得不向另一位物理学家瑞利勋爵支付了赌注。共同体的其他人也逐渐认可，确实像卢瑟福和索迪猜测的那样，出现放射现象。

卢瑟福于 1908 年获得诺贝尔化学奖，他评论说，在实验室里他见证了很多变化，但都没有从物理学家突然变成化学家那样快。由于卢瑟福的提名，索迪凭借对放射化学的贡献获得了 1921 年诺贝尔奖。谈到哈丽雅特·布鲁克斯，当索迪和卢瑟福 1902 年发现嬗变时，她正在剑桥，但汤姆孙过于专注自己的事，没有注意到她的工作。1903 年她回到加拿大，继续对放射现象做出了出色研究，一直到 1905 年，她订婚了，而任教的大学告诉她，如果结婚就不得不离职。[13] 她解除了婚约，继续工作。1907 年，在巴黎见到居里夫人并与其工作后，布鲁克斯面临艰难的抉择。另一位加拿大教授，她之前的实验室助教，开始用浪漫的方式写信给她。她已经 31 岁，结婚生子的社会压力很大。卢瑟福那时在曼彻斯特，尝试聘用她，竭尽所能确保她可以经济独立。在推荐信里他作证说，她是在放射性领域仅次于居里夫人的最杰出的女物理学家。最终，布鲁克斯选择接受求婚，搬回加拿大，生了三个孩子。她的物理生涯结束了。直到 20 世纪 80 年代，她的工作才得到认可，被视为卢瑟福和索迪关于元素衰变和转化发现不可或缺的一部分。[14]

对绝大多数人而言，诺贝尔奖就是他们职业生涯的巅峰，但对卢瑟福来说，这仅仅是第一步。他仍然没有回答最初的问题：原子的结构是怎样的？想象力的飞跃，以及用简单但有效的实验来实现，这项能力让他颇具盛名。1907 年他返回英国，掌管曼彻斯特大学物理系。接下来他的发现，需要物理学家和化学家做出思维上更大的跳跃，基于物理学里最简单但最著名的研究之一：金箔实验。

尽管卢瑟福已经实现了很多进展，但他在 1908 年搭建的实验仍然十分简陋。对于他的方法，他自己的描述最为贴切："我们没有钱，所以不得不思考。"卢瑟福研究小组的学生和同事因为使用像锡罐、烟盒、封蜡这样的东西而十分出名，当然还需要很多艰苦工作。使用如此简单但聪明的办法来找到检验自然的方式，其中大有乐趣。他的学生，澳大利亚物理学家马克·奥利芬特后来写道："他满是想法，但一般也仅仅是想法。他喜欢用语言描述发生的情况。"[15] 他对原子的看法也是如此。

20 世纪初，卢瑟福把他的原子观念描述为"一个和蔼的硬汉，根据个人口味，颜色有红色或灰色"。微小的原子构成了我们的食物、身体以及星球，我们很容易把原子想象成小台球，通常学校里教的就是这幅图景。[16] 1908 年，即便距离汤姆孙发现电子已经过去了十年，物理学家仍然不清楚原子的内部结构究竟如何。但卢瑟福已经开始有了一丝头绪，认为原子的构成与放射现象密切相关。

汤姆孙和其他许多物理学家认为，原子是一个带正电的球体，带负电的电子嵌入其中——这被称为“葡萄干布丁模型”。还有其他几种观点，比如日本物理学家长冈半太郎①提出的“土星”模型，认为“中心是有引力的物质，被一圈圈旋转的电子环绕”。但没有任何证据表明这种模型有任何准确性。[17] 卢瑟福非常尊重汤姆孙，但他开始怀疑前导师了。

卢瑟福的领域在拓展，职责也变多了，现在他在曼彻斯特大学监管着一整个院系，就在一个令人印象深刻的红砖建筑里，里面有专门打造的实验室和办公室，卢瑟福给自己留出了一间，作为私人实验室。和很多其他实验室一样，这里有厚木地板，墙面贴着瓷砖：地面附近是浅黄色的瓷砖，桌子高度是深红色的条纹，淡黄色的瓷砖一直延伸到天花板。可能感觉有些朴素，但绝对是特别务实的风格。卢瑟福可以在这儿认真工作，研究原子的内部结构问题。更确切地说，他的同事和学生可以。

作为实验室主任，卢瑟福实在太忙了，就算他想，但是大部分实验他也没时间亲自动手操作。他的工作是召集一个团队，让大家朝着实验室的目标一起工作，而他顺道过来巡视下，看看实验结果，提些建议，给大家鼓鼓劲。在实验室巡视时，卢瑟福遇到了欧内斯特·“欧内”·马斯登，一名 20 岁、来自兰开夏郡、充满能量和热情的本科生。与稍微有点矮的马斯登相比，卢瑟福要高不少，当然和其他人相比卢瑟福也更高一些。马斯登是棉纺织工人的儿子，成长过程中非常喜欢音乐、文学和科学，在高中老师的影响下选择了学习物理。他的笑声很具有感染力，据同事说，他经常是大家的开心果。[18] 马斯登正需要本科论文的研究课题，卢瑟福给出了一个想法。

之前在加拿大，卢瑟福就已经观察到，让 α 粒子通过金属薄片时，它们会在照相底片上形成一幅很模糊的图像。如果拿走金属片，照相底

---

① 长冈半太郎（Hantaro Nagaoka，1865—1950），日本物理学家，于 1903 年独立提出土星型有核原子结构的“半太郎模型”，否定英国物理学家汤姆孙在同年提出的“葡萄干布丁模型”。

片上的图像就清晰了。α 粒子似乎被散射了，也许是被金属中的原子偏折了，但他不清楚原因。这个效应非常微小，绝大部分人很可能会忽略掉。卢瑟福鼓励马斯登做实验，更细致地检验这个效应。

为了指导马斯登，卢瑟福让他在汉斯·盖革的监督下工作。盖革是一位出生在德国的物理学家，比卢瑟福小 6 岁，出生于莱茵兰巴拉丁的诺伊施塔特，一个非常美丽的葡萄酒产区。他对自然界十分着迷，以做实验为乐趣并感到自豪。他已完成博士学位，在卢瑟福到曼彻斯特的时候来到了这里。后来，他因发明以他名字命名的盖革计数器而闻名于世。卢瑟福把自己的实验室提供给两位年轻人做实验。

卢瑟福的团队成员已经研究了电子通过金属时的散射情况，他们发现电子会经历一系列与金属原子的碰撞，一些电子会在前进的方向上反弹回来。现在的问题是，在相似的实验中 α 粒子会有怎样的反应。α 粒子（或是我们现在所知的氦原子核）大概是电子质量的 7000 倍，这样重的粒子意味着它在行进过程中需要受到非常大的力才会改变路径。凭直觉来看，它们应该沿直线通过金属薄片。然而事实却是，卢瑟福让 α 粒子穿过金属片时，观察到 α 粒子形成了模糊的图像，这点十分有趣。现在问题就明确了：如果将 α 粒子一个一个向金属发射，金属的厚度将怎样影响它们散射和偏折的路径？

对马斯登而言，帮忙设置实验是一项很棒的训练，这个实验在卢瑟福实验室里相当有代表性。这种实验需要一小时一小时盯着显微镜屏幕，数着 α 粒子微弱的闪光。这需要时间与精力，盖革和马斯登开始了工作。

实验要依靠各种真空管，但需要的并不是产生电子的阴极射线管，因为他们要用的是 α 粒子。他们在玻璃管一端放了一个由镭构成的 α 粒子强放射源，然后把另一端用一片云母封住，α 粒子可以穿过这个薄片材料。他们让玻璃管和厚金属片成 45 度角，在 45 度角反射方向上放置一个硫化锌探测屏，如果 α 粒子击中它就会发出闪光。在 α 放射管和探测器之间放置了铅块，防止走丢的 α 粒子直接打到探测器，影响实验结果。装置这样设计的目的是只有被金属反射的 α 粒子才能被记录下来。盖革和马斯登找到合适的位置，观察屏幕上的闪光。

首先，他们观察了 α 粒子击中厚金属片表面时的情况。和电子一样，少量 α 粒子被反射了。对于厚金属片，α 粒子表现得很像电子。在金属内部，他们预期每个原子造成的 α 粒子的偏折会很小。厚金属片包含很多层原子，即使 α 粒子比电子重 7000 倍，结果仍然证实了他们的预测，甚至这些很重的发射物有时也会在足够的碰撞后反弹回来。金属的类型会有影响吗？似乎有。比起更轻的铝元素，像金这样由较重元素构成的金属会反射更多 α 粒子。

下一步，盖革和马斯登要检验金属的厚度是否有影响。他们推理说，如果让金箔足够薄，α 粒子就会全都沿直线运动，但有可能偏折一点，就像卢瑟福已经观察到的那样。他们选择用金来做这部分实验，因为把金做得很薄比较容易。他们逐渐改变金箔的厚度，检验在屏幕上能观测到多少“闪光”。金箔厚度减小时，α 粒子似乎像预期那样开始沿直线穿过。但之后他们注意到了奇特的现象：不管把金箔做得多薄，硫化锌屏幕上仍然不时出现闪光。平均大概 8000 个 α 粒子中有一个会被金箔弹回，击中屏幕。这可不是轻推一下，让 α 粒子稍微改变方向；这个影响非常大，使 α 粒子完全发生了偏折，被送到屏幕上，就好像被金箔反射了一样。但这怎么可能呢？据他们所知，金原子内部没有任何东西可以产生这样的影响，这似乎违反了所有已知的物理定律。较重的 α 粒子怎么可能被微小的电子或原子里弥散的正电荷偏折呢？

盖革和马斯登把这个消息告诉了卢瑟福，卢瑟福后来这样描述道：“这是我生命中发生的最不可思议的事，不可思议的程度，就像你朝一张很薄的纸发射一枚 15 英寸[①]的炮弹，它居然返回来，又击中了你。”得知实验结果后，卢瑟福不得不思考每一种符合数据的合理解释，然后又一一排除。如果葡萄干布丁模型是正确的，α 粒子的偏折就会非常小，但这与盖革和马斯登的观测结果并不相符。他们必须弄清 α 粒子是怎样被弹回的，而这需要金原子里存在非常大的力。可以考虑的选择有几种：有可能是实验出现了错误；有可能是 α 粒子被原子吸收又发射出来；或者还有一种可能，原子所有的正电荷都被压缩在内部的中心区域。

这个实验在 1907 年至 1908 年进行，1909 年公布，但对原子而言这个实验究竟意味着什么，卢瑟福的理论要等到 1911 年才成熟。在此期间，卢瑟福暂时离开去进行计算工作，还利用这段时间报名参加了一个数学课程，来确保他的计算准确无误。他不断发现与数据相符的解释只有一种：原子一定是由极小而致密的原子核和绝大部分真空组成的。

卢瑟福如果想要推翻公认的原子模型，就必须证明新模型是正确的。随后几年，在盖革发明的测量计数器的协助下，马斯登和盖革进行了另外几个系列的实验，才终于理清了其中的头绪。在此之后卢瑟福才把他的新理论公之于众。原子并不是一个点缀着负电子的葡萄干布丁：其中心部分是一个极小的带正电的原子核，密度大到可以在 α 粒子靠近时使其偏折。电子也是原子的一部分，但它们在很远处环绕原子核运动。如果原子有教堂那么大，电子在墙的位置，那么原子核则有苍蝇那么大，二者之间空无一物。

盖革和马斯登的实验彻底改变了人们关于原子的观点，进而改变了对宇宙的看法。原子根本不是几千年来人们所认为的坚固实体，而是绝大部分均为真空。这一实验结果让人惊讶的程度难以预估，正如亚

① 1 英寸约合 2.54 厘米。

瑟·爱丁顿①在1928年写道：

当我们把如今所推断的宇宙与平常预想的宇宙进行对比时，最醒目的变化并非爱因斯坦对时间与空间的重构，而是我们所认为的最坚实的物质消融为漂浮于真空中的小颗粒。对那些认为事物大致如其所见的人而言，这给了他们当头一棒。与天文学揭示的星际的无垠真空相比，现代物理学所揭示的原子内部的真空要更加令人不安。[19]

理解原子的内部结构看起来也许只是个有趣的细节，然而这项发现和理解放射性衰变与嬗变的机制却在数十年间左右了科学、技术，甚至政治。原子由极小、致密、带正电的原子核与周围环绕的带负电的电子组成，这一事实产生了整个“核物理学”领域。

如此简单的实验居然有可能得到海量知识，这使卢瑟福非常兴奋。化学家C. P. 斯诺②（他也是卢瑟福在剑桥的合作者之一，后来成了知名作家）回忆说，有一次在英国科学促进会的会议上，卢瑟福突然激动起来，大喊道：“我们生活在科学的伟大时代！”而房间里的其他人目瞪口呆，坐着一言不发。

他的热情理所当然：他看到了理解原子核与放射现象原理的潜力所在。如今，很多人将“原子核”与“放射性”一词，以及这些发现几十年后出现的核能与核武器联系在一起，我们对原子核的探索以及放射现象的隐秘本质所释放的威力，有时会引起恐惧。然而如果不存在放射现象，如果所有元素都是稳定的，如果原子核不是如此复杂，我们、我们

① 亚瑟·斯坦利·爱丁顿（Arthur Stanley Eddington，1882—1944），英国天文学家、物理学家、数学家，第一位用英语宣讲相对论的科学家，自然界密实物体的发光强度极限被命名为“爱丁顿极限”。

② 查尔斯·珀西·斯诺（C. P. Snow，1905—1980），英国科学家、小说家。

的星球和星球上的一切就全都不会存在于此。放射现象的出现正是因为原子有结构，这一结构的发现带领我们对物质的本质有了更加深刻、更为根本的理解，我们已为此追寻了上千年。

放射现象是一个自然过程，体现了这样一种观念：我们生命中的一切，甚至物质自身，都处于一种不断演进的变化状态。这种变化在某些情况下极其缓慢，所以我们说有些原子“很稳定”，意思是我们还没见过它们发生衰变，因为它们的半衰期要远远长于宇宙的年龄。但其他原子很明显是不稳定的，它们的半衰期长则几十亿年，短则几天或几分钟，由于这个原因，它们才显得更加有趣，也通常更为有用——于我们而言。

这些放射性元素存在于天然的岩石、空气中，几乎任何地方都能找到。厨房操作台的花岗岩就可能含有铀、钍以及它们的放射性产物。有些元素，比如钾（化学符号为 K），同时具有稳定和不稳定同位素，在原子质量上有区别，因为它们的原子核具有不同数量的中子，比质子的数量多或少都有可能。同种元素的同位素可以具有不同的放射性质。比如，绝大部分钾是稳定的 K-39，而 0.0012% 是多一个中子的 K-40，发射的绝大部分是 β 射线（电子），半衰期为十三亿年。这意味着从理论上讲，即便是香蕉也具有放射性，然而辐射的剂量微不足道，你得一口气吃掉五百万根香蕉才能感受到其副作用。我们的身体也不可避免地含有这些同位素，我们都具有放射性。

如今很多技术都依靠天然放射性元素，比如烟雾报警器（其中有镅作为 α 粒子放射源，产生微弱的电流，一旦烟雾使 α 粒子散开，就会触发报警器），还有下放到深孔中用来探测周边岩石成分的放射源，这项技术被称为“钻孔测井”，会激发岩石中元素的 γ 射线，让使用者用最少的挖掘就可以评估地下深处是否埋藏着重要的矿物、石油、天然气或其他有价值的东西。其他放射源在癌症治疗上已应用多年，也应用于给邮件灭菌，尤其 2001 年有人试图通过邮件传播炭疽病毒，此后美国政府就采用放射线来给邮件灭菌。[20]

天然放射现象在社会其他领域的应用已经成为我们世界的重要组成部分，我们很容易忘记的是，在卢瑟福、索迪、布鲁克斯、盖革、马斯登的发现之前，它是不存在的。只需看一看卢瑟福的老实验室不远处的博物馆——曼彻斯特博物馆，就足以为证。这里并没有任何陈旧的物理仪器，而是有很多化石（包括名为“斯坦”的巨大霸王龙骨架）。还有个巨大的上石炭纪林木根系的复制品，标牌上显示其年龄在 2 亿 9000 万—3 亿 2300 万年。还有一条蛇颈龙，是一群大学生在北约克郡找到的，巨大的玻璃橱窗底部摆放着它 1 亿 8000 万年的骨骼化石。我们很容易认为测定化石、岩石、古代文物绝对年龄的技术一直就有，但卢瑟福与地质学教授亚当斯的交流提醒我们，事实并非如此。几乎任何未被记录的历史文物，我们都能够客观地知道其年代，主要原因在于我们拥有关于放射现象的知识。

卢瑟福发现原子核后，物理学家又花了些时间才把核物理学理解透彻，才得以了解不同原子半衰期不同的原因。与此同时，人们发现了自然界许多具有不同半衰期的不稳定原子，带给我们多种工具与技术，可以测定年代的不局限于化石，而是几乎任何东西。要列出用放射性定年法测定的所有已知的东西肯定不可能，但我们可以讨论以下几个。

我们知道都灵裹尸布是中世纪的伪造品，[21] 我们可以确定死海古卷的年代。我们知道智人从非洲迁移出来并非一蹴而就，而是经历了多个时期。[22] 我们知道他们如何传遍全球，是因为我们可以确定人类遗迹的年代，比如在俄勒冈州一个洞穴中发现的距今 14300 年的遗址。[23] 考古学中，我们不仅可以确定物品在当地的时期，还可以比较不同国家甚至不同大陆的时期，从而构建出世界的史前史。我们可以通过冰芯确定冰块的年代，最远可追溯到 150 万年前，[24] 从而理解古代气候。也正是由于放射性定年法，我们才知道恐龙在地球上漫步的时间，以及 6500 万年前疑似恐龙灭绝的小行星的年代。[25] 继续回溯，我们可以识别出可能为最早动物的化石证据：在南澳大利亚特雷佐纳岩层中发现的距今 6 亿 6500 万年的一种早期海绵。[26]

这一知识构成了我们生活与物种的历史文化中丰富的一部分。我们能够把所有这些故事整合在一起，不只因为我们可以将岩层与骨架相互比较，还因为原子可以自发衰变为其他原子：因为卢瑟福，因为他的团队，以及在他之后发展与改进这些方法的其他科学家。在当时看来，寻求理解自然界最小的物体也许是物理学一个复杂难懂的部分，但它构成了我们理解文化、艺术、地质学，以及我们在世界史中位置的基础。

又是几个人做的非常简单的实验，带来了开创性的新知识：在物质的中心位置存在一个极小的原子核。这一发现也提出了很多问题，未来继续解决这些问题十分重要。原子核是怎样聚合在一起的？电子在原子中处于怎样的状态？这些问题的最初答案来自量子力学初期，源于设计研究光的本质以及与物质相互作用的实验。随后，物理学将会发展为越来越复杂的领域，卢瑟福喜欢的那种简洁实验无法再揭示原子的奥秘。即便是自然界中发现的放射性物质，也不再足够有效或足够灵活，最终变成了限制，而非发现的手段。技术与理论将会与实验携手并肩，一起向前。在自然界一些看似不相干的方面，物理学家将开始在它们之间构建惊人的联结。现在，我们的故事要来到这些惊奇中的第一个，光与物质的相互作用，使物理学家在最基本层面上采用一种惊人的全新方式看待我们的世界。

第 三 章

光电效应：光量子

光是什么？关于光的本质，17 世纪起就有着激烈的争论。起初人们认为光是一种粒子[1]，一种沿直线通过假设的以太高速运动的物体——这是伊萨克·牛顿支持的观点。相反的一方是荷兰物理学家克里斯蒂安·惠更斯①，他是科学革命的主要人物，发现了土星的卫星提坦，在 1690 年的著作《光论》中建立了光的波动理论的数学形式。惠更斯认为，光是一种波，以振动的形式通过以太（后来被证明并不存在[2]）传播。虽然牛顿的巨大威望使粒子说在相当长一段时间里占据上风，但如往常一样，实验击败了科学名人，一个模型取得了胜利：波动说。

为波动说结束这场争论的主要实验首先是由托马斯·杨②1801 年在英国进行的。这个实验的现代版本很容易再现，绝大部分物理系的学生都做过。一开始先用一根激光笔对准刻有两条狭缝的黑色金属板，“双

① 克里斯蒂安·惠更斯（Christiaan Huygens，1629—1695），荷兰物理学家、天文学家、数学家。他是介于伽利略与牛顿之间一位重要的物理学先驱，对力学的发展和光学的研究都有杰出的贡献。他建立向心力定律，提出动量守恒原理，并改进了计时器。

② 托马斯·杨（Thomas Young，1773—1829），英国物理学家，光的波动说的奠基人之一。

缝实验”由此得名，双缝的后面有一块屏幕。问题是：我们会在屏幕上看到什么？直觉上我们会跳转到一个类似的经验：想象在日光下有一个栅栏，但缺少了两个板条；栅栏遮挡住日光，在路面上投下影子，而缺少板条的缝隙处会出现两片光亮。绝大部分人认为，激光会在屏幕上产生两条明亮的红色光线，双缝相当于两条缺少的板条，屏幕剩下的部分都是阴影。这就是我们的预期，但并非真实情况，而是出现了干涉条纹：明暗相间的条纹遍布整个屏幕。[3]

干涉是波独有的性质。例如，我们可以利用水波产生类似的图案。你可以带上两个充气球到平静的池塘边，一手拿一个，保持一米间距，使两个球同步快速上下移动，产生两列波，就可以看到图案[4]出现了。两列波的波峰相遇的位置，会引起“相长”干涉；相反的情况是一列波的波峰和另一列波的波谷相遇，会出现“相消”干涉，两列波会相互抵消。结果会出现美妙的扇形图案，波动与静止的区域交替出现，从你这里一直传遍整个池塘。

在日常生活中，光的干涉效应也会出现，但是比影子要更难察觉。它们会在肥皂泡上产生令人惊叹的颜色，在蝴蝶翅膀上产生彩虹色，或在 CD 或 DVD 背面能显出彩虹的颜色。在这些情形中，干涉现象看起来要复杂一些，因为使用的是白色光（由许多颜色组成，与单色激光笔不同），干涉图案取决于颜色，所以这些情形会产生彩色图案，而不是明暗条纹。

杨的双缝干涉实验表明，是干涉在起作用：在屏幕的某些位置，两束光叠加产生更亮的条纹，而其他位置产生暗条纹。通过测量屏幕上亮点间的距离，知道激光笔发射光的波长，我们就可以应用光的波动理论预测能够观察到的现象。19 世纪的科学家有了这些知识，再加上光可以发生**衍射**、**折射**、**干涉**这些体现波而非粒子性质的证据，便结束了争论，认识到：光就是一种波。

整个 19 世纪，光的经典波动理论不断取得成功，能够预测实验室中观测到的光的所有行为表现。基于此，我们可以制作并理解显微镜与望远镜，平面镜与透镜。我们可以解释彩虹的原理，天空为何是蓝色的，以及许多其他现象。即便在苏格兰物理学家詹姆斯·克拉克·麦克斯韦[①]把光的经典理论与他的电磁理论相结合，从而对光波的本质给出更好的定义后，光的经典理论仍然经受住了检验。更准确地说，我们可以说光是一种**电磁**波，以接近每秒 3 亿米的速度传播，我们称之为光速 c。光波有着反复交换的振荡的**电场**和**磁场**部分。在 1900 年，光的本质不再是个疑问。

随后一系列实验开始让人们对波动理论产生了怀疑。他们证明，光并不总是表现得像波——因为有时候，光的行为就像粒子。当科学家开始询问波动理论与物理学的其他方面如何相互作用时，问题突然显现，之前被掩盖的问题一下摆到了明面上。**光**与**物质**为何应该被视为两种不同的东西？是什么使光与物质以不同的方式运作？物理学家思索这些问题时，“光和物质都不是我们先前认为的那样”这种激进的观点就开始出现了，这标志着物理学中一场彻底革命的开始，以及奇特但绝妙的**量子力学**理论的开端。

让我们来回顾一下，从 1896 年伦琴实验室发现 X 射线开始，我们的旅途都到过何处。电子与金箔实验让物理学家认识到原子不是自然界的最小物体，因为原子内部还有带负电的电子。原子并非化学家设想的稳定、永恒不变的实体，物理学家揭示出原子可以变化，通过发出射线转变为不同元素，不断变换形式，直到达到稳定状态。原子不再是坚实

---

① 詹姆斯·克拉克·麦克斯韦（James Clerk Maxwell，1831—1879），英国物理学家。建立了经典电磁理论，提出了著名的麦克斯韦方程组。

的球体，其内部绝大部分都是真空。所有这些发现都预示着接下来几个重要发现，它们将改变物理学，使之面目全非。我们讲授 20 世纪出现的物理学时，甚至有一个不一样的名字，相对于**经典物理学**，我们称之为**现代物理学**，好像这个时代的理论之前出现的一切都有些平淡无奇。

1887 年，问题的基础就已经奠定了，那时海因里希·赫兹偶然发现光可以产生电火花，超越了他之前对电磁波的发现。更准确地说，如果用紫外线照射金属表面，就会有电子被弹出。这种光与电之间的联系被称为**光电效应**，并且成了很普遍的研究课题，[5] 很多物理学家，包括德国的威廉·哈尔瓦克斯和菲利普·莱纳德、意大利的奥古斯托·里吉、英格兰的汤姆孙、俄罗斯的亚历山大·斯托列托夫都在尝试理解其原理。

根据波动理论，光具有的能量正比于其振幅的平方（波的大小，或光的亮度）。研究光电效应的物理学家猜想，金属里的电子被束缚在原子中，因此电子需要获得一些能量才能被碰撞出原子。克服了初始的能量障碍，施加越来越多的光应该会向电子传递越来越多的能量，直到电子飞出，具有的能量与从光吸收的能量相对应（减去逃离金属需要的能量）。由此可以做出三点预测：第一，更亮的光应该使电子运动得更快。他们推理说，照射到金属的光越强，电子获得的能量就越多，因此逃离金属时运动得就越快，这听起来很合理。第二，如果光足够暗，就会存在一点延迟，因为逃离所需的能量要逐渐积累，之后电子会以较低的速度离开金属。第三，因为电子会晃来晃去，并且逃离需要吸收能量，所以金属的温度会有所不同。

1902 年，菲利普·莱纳德，一位生于匈牙利、在德国工作的物理学家[6] 发现，第一个预测存在问题：被弹出电子的速度与光的强度之间没有发现任何关联。莱纳德甚至想出了一个完全错误的假说：在光电效应中，光的能量完全没有转化为电子的能量，光仅仅是一个触发器，告诉原子要释放电子。[7] 这个“触发”假说看起来完全不可能，但当时并没有其他令人信服的解释。世界的另一边，另一位实验物理学家正在奋起直追。罗伯特·密立根①，芝加哥大学的副教授，决心在物理学界干出一些名堂，却困扰于仪器短缺，以及实验室里其他人都对他正在做的事不感兴趣。

密立根最开始发现对物理学的喜爱得益于他在俄亥俄州奥柏林大学的希腊语老师当时让他去讲授物理课。尽管毫无知识储备，密立根在一个夏天里就自学了物理学，把他在课本上遇到的每一道题都做了一遍。他后来去了哥伦比亚大学攻读博士学位，然后在芝加哥大学获得职位前在德国学习了一年。密立根因为极其严格的日程安排而出名：他每天工作十二个小时，六小时讲课，六小时做研究。

他在德国度过的那一年是 1895 年至 1896 年，这一点很幸运，当时正好有 X 射线和放射现象这样伟大的发现，帮助他形成了研究的新想法。但在芝加哥，尽管他有着密集的日程安排和未曾减少的乐观精神，却由于孤立无援而强烈地感到在研究上缺乏进展。密立根知道，莱纳德周围有很多专家，他们会在德国做出成果，而他几乎在完全独立工作。

和当时的实验室一样，他的实验室看起来与现代实验室有很大不同。这毕竟是 19 世纪初期：电灯刚刚出现，并且没有那么亮，因此实验室更像个昏暗的工厂，而不像现在这样是个明亮的白色空间。芝加哥地区大部分房子还在使用煤气灯或蜡烛照明，因为再过二十年他们才能通电。电脑当然也没有，所有计算要使用计算尺、铅笔和纸张，密立根也无法求助任何公司来制造他的科学仪器，也就是说，一切都需要自己

---

① 罗伯特·安德鲁斯·密立根（Robert Andrews Millikan，1868—1953），美国实验物理学家，1923 年诺贝尔物理学奖得主。

来制造。由于这些原因，当时决定投身研究实验问题需要很多奉献精神，但这正是密立根想要做的。

他需要的只是一个可以研究的好问题。他会为此阅读所有最新的研究论文，这点很有帮助，因为他也负责组织学院每周的系列研讨会。有一次为了努力让讨论活跃起来，他带来一篇让他印象极为深刻的研究论文，就是我们已经谈到过的汤姆孙在 1897 年关于电子发现的论文。密立根由于汤姆孙的工作而深受鼓舞，并决定这就是他马上要研究的激动人心的课题。他想学习高压放电，但实验室并没有完成这项工作的真空泵。

那时，真空泵绝大部分都是水银泵：玻璃管与玻璃泡连通的混合物，由吹玻璃工人精心制作而成，但很易碎。水银会被挤进去，同时排出一些空气分子。只要重复次数够多，最终会排除足够多的空气，达到良好的真空。但密立根不得不从头做起，经过三年的艰苦尝试，他屡试屡败，终于设计出一个更棒的仪器。他给标准水银泵加了一个玻璃管，里面有一块浸在液氧中的木炭。1903 年，他能够排出足够的空气，他的实验比大气压低了 10 亿倍[8]——即便在今天也是非常好的真空程度。他已经为进行测量做好了准备。

密立根与真空泵纠缠之时，汤姆孙[9]出了一本新书，清晰地阐述了一个预测：根据所有实验物理学家的最新发现，光电效应的发射情况应该主要取决于温度。[10]根据经典理论，金属中的电子在更高温度下应该具有**更多能量**，因此从金属中释放时会更容易，而且比从低温金属发射出的电子具有更快的速度。

有了高真空仪器，对密立根而言，再现这些实验结论应该是个不错的开始。他用光照射玻璃仪器里的温控金属电极。为了测量电子的速率，像其他前人的实验一样，他要给飞出的电子施加反向电压；更高速的电子需要更高电压才能停下来。但当密立根用他的真空系统尝试这个实验时，却发现实验结果与温度**完全无关**。他哪里做错了吗？

密立根把问题进行拆分，然后让他的几位研究生进行研究。他们一同在一个小房间里工作，要跨过摆放的很多装有硫酸和氯化钙的托盘，目的是给空气除湿，以防实验中的电极上累积水分。他们花了三四天时间不断给实验系统吹入清新的空气，才能进行比较可靠的测量，真空系统的漏气问题又困扰了他们数周时间，不得不从头再来。尽管挑战重重，密立根最终用铝电极完成了从 15 ℃到 300 ℃的实验，测量了发射的电流，仍然没有发现温度具有相关性。他们的细致工作持续了数年，团队制作了一个复杂的真空仪器，其中有一个可移动的轮子，上面装有十一种不同的金属圆片：铜、镍、铁、锌、银、镁、铅、锑、金、铝、黄铜。轮子在黄铜轴承上，在一个 8 厘米直径的圆筒内部，还有个很小的光源——比每个圆片要小——照射玻璃管。他们在轮子的边缘放了一圈铁，在玻璃管附近小心地移动一块大磁铁，就可以把金属样品旋转到光源的路径上，而无须打开实验系统接触空气[11]。他们发现所有实验结果都与温度无关，至少 100 ℃如此，这是用十一个圆盘的实验装置所能达到的最高温度。密立根后来写道：目前为止他“作为实验物理学家几乎没有取得过成功！”[12]。

但事实上，密立根的实验结果是成功的，因为结果与前人不同，他已经达到了科学发展中最难达到、最宝贵的阶段：存在知识上的漏洞。他一定有种预感，没有做出肯定的实验结果有可能比单纯的实验错误预示着更为重要的东西。毕竟他已经花费多年时间确信实验是可信的。所以说，可能的解释是什么呢？如果他的结果才是正确的，光电效应真与温度无关，那么经典物理学就完全无法解释光电效应。

在 1905 年的瑞士伯尔尼，爱因斯坦会遇到光电效应，并且做出理论上的飞跃，帮助指导密立根的实验。爱因斯坦在苏黎世学习物理，晚上继续和他的未婚妻米列娃·玛丽克一起工作。他的未婚妻是一位出生于塞尔维亚的物理学家，也是他课程里唯一的女生[13]。期末考试结束后，爱因斯坦没能找到物理学方面的助教工作，于是暂时去了北部20千米外的温特图尔，接受了一份薪水很低的教职。1901年的一天，他写信给米列娃，提到他"充满幸福与喜悦"。[14]她也许已经预期到他会很高兴，因为她刚刚写信说他就要当父亲了，但他兴奋的原因却是刚刚得到了莱纳德关于光电效应的实验结果，表明电子可以被紫外线激发。

物理学的大部分领域都是跟粒子相关的：原子、电子，以及产生热量的单个分子的振动，全都依靠单个、**分立客体**的运动。甚至水波也由小物体——水分子的共同运动构成，而声波是气体分子的压力波，然而光波却被视为一种连续的现象，爱因斯坦认为这点很奇怪。为何如此呢？

爱因斯坦了解老同事马克斯·普朗克①目前的工作，普朗克是一位德国物理学家，是深奥的基础理论物理的狂热爱好者。年轻时普朗克因物理学而放弃了音乐，尽管他的物理学教授告诉他"基本上一切都已被发现，剩下的只是修修补补"。普朗克最近想出了一个很有吸引力的新想法，尝试把物理学的不同领域放到一起，整合机械振动（热）与电磁场（光）。普朗克已经认识到热与光之间确实具有一些联系：物体会在不同温度下辐射出不同颜色的光，热煤块发红光，而来自太阳的光则有更多黄色或白色。

当我谈到光时，指的并不只是可见光谱。光，或更恰当地说，**电磁辐射**，在频率上从X射线、γ射线一直延续到红外线与无线电波。但为了讨论，我只把可见光称作**光**。那么为何物体会发出特定颜色的光？

---

① 马克斯·普朗克（Max Planck，1858—1947），德国物理学家、量子力学的重要创始人之一，获得1918年诺贝尔物理学奖。

是什么阻碍了热煤块发出紫光，又是什么阻碍了木星发出 X 射线？[15] 经典物理学又一次遇到了困难。

之前的科学家已经设法测定了一种被称为**黑体**的简化热物体辐射的光，黑体是 1859 年为促进热辐射规律的理解而引入的假想实体。如果让一个盒子或是空腔处于恒定温度下，就会形成黑体。随着时间推移，它就会产生一种独特的光，被称为**黑体辐射**。[16] 黑体辐射的关键点在于，黑体是像豌豆一样小还是像行星一样大都没有影响——只要它能够完全吸收与发出辐射，它所产生的光谱，也就是黑体发射的每种颜色的光量，就都是相同的，这就是它独特的原因。模拟黑体辐射的实验表明，发射的光量总是先随频率的增大而增加，在某种颜色达到峰值，然后又随着频率增大而减少，峰值只取决于物体的温度。在锻工的锻造车间就能见到这一场景，金属先变红，再变橙色，越来越热后最终变为白色，光谱的峰值从红色向蓝色转移。

使用经典物理学计算黑体发射的光，会得到一个与实验并不相符的方程。这些计算由英国物理学家瑞利勋爵完成，他预测说光谱频率较低的那段（红色）发射的光量会很小，但随着向黄色、绿色、蓝色、紫色、紫外的那段线移动，光量会不断增加，最终在高能 X 射线甚至更高频率的 γ 射线达到峰值。频率翻倍，发射的光量应该变成原来的 4 倍，但这很明显不对：我们看到的世界不是纯粹的蓝色和紫色，[17] 也没有用高能 X 射线烘烤我们。这个预测是不可能的，因为如果把所有频率辐射的光能加在一起，会达到**无限大**，如果真是如此，那么一切物质，甚至最冷的物质都会发出强烈的辐射，所有能量会在喷出高频率光之后消失殆尽。对理论物理学家而言，这是一件非常棘手的事，被称为“紫外灾难”。

普朗克无法接受这种情况。1900 年 [18]，他刚开始着手这个问题就意识到，在对辐射光谱的早期计算中，人们关于能量在黑体内部的表现形式做了一些假设。人们假设能量能够以任何方式在原子（或“谐振器”）间分配，因此能量的分配方式会有无限多种，[19] 但这意味着把总辐射能求和时，**所有**这些可能的状态都会加进来，被加到一起，这就是能量无穷大的原因。普朗克发现可以用一个数学技巧避开这个问题，但他并不喜欢。

如果能量只能被成块吸收或发射，也就是说如果能量有最小取值，那么能量的分配方式就不会有无穷多种。[20] 好比要把十个人分开，划分方式只有有限种——可以一组五人，另一组也有五人，或是一组十人，另一组没有，或是分成四人和六人，但如果两组分别有 2.32 人和 7.68 人，那就毫无意义，因为人是分立的而非连续的客体。

普朗克在处理这个问题时，把能量看作分立的小包，从数学上来讲，这帮他回避了这个问题。为了运用这种数学技巧，普朗克引入了能够传送的最小能量包，他称其为**能量**子。而且为了让数学技巧奏效，他不得不定义能量只能是这一基本量的整数倍，这个能量值非常小，与光的频率有关，还与普朗克发明的新物理常量 h 有关，取值大概是 $6.63 \times 10^{-34}\text{J}\cdot\text{s}$。[21] 他发现为了得到正确的结果，别无选择，但由于“必须不惜一切代价找出一个理论解释”[22]，他把解决方法称为“绝望之举”。

普朗克并非真的认为能量是一小包一小包的，但发现他的数学技巧很管用。这种方法得到了一个方程，黑体辐射的光量首先增加，然后在某种颜色达到峰值，然后又随着频率增大而减少。最重要的是，他的方程与实验数据一致。虽然方法奏效，但他的成果并未在物理学家那里引发变革。新的辐射规律很快被人们接受，而他不得不援引能量量子化这个非常奇怪的想法，这件事却很大程度上被忽视了。[23]

爱因斯坦非常认真地思考了普朗克的观点，他决定相信能量确实是一小包一小包的，并且又向前迈进了一步。他提出光本身并非由波构成，而是由这些小能量包——**量子**组成。爱因斯坦把这个观念继续发展，超越了普朗克所指的范畴，他认为光本身就是分立的；光由被称为**光量子**的东西构成。随后他提出了一个可以解释神秘的光电效应的理论。

他的理论认为，一个光量子会将全部能量转移给金属中的电子，光量子的能量就是频率（颜色）乘以普朗克之前提出的常量 h。他预测，如果某人做实验时改变光的**频率**，测量光电子的能量，那么结果将是一条直线，直线的斜率即 h。更亮的光会激发更多电子，但能量只取决于光的频率。这个理论的第二条预测是，在某个特定的截止频率以下，不论光有多亮，电子都不会被释放，因为来自光的能量没有高到可以让电子逃离金属。忘掉温度吧，他的意思是：关注频率。

在他 1905 年发表论文时，还没有人详细研究过能量与频率之间的关系，从而证明爱因斯坦的理论究竟是对是错。但在芝加哥，有一位沮丧的实验物理学家，他有经验，有野心——现在也有仪器来尝试了。

罗伯特・密立根不相信爱因斯坦的理论，鉴于总体而言这一理论并没有被很好地接受，这倒也没什么可惊讶的。甚至连马克斯・普朗克都没有重视，虽然他是量子概念的提出者，也是收到爱因斯坦要发表论文的期刊的编辑。普朗克明显认为爱因斯坦的观点有些牵强，后来在一封推荐信中这样评论道："有时，比如他的光量子假说，他的猜测也许有些太极端了，但也不应该太反对他。"[24] 然而对密立根来说，这可不仅仅是个可笑的观点，他真的认为爱因斯坦的理论一定是错的，因为光很明显是波而非粒子。他认为光由量子组成是个"大胆甚至鲁莽的假说"。它与明显的证据相违背，比如我们之前讨论过的双缝实验，光是一种**波动**现象，怎么可能由**粒子**组成呢？

现在爱因斯坦做出了一个明确的预测，可以与实验结果进行比较，密立根看到了身为物理学家出名的机会。1907 年他回到实验室，重新焕发了活力，准备驳倒爱因斯坦。

他和团队一丝不苟，排除一切因仪器而可能出现的错误。他们仍然使用相同的基础设备：一个光源，金属表面，以及用来给电子计数的东西，但比之前更精致了。他换掉了火花间隙光源——高压电极经过气体产生火花来发光（包括紫外线）——换成了更稳定的光源，因为火花会产生电振荡，带来误差。他还发现，为了得到可靠的实验结果，金属表面必须非常纯净，否则测量的也许是某些表层堆积的金属氧化物的光电效应，而不是纯金属的。1909 年，[25] 密立根团队发明了一个系统，一把锋利的小刀在真空系统内部旋转，用光照射前可以刮掉金属表面。每次用光照射金属表面，他们就施加足够强的电场阻碍电子的运动，从而测出发射出的电子的能量。

这项事业从开始一直到密立根发表最后的实验结果，一直持续了十二年，在那段日子，一个个学生到来，工作，又从实验室毕业。他分别在 1909 年和 1912 年进行了两次主要的实验活动，直到 1916 年才发表实验结果。密立根最早在 1903 年所做的实验已经证实，光电效应与温度毫无关系。爱因斯坦做出预测后，密立根回到这个问题，指出他可以证明像光量子这样荒谬的概念毫无必要，只需将经典波动理论稍做调整，就足以解释实验数据。密立根一直试图证明爱因斯坦是错的，在此过程中他展现出的锲而不舍看起来近乎到了痴迷的程度，我们也许会问，究竟是什么让他坚持了这么久。这个原因很讨人喜欢，充满人性：密立根的实验结果让他失望，令他困扰，因为他一直努力**驳倒**爱因斯坦，然而实验却表明根本不是这么回事。

事实上密立根发现，爱因斯坦的每一个预测几乎都得到了证实。发射电子的能量正比于入射光的频率，正如爱因斯坦所说。他证明了低于特定截止频率时，不会探测到任何电子，如果光由量子组成，就会出现这样的现象。他甚至测量了普朗克常量 h，误差在 0.5% 以内，是那时最精确的测量。密立根已经找到了最佳证据，证明一开始他想要驳倒的理论事实上是正确的。

在1916年论文的结尾，密立根明确表示，虽然他接受实验结果，但仍然无法相信他的发现的含义。人们很容易认为，即便密立根还在与新理论做斗争，但他的实验结果会让其他物理学家立刻接受爱因斯坦的观点，认为光由量子组成，但并非如此。密立根证实了爱因斯坦理论做出的预测是正确的，但没有人真的看到过光的粒子，因此大多数科学家很乐意只是忽略掉光是粒子的概念，并且认为光电效应的问题仍然没有解决。

他们在回避一个令人不快而且违背直觉的概念：如果将密立根证明光的行为像一串粒子的实验结果和几个世纪以来表明光的行为像波的证据放在一起考量，结论就必须是：光同时具有粒子性和波动性。

就像英国－澳大利亚物理学家威廉·亨利·布拉格[①]当时开玩笑说的那样，量子理论家“在周一、周二、周三把光描述为波，在周四、周五、周六又描述为粒子”。但不管怎样描述，都不得不接受我们发现的事实。有时我们直觉得出的对自然的心理图像可能非常强烈，它会让我们卡在某种思维模式中，认为某样东西必须要么是A（波），要么是B（粒子）。但在这个例子中，有些情形我们可以使用A——波动理论，其他情形使用B——粒子理论。两个都没有错，哪一个适用取决于我们选择怎样做实验。

需要阐释的一点是，以光的粒子性来看，杨的双缝实验是怎样运作的。如果我们做杨的双缝实验时，每次只有一个光子，会出现什么情况呢？即便这样，单个光子也会表现得像波一样，等待一下，直到足够多的单个光子在屏幕上形成图案，就会看到与更强的激光笔所形成的相同

① 威廉·亨利·布拉格（William Henry Bragg，1862—1942），英国物理学家，现代固体物理学的奠基人之一。

的干涉图案。单个光子似乎以某种方式通过了两个缝。如果把光看作波，那就很好解释，但如果把光看作粒子，则会引起困惑。

量子力学哲学的来龙去脉得是另一本书了，但重要之处在于自然界真正的运作模式，这才是实验物理学家想要弄明白的。科学最终是一门实验学科，这就是原因所在，因为无论一个理论模型多么完善，无论我们认为自己了解什么“事实”，最终我们始终努力描述的仍然是在自然界发生的现象，而这只有经由实验才能探究。虽然爱因斯坦把光描述为粒子是个迷人的理论，但最终是罗伯特·密立根辛苦地收集证据，证实了自然界真的以这种方式运作，然而几乎没有人听说过他。

解释光电效应是非常重要的事，爱因斯坦因此获得1921年诺贝尔奖——并不是由于他最出名的相对论理论。两年后的1923年，罗伯特·密立根[26]也被授予诺贝尔奖。在发表获奖感言时，他稍微修改了下故事背景，宣称从一开始就要证实爱因斯坦的理论，并且一直在测量普朗克常量。事实上，他和物理学界的其他人都花了相当长时间才接受了他的实验结果真正证实的内容。

如今，量子力学是我们能做出的对最小尺度实在的最佳描述，而绝不只是晦涩的哲学。最后出现的并且完备描述光的粒子性与波动性的理论现在被称为量子电动力学（QED），在密立根的实验后又经过了四十年才最终完成。QED将量子力学与爱因斯坦的狭义相对论整合在一起，我们后续会具体谈到。目前来说，关于QED重要的事就是我们可以用它计算自然界中的常量，其精度超过10亿分之一。许多领域和高科技产业的科学家现在每天都在以某种形式使用量子力学，我们在日常生活中也都在使用其成果，甚至没有意识到。不了解自然界为何这样运作（我们真的无法回答其原因）并不意味着我们无法学习与使用它。

密立根研究的观点——就真空和物质中光将能量传递给电子而言，

现在我们已经理解了——并不是某样东西在实验室的实验中出现一次，了解之后就销声匿迹了，恰恰相反。

密立根在桌前工作时使用纸和铅笔，热天时还要开窗通风。今天我们用笔记本电脑工作，只需要用遥控器把空调打开。遥控器内部有一个 LED（发光二极管），用不可见光（红外线）发射二进制信号，按下按钮，遥控器就发射出光子，击中空调上安装的探测光电二极管，就和密立根的实验一样，这些光子会激发电子，给它们动能。光电二极管由一种被称为**半导体**的物质构成，可以在两个层次上使用。这形成了一个结点，可以让电流在一个方向比另一方向更容易流动，所以有光照时，光电二极管可以让电流流动[27]。空调对接收到的电信号做出反应，翻译二进制模型，遵循我们的指令。电视和空调的二进制信号不一样，这样就不会混淆了。对密立根那时的人来说，这一切看起来就像纯粹的魔法。

半导体物质的特性与光电效应物理学相结合，从 20 世纪 40 年代开始促进了大量电子元器件的开发，现在全世界都大量生产。太阳电池（或**光电池**）就是一种光电二极管，可以将来自太阳的光子高效转换为电流，足以为家庭和商业供电。它们也成就了一些非凡的人类事业，比如卫星通信和太空探索，但还不是唯一的应用。我们周围很多看似简单的技术改进都是这些小小的光电二极管的成果。

进屋时能够开灯，或是挤出肥皂、洗手液，抑或为你开门的传感器，全都使用了距离传感器，可以把物体（或你）发出的红外线反射进光电二极管。物体越近，反射的光越多，进而产生电流。在大多数安全系统中使用的也是相同的技术。

以光电效应为基础的设备非常有用，原因在于它们可以输出正比于照射光量的电流——只要频率足以激发电子，更多的光会激发更多电子，从而产生更大电流。这表明输出是线性的，与其他电气与电子元件可以良好协作。例如，GPS 运动手表如今在光学基础的心率检测器中使用光电二极管，通过手腕持续读取佩戴者的脉搏。绿光照在皮肤上，每个心动周期里，由皮下组织流动的血液反射光的多少会改变，光电二极管就会识别出光的变化，计算机程序计算并显示心率[28]。智能手机可以感知外界的明暗，并且根据光的多少自动调节屏幕亮度。汽车仪表盘从日间模式自动切换为夜间模式，以及现代数码相机控制光圈和快门速度，都用到了同样的技术。

光电二极管的间接应用更是数不胜数。所有光学基础的测量仪都会用到，也就是说几乎你周边的每条路与每个建筑在测量与直线校准过程中都会用到。在使用光导纤维的通信网络中，光电二极管也用作接收光学信号；如果使用光纤宽带，网络就用光电二极管把光信号转换为电脉冲，将全世界的信息传递给你。速度计和里程表会用到，使电动汽车发动机平稳运转的反馈系统也会用到。光电二极管还被用来控制位置、速度，以及工厂里很多自动化过程的运转，所以除非完全手工制作，你拥有的绝大部分东西的制造都会用到光电二极管。

这一切都是我们对光电效应理解的证明，如果没有从最初的基础实验发展而来的基础物理学知识，这一切都无从谈起。密立根的研究，以及双缝实验，还有黑体辐射数据，为物理学家建构新的量子力学实在观提供了坚实的立足之处。在量子力学为人们接受后，其应用迅速拓展，不再局限于对光做出解释。量子力学也是描述一切物质的理论。

在爱因斯坦和普朗克做出贡献后，许多其他物理学家也参与到量子力学的发展中来。伴随着物理学中突然出现的每个新问题，量子力学都会逐步发展，并找到解决方案。对于物质的本质问题，这点十分必要。卢瑟福的原子模型——第二章中提到的微小的原子核与环绕电子模型——当物理学家意识到这个模型不稳定时，这个模型就显得站不住脚了：电子会放出辐射，在发光的死亡螺旋中坍缩进原子核。但尼尔斯·玻尔①，一位年轻的丹麦理论物理学家解决了这个问题，他运用**量子化**概念解释了原子核周围电子的运动形式。电子只能具有特定的能量值——它们的能量也是量子化的——也就是说它们围绕原子核运动的距离取决于能量值[29]。电子能够以光的形式（光量子）吸收或放出射线，从而在能级间升降，但不能处于这些能级之间。还存在一个电子能够具有的最小能量值，这是电子离原子核的最小距离。

物理学为何认为**光**与**物质**是不同的东西，爱因斯坦中断了这一问题，直到 1923 年，法国贵族德布罗意公爵的次子，才又接着研究起这个问题。在博士论文中，路易·德布罗意②指出，量子力学似乎认为光可以表现得像粒子，既然如此，是否反之亦然？物质粒子可否表现得像波？答案是肯定的。任何粒子或物质，不管是像质子这样有质量的，还是像光量子这样没有质量的，都具有波动性，而且能量与波的频率之间的关系是 $E=hf$，其中 h（仍然）是普朗克常量。由此出现的量子波动力学能够描述原子和粒子的所有新行为，甚至可以告诉我们，亚原子粒子并非坚实的实体，而仅仅是在特定时刻特定状态或位置能够被发现的概率。

物质由波构成的想法让人难以置信。当你躺下的时候，并没有跌到地板上；如果有人打你，就会感到疼痛；如果你偶然间想穿过一道玻璃门，很尴尬的是你无法做到。这一切都会使你相信，你的身体是个坚实的物体，物质由连续不间断的表面构成。然而你几乎是由完全的空无构成，即便早些时候的观点，认为物质由坚实的粒子构成——原子核与电

① 尼尔斯·玻尔（Niels Bohr，1885—1962），丹麦物理学家。提出氢原子结构和氢光谱理论及对应原理，对量子论和量子力学的建立起了重要作用。在原子核反应理论和解释重核裂变现象等方面也有重要的贡献。1922 年获得诺贝尔物理学奖。

② 路易·德布罗意（Louis de Broglie，1892—1987），法国理论物理学家，物质波理论的创立者，量子力学的奠基人之一。1929 年获得诺贝尔物理学奖。

子具有确切的大小——每个原子里实际物质的体积也非常小，如果把地球上所有人具有的物质合并在一起，可以把它塞进一个比方糖还小的空间里。现在我们发现事情远没有这样简单，因为“物质”并非完全坚实，随着量子力学问世，一切都变了。

新思想不仅在物理学界，更在全社会引发了震动。新思想对公众想象的影响被艺术家瓦西里·康定斯基①敏锐地察觉到了，他写道：

> 对我的灵魂而言，原子的崩塌就像整个世界的崩塌，最坚固的围墙也顷刻倒塌。一切都变得不确定、颤巍巍、易破碎。即便一块石头在我面前消融于空气中，转眼不见，我也不会感到丝毫惊讶。科学也许已被摧毁。[30]

物质不是确定的或决定论的，而是与概率和波相联系，物质的坚实只是波动性实体间相互作用的结果。电子波之间相互挤压，使你在或坐或站的地方极微细地来回波动。迄今我们所知的世界上以及你的身心发生的一切，全都来自这些微小尺度的相互作用，这带给全人类一种全新视角。

如果这让你对现实的感知有些混乱，你并不孤单，你正在体验密立根、康定斯基、卢瑟福、玻尔，甚至爱因斯坦尽力去理解的事物。我们意识不到物质的波粒二象性，因为在日常感知中我们与物质的相互作用方式让我们无法观察到它。我们的大小是人类尺度，而非量子尺度。我们看不到日常物体的波动性，因为其波长小到我们无法测量。**德布罗意波长**反比于物体的动量——质量与速度的乘积——所以如果某个物体的

---

① 瓦西里·康定斯基（Wassily Kandinsky，1866—1944），俄国画家，抽象主义的奠基人。

质量和板球相同，具有的能量和把板球以 160 千米/时投出的能量相同，那么它的波长会缩小为十亿分之十亿分之十亿分之一微米（在小数点后有 33 个 0，然后一个 1，或用科学计数法是 1×10^{-34} 米）。如果考虑人类的尺度，波长会更小：一个像尤塞恩·博尔特① 的物体全速跑过 100 米，其波长是之前的板球的二百分之一，大约 5×10^{-37} 米。[31] 这些波长实在太小了，我们根本察觉不到任何有趣的波动现象，因此可以用经典物理对它们的运动做近似计算，姑且如此。但如果深入到像原子和粒子这样小的物体时，就没法这样做了，在这一尺度上，自发现之日起做过的所有实验都向我们表明，量子力学是正确的。

但我们曾经见到过粒子的波动性吗？绝对见过。1925 年，德布罗意的工作后不久，美国物理学家克林顿·戴维森② 和西部电力（后来的贝尔实验室）的雷斯特·革末③ 进行了首次金属镍晶体反射电子实验，证明了电子也会形成像光波一样的干涉图案。纳米量级的分子具有的德布罗意波长小于 1 皮米（纳米的千分之一），也被用来进行了干涉实验。物理学家之间存在某种竞争，想比拼下可以呈现双缝实验干涉的最大物体是什么。目前的纪录保持者是桑德拉·埃本伯格，2013 年她在维也纳读博士期间做了一个巧妙的实验，观测到了包含 800 个原子的大分子干涉现象，其中包含超过 1 万个单个亚原子粒子。[32] 在这一尺度，分子的波长大约 500 飞米，大概是分子本身的宽度的 1 万分之一。研究者现在想要知道的是，他们能否用活的生物体，比如病毒或细菌来创造出干

---

① 尤塞恩·博尔特（Usain Bolt，1986— ），牙买加短跑运动员、足球运动员，2008、2012、2016 年奥运会男子 100 米、200 米冠军，男子 100 米、200 米世界纪录保持者。

② 克林顿·戴维森（Clinton Davisson，1881—1958），美国实验物理学家。因发现电子衍射获得 1937 年诺贝尔物理学奖。

③ 雷斯特·革末（Lester Germer，1896—1971），美国物理学家。他与克林顿·戴维森在戴维森－革末实验里共同合作证明了物质的波粒二象性。

涉图案，从而可以继续追问更有趣的问题，比如意识是否会破坏实验的波动性，或者当生物体经过双缝实验装置时，它们是否也可以同时处在两个位置。他们认为要做出这样的实验，还需要花大概十年时间。

波粒二象性重要的一点，同时甚至也让物理学家有时都困惑的一点是，**单个**电子是否可以和自己发生干涉，就像双缝实验中单个光子那样，答案当然是肯定的。20 世纪 70 年代进行这些实验的时候，每个人都假定之前已经有人做过了。在博洛尼亚，朱利奥·波齐带领的意大利团队和日立的外村彰带领的日本团队[33]（两个实验独立完成）甚至都没有把他们的发现发表在物理期刊上，而是选择了教育期刊。[34]因为他们已经默认了粒子可以表现得像波，所以他们认为并没有证明什么新东西。20 世纪 70 年代，这些团队刚好拥有了能让他们完成实验的仪器，这个设备依靠波粒二象性来运转，比我们所想的更为常见，它就是电子显微镜。

电子显微镜发明于 20 世纪 30 年代，但今天你也可以花两三百万美元从高科技供应商那里买一台。它们有多普遍呢？这很难说，但我估算，全世界实验室、公司、科研机构里大概有成千上万台。我的物理实验室所在的墨尔本大学校园里，有个叫作 Bio21 的生物研究所，它是很多这些设备的发源地。

这座建筑里有着明亮整洁的工作间，科学家们穿着白色外套，但电子显微镜实验室却与满架的锥形烧瓶、试管、洗涤池和通风橱形成了鲜明对比。有一个几米高的圆柱形金属设备，旁边有一些电子支架，电子显微镜放置在专门的房间里。一束绿光通过显示窗口照射到荧光屏上，显微镜工作时可以让使用者看到。一台电脑控制这些设备，可以让使用者看到图像，就和普通的光学显微镜一样。

许多使用这些显微镜的不同研究者因为要观察原子尺度的微小物体

以及相互作用的需求而联合在一起。遗憾的是，这已超出了普通光学显微镜的能力范围，它们的测量是有下限的——这被称为**分辨率**——大概200 纳米，或放大率大概 2000×。对生物分子和甚至比这更小的电子元件来说，普通显微镜的图像很模糊，因为用它们只能看到和所用光的波长大小相当或比波长大的物体。

使用电子显微镜，研究者可以利用粒子也有波长这一事实——德布罗意波长——电子的能量越高，其波长越小。这使得电子显微镜可以在皮米量级的波长工作，能够分辨纳米量级的物体——1 米的 10 **亿分之一** ——甚至更小。从 20 世纪 80 年代末，能够在这个尺度上进行观察的能力使得“纳米技术”的应用出现猛增，使得科学家和工程师可以学习与构造一个原子接一个原子的结构与化合物，用于从纺织业到食品制造业以及药物设计的一切。

量子力学和波粒二象性不仅对显微镜和物理学家研究原子很重要，对化学和生物也有着强有力的直接影响。量子力学直接影响了分子的形成、相互作用与结合：这正是研究量子化学的动力所在。生物学上，自然界许多生命的基础过程是量子力学的，经典力学在很多方面无法解释这些过程，新兴的量子生物学领域正在着手研究，需要量子力学来解释的过程的广泛程度十分引人注目：从光合作用到鸟类迁徙时如何确定行进的方向。

我之前提到过，有些基于半导体的电子元件直接应用了光电效应，但实际上这样说对量子力学在电子学中的重要性有些轻描淡写了。**一切**现代电子设备都运用了我们对量子力学的理解。计算机的演变，从本书一开头我们谈到过的早期真空管，到每个现代手机、电脑、汽车、家用电器中的晶体管和芯片，全都有量子效应做基础。特别是它们都仰赖于硅中的波动性电子，只能取特定的能量值，从而产生能级——和环绕原子的电子方式类似——但如果把大量原子放在一个结晶里，就会改变允许的能级。[35] 正因为现在我们理解了这方面的物理学，才能够非常精准地控制硅的性质，所用技术在本书后续会谈到。光与物质的量子力学本质也使我们能够创造激光、原子钟（对 GPS 定位系统至关重要），以及很多其他我们每天都依靠的技术。没有这一理论的应用，我们的世界将会无法辨认。

未来技术可能大多数都要完全基于量子力学。量子计算正在公用事业迅速发展，这就是墨尔本大学物理系也有一台电子显微镜在地下室的原因，它用来获取硅上菱形薄层的图像，物理学家会小心地在上面嵌入氦离子，这一过程被称为“掺杂”。物理学家使用这些技术让量子设备用作量子计算机的基础。电子显微镜，来源于量子力学初期理解的技术，现在正用来研发下一代基于量子力学的技术，延续研究与技术的反馈回路。

在本章中，我们看到了经典力学突然出现的问题是如何最终导致了对自然界微小尺度的全新描述：量子力学。在此期间，罗伯特·密立根和他的团队在实验室花了十二年挫败的时光，不断完善技艺，终于得到了有关光电效应具体情况最早的关键信息，最终证明了爱因斯坦大胆的假说是正确的。密立根没有创造量子力学，但他的实验非常重要，证明了量子力学理论真的能够反映自然的实在，这就是知识进步的方式。没有什么突然迸发的灵感，有的只是在黑暗中无论如何也要缓步前行，经常花大量时间摸索细枝末节，试图在我们生活的宇宙中某个角落建立自己的领地。最终，一切豁然开朗，自然界的崭新图景在我们脑海中逐渐成形。

今天我们把量子力学赞美为理论与概念的胜利，这一点毫无疑问，但如果没有实验，我们将永远无法知晓量子力学是否如实描述了我们周围世界的行为表现，也无法运用它——在实际意义上——就像我们现在做的这样。这些细致复杂的实验增进了我们对亚原子世界的理解。在创造电子设备、电脑、太阳电池板、在光学显微镜无法达到的尺度上对物体成像的仪器时，这些知识都起到了非常重要的作用——这一切都依靠亚原子世界的奇特结果，与经典物理学预测的行为不一致。

目前为止我们已经看到了几个实验是如何拆解经典物理学，使原子作为物质的最小单位的观点不复存在，给物理学带来了全新视角，其中巨大部分由真空构成的原子可以随时间而变化，光可以表现得像粒子，粒子可以表现得像波。X射线与电子，放射现象与原子核，以及现在的量子力学永远改变了我们的世界，但还会有更多惊喜。前几章我们深入探讨了物质内部，现在该把视线向上转移了。我们的注意力转向了大自然的惊喜，它们真的从天而降，落在了科学家们头上。

第二部分

原子以外的物质

由于未知的浩瀚，我们对知识的渴望可能是无法抑制的，但这种活动本身留下了日益增长的知识宝库，作为世界的一部分，每一个文明都将其保留和储存起来。

——汉娜·阿伦特[①]，《精神生活》，1973

① 汉娜·阿伦特（Hannah Arendt，1906—1975），德国犹太人，20世纪思想家、政治理论家之一。著有《极权主义的起源》等。

第　四　章

云室：宇宙线与新粒子簇射

好莱坞标志上方的山上坐落着一栋壮丽的白色石块建筑，可以俯瞰整个洛杉矶。它不是一座宅邸，而是一个公共博物馆：格里菲斯天文台。参观者可以观看天文展览，通过望远镜遥望夜空，探索他们在宇宙中的位置。在冷暗色的大理石内部有一系列展览，其中一个——在一个一平方米的有机玻璃箱里——放置着我们旅程下一步的关键。它很不起眼，和陨石块、月球岩石、巨大的夜空图景相比，显得有些黯然失色。但好奇的参观者会有一次迷人的体验：黑色背景之下，微小凝结液滴的径迹零星形成，每秒二十个左右，它们突然出现，又在半秒内优雅下落，然后消失。

这个设备是**云室**，一种早期类型的粒子探测器，当粒子在一亿分之一秒通过时可以让人类看到它们。内部有 α 粒子（氦离子）形成的很短的径迹，和一支铅笔一样厚，还有很薄很浅、像蜘蛛网一样的径迹，绝大部分是电子（β 射线）或 γ 射线。这些实体比原子小，是自然界中我们无法凭感官看到、触碰到或探测到的物体，然而此处却有个设备能让我们看到它们。虽然我们无法直接感知这些粒子——它们实在是太小了——云室却可以让我们看到它们留下的影像。

格里菲斯天文台里这个特别的样式被称为扩散云室，1936 年由美国物理学家亚历山大·朗斯多夫设计，根据 20 世纪初期的最早发明改进而来。这个想法非常简单，却转变了我们对自然界基本组成的理解。封闭的云室内，酒精蒸气从顶部出来，下降到底部的低温金属盘，随着下降与冷却，进入一种被称为“过度饱和”的状态，任何微细的扰动都会使蒸气形成小液滴。若有任何带电粒子快速通过，就会电离蒸气，在尾流留下足够的能量，形成一缕小云雾，就像我们在喷气式飞机尾部看到的白色凝结尾迹。

在本章中，我们会跟随云室的足迹，从简陋的起点一直到 20 世纪 30 年代早期的全盛时期，那时它推动了一系列引人注目的发现——包括改变我们物质观的完全出乎意料的新粒子，这些粒子事实上并不是原子的一部分。我们会看到这个新粒子探测器怎样让实验物理学家走出地下室，上到高山，开启新景观，留下理论家急速追赶。我们也会看到这些关于物质的新发现怎样带来窥视金字塔与火山内部的全新方法，揭示有关我们星球的全新洞见。

这个发现的新时代从一个看似简单的问题开始，格里菲斯天文台的参观者花时间观察穿过云室的粒子簇射径迹时，也经常会问到这个问题：这些粒子来自何处？

20 世纪初，科学家们发问的几乎都是这个问题。按他们的话来说，他们想要搞清楚在仪器中发现的额外射线来自哪里。对射线的研究在柏林、维也纳、剑桥的实验室中展开，使用的是简单又相当简陋的叫作验电器的仪器。比较容易预测的性质是所谓平方反比律，如果实验者所在位置到射线源的距离变为 2 倍，探测到的数量就会降为原来的四分之一，至少理应如此，但一些敏锐的科学家注意到，他们的仪器似乎接收到了额外的射线。射线为什么比预想的要多呢？不回答之前的问题，他们就无法期望理解实验室仪器出现的情况。

答案似乎很简单：额外的射线来自地球的矿物。玛丽·居里在发现镭和钋的工作中——二者都被用作实验室放射源——她多年都在一个简陋的小屋里工作，碾磨与提炼成吨的叫作沥青铀矿的矿物。对科学家研究射线的性质而言，这两种新元素是非常珍贵有用的东西，它们就来源于地球自身。所以从逻辑上讲，肯定存在着同样的矿物，产生了带来干扰的背景辐射。答案和检验办法似乎已经十分明确，如果射线来自地球，那么在大气高处它就会减少。他们猜想大概在 300 米处，额外的射线就会完全消失。

对一位年轻、富有冒险精神的物理学家而言，这是个完美的挑战，他们所需的就是探测射线与海拔的仪器。20 世纪初，如果不是登山运动员，那么到达高海拔的方式只有一种，就是坐热气球。至少有三名研究人员很快飞上了蓝天，搜寻背景辐射，只带了验电器用于研究，[1] 但均未成功。气球的运动会摇动验电器，压强变化使它们突然出现漏气，引发了电气隔离问题。

验电器十分普遍，因为做起来很便宜，而且几乎所有人都能做。只需把一根金属杆安装进一个像罐子一样的密封容器中，就可以绝缘。两片精致的金箔挂在杆的末端，当带电物体——比如与毛皮摩擦的玻璃棒——接触顶端，电荷就会转移到金箔上，使它们由于排斥作用而张开，形成倒 V 字形。如果仪器完全绝缘，金箔就会一直维持这种状态。要测量射线只需让验电器带电，然后在附近放置一个放射性样本，它会电离内部空气从而使金箔失去电荷，缓慢相向落下，这样就把金箔落下的比率转化为仪器接触到射线的数量。很明显，验电器在设计之初就是放在实验室平稳的工作台上，而不是要被气球带到高处使用的。

在这些失败与越来越多的困惑之后，德国耶稣会牧师、物理学家特奥多尔·武尔夫意识到，解决办法就在于把验电器做得更结实些。1909

年，武尔夫把验电器的金箔换成了铂涂层的金属丝，结果证明这样可靠得多。武尔夫来到巴黎，在两个不同海拔处测试他的仪器。首先，他站在埃菲尔铁塔底部，测量这里的辐射强度，然后登上塔到 300 米高度，也就是他们预测辐射消失的位置，却发现辐射仍然存在。其他人采用他的方法，结果也同样让人困惑。意大利物理学家多梅尼科·帕奇尼决定到更低海拔处，而不是到更高海拔，他带了一个武尔夫型的验电器潜入水下，期望被地球矿物环绕时可以发现更多射线，但结果截然相反，改良的验电器似乎可以正常工作，但结果和他们的预期不同。一些科学家开始认为辐射根本不来自地球的矿物。

29 岁的奥地利物理学家维克托·赫斯①就是其中一员，他看到了属于自己的机会。他聘请了一位热气球飞行员，自己裹好羊毛大衣，从维也纳郊外的一块田地出发了。热气球飞到海拔超过 5300 米处，略高于珠峰大本营。赫斯在热气球上绑了两个新的武尔夫型验电器，经过专门改造后可以应对温度与压强的变化，尽管空气稀薄，温度只有零下 20 ℃，他仍然平稳地完成了测量，并最终降落。

能去到那样高的海拔，在大气层中测量辐射强度，赫斯可不是第一个，但能出色完成并取得可靠结果的，赫斯却是第一人。回到地面，赫斯可以看一看他记录到了什么。上升时，辐射强度起初略有减小，但随后一直增大，在高海拔处辐射强度很明显要大得多。辐射不可能来自地球——肯定是来自大气层以外。但来自哪里呢？赫斯在日食的时候又做了一次热气球升空，排除了辐射源是太阳的可能性，他正在测量的是一种全新的辐射源。现在，赫斯、武尔夫、帕奇尼与其他物理学家终于意识到，辐射不仅可以在矿物或实验室里找到，辐射还来自太空。

---

① 维克托·赫斯（Victor Hess，1883—1964），奥地利实验物理学家。1912 年发现并研究了宇宙射线，1936 年获得诺贝尔物理学奖。

赫斯发现的辐射被称为宇宙线，[2] 解决了困扰物理学家超过十五年的额外射线奥秘，但由此也彻底改变了他们对辐射来源的观点。当我在这个语境下谈论辐射时，应该说明的是，我指的是**电离**辐射，它有足够能量使电子摆脱原子的束缚。这包含科学家知道的三种射线：α 射线（氦原子核）、β 射线（电子）与 γ 射线（高能光）。太空某处，强烈的相互作用足以让射线穿越遥远的距离，通过大气到达地球。但它来自哪里呢？射线是怎样形成的？是新的类型还是他们已知的类型？它会与大气相互作用，还是径直穿过？赫斯发现了宇宙线，但对其本质几乎一无所知。无论是宇宙线还是地球上实验室里的射线，现在都需要一台研究仪器。

赫斯和他的同事真正渴望的，是能够用某种方法**看见**射线，这格外富有挑战，因为射线绝大部分不可见，但他们清楚，物理学家已经用巧妙的仪器使自然界的其他部分变得可见。例如，在能够收集微弱光线的望远镜出现之前，我们无法看到太空深处。生物的运作也是不可见的，直到第一台显微镜出现，才将丰富的微生物世界带入我们的视野，使得我们对疾病传播和生命形成本身的理解有了巨大飞跃。在 20 世纪初期，物理学家发现他们也陷入了类似的险境，急需一次能将射线可视化的突破。

查尔斯·“C. T. R.”·威尔逊是一位害羞的小个子苏格兰物理学家，开始科学生涯时正赶上射线的发现。他的传承在其思想演变中发挥了重要作用，主要因为苏格兰刚好是研究云彩的绝佳区域。1894 年，25 岁的威尔逊旅行到威廉堡，来到了不列颠群岛的最高峰——本尼维斯山。

一年里有 355 天，本尼维斯山十分平整的山顶都被变化莫测的薄雾笼罩，威尔逊却遇到了奇观：这段时间里有着前所未有的好天气。他成功登上本尼维斯山，在气象站待了两周时间进行志愿服务。尽管在剑桥的卡文迪什实验室工作，他最爱的却不是物理，而是气象学。站在山顶，云层尽在脚下，从这个有利位置他看到光线在云层间舞蹈，观察到名为“光环”的彩色环在山影间形成。他被这些现象迷住了，想要在实验室里再现并研究，因此他的第一个任务就是怎样造云。

回到剑桥他就做出了仪器，烧杯口朝下，放在一个装满水的大广口瓶里，另一个广口瓶保持真空，二者用玻璃管和阀门连接。操作云室时，威尔逊会拉一根线，移开一个小木塞，让烧杯内的空气膨胀，使温度和压强突然降低。[3] 如果你开过苏打水的瓶盖，就会在听到嘶嘶声的同时看到瓶口有雾出现，这个过程就和威尔逊做的一样。气体膨胀时压强减小，变为过饱和状态，如果条件适当，空气中的水蒸气就会在尘埃颗粒上凝结，形成小液滴，产生云雾。威尔逊在实验室里成功再现了这一现象，并且继续复刻了在本尼维斯山山顶上见到的光的效应，却无意中发现了一个现象：在实验中使用无尘空气时，仍然会形成雾滴。

这怎么可能呢？要形成云雾，需要一些扰动促使液滴形成，从技术上说，需要某种**凝结核**，目前为止一直是尘埃来充当的。但如果是无尘空气，是什么产生的液滴呢？威尔逊已经从之前的实验中知道，引起扰动的东西一定很小，和空气里的分子或原子差不多大，这让他有了个有趣的想法：形成云雾的液滴也许是在云室中的离子上形成的。如果真是如此，他也许找到了一种使空气中的原子或分子可见并计数的办法。

威尔逊对观察射线并不感兴趣。那是 1895 年，射线刚被发现，还没有被充分了解。他坚持自己的猜想，认为是空气中的离子使云雾形成。他精心设计制作了可以更快产生膨胀的新设备，对仪器进行了重新组装。新实验准备就绪，威尔逊拿来一个简陋的 X 射线管，对准云室，他发现只要条件适当，X 射线就会产生大量液滴，增强了之前发现的效果。带电粒子的存在使云雾形成，他的直觉得到了证实：X 射线在空气中产生离子，这些离子产生了凝结核。

威尔逊研究这些时，其他物理学家正带着验电器升空，努力解决宇宙线的谜题。他并非不了解射线的发展——毕竟他每天都会见到欧内斯特·卢瑟福和汤姆孙。1901 年，他又重拾兴趣，重新用验电器搜寻背景辐射。夜间他在苏格兰铁路的隧道内放上仪器。和其他人一样，他也在寻找来自地球矿物的额外射线，但隧道里和实验室相比，辐射强度并没有显著差别。[4] 他又把注意力转移回更有前景的研究上，让其他人接着解决神秘的射线。

威尔逊看起来对射线不感兴趣，再加上他奇怪的云室实验，这让他在卡文迪什实验室显得有些古怪。他整天小心谨慎地进行着复杂的玻璃吹制，虽然经常会弄坏。学生和同事都十分同情他，因为他们都得在所谓“幼儿实验室”中学习玻璃吹制，这是一个特别的实验室，研究生需要在这里学习制作像静电计这样的仪器的复杂技巧，然后才能开始一门重做前人实验的课程。他们很多人后来都会深情回忆起威尔逊吹制玻璃时的背景声音，这几乎成了他们在卡文迪什实验室工作时的一个声道。

科学的玻璃吹制车间如今十分罕见，所以对我们来说，很难理解在用来制作现代仪器的计算机辅助设计与铣床出现之前，做一个像云室这样的实验需要些什么。要精通所需技艺需要花费多年时间，但威尔逊耐心与温和的性格使他创造出了卢瑟福口中“科学史上最原创与最精妙的实验仪器”。[5]

制作玻璃器件是个手艺活，需要把玻璃加热到适当的温度，威尔逊需要手持喷灯。为了产生足够热量，使玻璃刚好熔化到所需的样子，他会把燃料增加一点，让喷灯发出准确无误的“嗖”的一声：后来人们会因这个声音而想起他。在刚好合适的瞬间，他会通过管子用嘴吹气，用恰到好处的力度使玻璃容器膨胀，然后用小刀和工具把熔化的玻璃慢慢弄好。[6]

这个过程很热，是个体力活，但只需几分钟威尔逊就可以巧妙地把玻璃重塑为烧瓶、球形灯泡或盘管。云室的主要部件是必须完全吻合的圆柱体，这通常需要在玻璃冷却后花费数小时辛苦打磨。目前为止最危险的一个步骤就是把各种不同的零件装在一起，每个新零件都有可能毁掉一切。通常情况下，整套仪器都会打碎在地板上。和卢瑟福不同，威尔逊从来不会咒骂他的仪器，而只是轻轻地说“天哪，天哪”，然后重新开始。

威尔逊的早期云室现在保存在剑桥新卡文迪什实验室的博物馆里，乍一看显得相当简陋，它们简单的特点给人一种感觉，似乎那时做出发现非常容易，随便一个还算过得去的物理学家就能有一个关于宇宙开创性的发现。但是一旦我们明白，在 20 世纪初期把玻璃做成可用之物所需的技艺水平和耐心，威尔逊和他的实验员同事就开始显得相当卓越不凡。有了这样强大的新仪器，永远改变我们物质观的发现才涌现出来。

威尔逊一开始开发云室时，这个仪器能否被用来严肃地定量研究射线还很不明确，即便它可以对 X 射线做出反应。直到卢瑟福确定了 α 和 β 射线的本质，威尔逊才在 1910 年回过头来重试云室，这一次他精力充沛，雄心勃勃，想要把云室做成看见带电粒子的实用仪器。

1911 年，发明云室十五年后，威尔逊成了第一个看见与拍摄单个 α 粒子和 β 粒子的人。他完善了设备，带电粒子现在可以产生被照亮和拍摄的白色径迹。他把这些由云室中的电子产生的径迹描述为“小精灵与云线”。[7] 威尔逊把一张 α 粒子径迹的照片给澳大利亚－英国物理学家 W. H. 布拉格看，布拉格曾最先预测 α 粒子在突然停下之前，一开始会逐渐减速，在路径末尾相互作用最为强烈，随着粒子减速与最终停下，产生径迹的不透明性与厚度都会增加。威尔逊与布拉格发现：“这幅照片与布拉格的理想照片之间的相似性十分惊人”。[8]

全世界研究人员缓慢但稳步地改进云室，使其更加实用。20 世纪 20 年代末，大部分云室都置于一块大磁铁的两极间，使带电粒子的径迹出现弯曲。正电粒子会向一个方向弯曲，负电粒子向相反方向，高能粒子比能量较低的粒子弯曲的少。通过对照片仔细测量，研究人员可以测定粒子的电荷量和能量。在实验室里，他们研究了不同粒子在云室中的样子，确定了它们的性质。

这些年间通过艰苦的物理实验得到的关于粒子相互作用的想法，现在终于可以呈现在物理学家眼前，应用这种新技术理解宇宙线的本质，时机已经成熟。

在帕萨迪纳市的加州理工学院，罗伯特·密立根——做完光电效应实验（第三章）后就在 1921 年从芝加哥搬了过去——鼓励他之前的博士生卡尔·安德森①用云室继续进行宇宙线方面的新奇研究。1929 年，俄罗斯科学家德米特里·斯科贝尔琴发现，云室中的一些轨迹几乎没有发生弯曲，[9] 这表明它们具有超过 5000 兆电子伏的巨大能量，超过实验室放射源的 1000 倍。它们不只能量巨大，而且成群出现，两条、三条或更多射线似乎来自云室外的某个位置。他的实验结果表明，云室也许能够揭示宇宙线一些新奇与激动人心的内容。

安德森是瑞典移民的儿子，在洛杉矶读书时就下定决心，虽然在技术领域没有任何家庭背景，但也要成为一名电气工程师。老师鼓励他去加州理工学院，在那里他才意识到物理远不止滑轮和杠杆。他决定转专业，并且毫不后悔。[10] 和密立根做毕业论文时，安德森就使用过云室，并且发现用酒精蒸气替代水蒸气可以使径迹更明亮，也更容易拍照。他开始制作新云室来完成这项工作。

安德森从航空学院找了一台电动发电机，由此设计其他东西。没有

---

① 卡尔·安德森（Carl Anderson，1905—1991），瑞典裔美国物理学家，正电子的发现者，1936 年诺贝尔物理学奖得主。

钱做太复杂花哨的工程——毕竟那时大萧条刚开始——所以他的实验简单粗暴，但很奏效。云室在设备的中心位置，被铜管环绕，铜管通电可以激发强大的磁场。铜管是空心的，里面有水流，可以防止磁铁熔化。加上用来检测磁场的磁极，这套仪器和一辆小轿车一样大，重达 2 吨。通过磁铁一端的一个孔，可以看到云室，照相机可以由此拍摄径迹。为了让设备运转，安德森必须不停地使用可动活塞让内部酒精蒸气快速膨胀，每次运转时都会发出巨大的响声，校园里会反复听到来自设备所在楼顶的响声。其余住户应该庆幸，安德森只在夜晚做实验，因为设备需要 425 千瓦功率才能运转——这可是整个校园相当大的电力消耗。

安德森在查阅照片资料后发现，1300 张照片里大约有 15 张似乎显示了对应正电粒子的轨迹。但即使对目前已知最轻的正电粒子——质子，轨迹也太长了。这个貌似全新的粒子是什么呢？照片中的粒子具有一个单位正电荷，质量与电子差不多。起初他只是称之为“容易偏折的正电粒子”，但写论文时，他有了一个非常大胆的结论，相信自己发现了一种全新的基本粒子，称之为“正电子”。[11]

安德森不知道的是，就在几年之前，1928 年，英国物理学家保罗·狄拉克[①]就已通过纯粹的数学技巧洞见到，正电子应该存在。狄拉克整合了描述微观粒子的量子力学与描述高速运动物体的爱因斯坦狭义相对论，希望在原子领域得到一些洞见。狄拉克少言寡语，但他的工作将物理学中最热门的两个新理论整合在了一起。他得到的方程，即狄拉克方程，被很多人认为是物理学中最美的方程，同时具有意想不到的预言能力。好比 4 的平方根可以是 +2 和 −2，狄拉克方程预测说，也应该

---

① 保罗·狄拉克（Paul Dirac，1902—1984），英国理论物理学家，量子力学的奠基者之一，并对量子电动力学早期的发展做出重要贡献。1933 年获得诺贝尔物理学奖。

存在与电子相同的粒子——也就是具有相同质量，但带有相反的电荷。由于有这样奇怪的含义，狄拉克并不确定他理论的物理形式，但这似乎预测说，每个已知类型的粒子都应该有个相反的版本，后来称之为反物质。[12]

狄拉克刚好与卡文迪什实验室的实验物理学家帕特里克·布莱克特是好友，布莱克特和生于意大利的物理学家朱塞佩·奥基亚利尼继续发展了云室技术。狄拉克思考出新理论时，与布莱克特进行了交流，他们一起的计算表明，如果正电子出现在云室的磁场中，它留下的径迹看起来应与电子相同，只是弯曲方向相反。比安德森的工作早差不多三年时，他们查阅了用实验室放射源所做实验的云室照片，狄拉克认为似乎有不少正电子的证据，布莱克特却认为这些证据还远不能确定，不足以发表。他质疑说，也许这些电子是从外面来的，偶然碰撞之后刚好看起来很像正电子。如果不重做实验的话，根本无法分辨这些难以控制的电子和真正的正电子。[13]

布莱克特也许十分谨慎，因为狄拉克的观点并不是很受欢迎。认为我们的宇宙由两种物质，即“普通”物质和镜像的“反物质”构成，这样的观点在那时的一些科学名人看来——友善地说——并不让人信服。奥地利物理学家沃尔夫冈·泡利①，量子理论的先驱之一，称此“毫无意义”，尼尔斯·玻尔则说它“完全不可信”。[14]沃纳·海森堡②，一位德国理论物理学家，为量子力学的创立做出了很大贡献，包括提出了不确定性原理，在 1928 年陈述说：“现代物理学最让人无法接受的一章，就

---

① 沃尔夫冈·泡利（Wolfgang Pauli，1900—1958），美籍奥地利物理学家。1925 年提出不相容原理，为原子物理的发展奠定了重要基础，因此获得 1945 年诺贝尔物理学奖。

② 沃纳·海森堡（Werner Heisenberg，1901—1976），德国物理学家，量子力学主要创始人，哥本哈根学派代表人物，1932 年获得诺贝尔物理学奖。

是狄拉克理论，并且一直会是。”[15] 布莱克特进行了计算，来确认他们是否真有证据证明狄拉克不同寻常的理论，但当他还在思考这个问题时，消息传来，安德森已经发现了正电子。

安德森一直忙于实验，没有读过狄拉克的论文。考虑到他在正电子的发现中击败了布莱克特和奥基亚利尼，这样的专注是有理由的。然而他的实验结果却在物理学界引起了激烈争论，因为要支持如此不同寻常的理论，只凭这样几张照片的话，证据并不充分。要解决这个问题，剑桥团队意识到他们有一项优势，与其像安德森这样收集几千张照片，寄希望于为数不多的感兴趣的照片，布莱克特和奥基亚利尼研究出了一个方法，在目标粒子快速穿过云室时，有 80% 的成功率能够拍摄下来。他们开发了一种电学方法来“触发”照相机，在仪器上方和下方都放了盖革计数器，如果两个计数器同时都探测到粒子，就会对云室拍照。1932 年，他们有办法，也有动机用自己的仪器继续完成了安德森的工作。

布莱克特与奥基亚利尼很快确认了正电子的存在，有了数据翔实的观测结果，他们可以进行深入细致的研究。他们发现电子和正电子有很多次都同时出现在照片中。事实上，照片里的电子和正电子数量似乎相等：普通物质与反物质以相同数量创造出来。布莱克特与奥基亚利尼观察到，这个过程出现在高能 γ 射线（存在于宇宙线中）进入云室时，同时产生一个电子和一个正电子，这个过程被称为**电子对生成**。这是首次观测到光子（γ 射线）转化为物质（电子与正电子），这个过程由量子力学和爱因斯坦的相对论结合体做出过预言。这些相互作用的存在揭示了狄拉克方程的另一个惊人推论，那时的理论家才刚开始明白：反物质与物质在接触时可以发生湮灭，把质量转化为能量，以光的形式放出。换句话说，质量可以转化为能量，反之亦然。他们收集了非常多正电子与电子对生成的照片，科学界再也无法抵挡狄拉克理论的推论。虽然看起来很奇特，反物质却真实存在。

安德森并没有改写事情的来龙去脉，把这归因于自己具有什么洞见，而是坚称“正电子的发现纯属偶然”。[16] 做出发现的时机已经成熟，即便不是他，也很快会有其他人发现。安德森在 1936 年时与维克托·赫斯一起获得了诺贝尔奖，那时他 31 岁，是诺贝尔物理学奖最年轻的获得者。查尔斯·威尔逊在 1927 年因发明云室获奖，狄拉克在 1933 年获奖。[17]

安德森凭借首次尝试，用云室使宇宙线的探索取得了非凡进展，但这并不是道路的终点，正电子的发现预示着宇宙线的研究会通向有趣的发展方向——可以用宇宙线发现迄今未知的粒子，自然界比他们所知的要更加丰富多彩。

正电子实验让我们看到在地平面可以探测到什么，但对宇宙线本身我们依然几乎一无所知。安德森在 1935 年用云室开启了一次新冒险，这次是和他自己的研究生赛斯·尼德迈耶。为研究高海拔宇宙线，安德森和尼德迈耶前往科罗拉多的派克峰。

他们的方案需要在海拔 4300 米处工作，那里含氧量只有海平面的 60%，他们要冒着高原反应的巨大风险。派克峰的气候也十分恶劣，全年下雪，大风频繁来袭，风速可达 160 千米 / 时（100 英里 / 时）。更糟的是，安德森和尼德迈耶几乎是捉襟见肘。

他们勉强凑够了钱，花 400 美元买了一辆平板卡车，把巨大的仪器装在车上，启程前往派克峰。在开始爬山前，一切都很顺利。负荷太重，加上高海拔处含氧量低，旧卡车爬不上去了，他们不得不等待救援和拖车。当他们终于到达山顶时，却发现电力不足，无法给仪器供电，于是他们又买了一辆车，用它的发动机做发电机。

一切就绪，设备运转，两位物理学家拍摄了长达六周时间，然后必须用底片冲印照片，才能看看拍到的东西到底能有什么启示。他们在寒冷昏暗的山上研究照片，寻找着电子、正电子、质子和 α 粒子。这一次，他们不断发现有种粒子的轨迹很像电子，但这种粒子比电子重了大概 400 倍，有正电也有负电。他们知道这些粒子不是质子——太轻了——也不是最新发现的正电子。他们只能得出一个结论：发现了另一种新粒子。

现在我们把这些粒子叫作“μ 子”（muon）。它们和电子具有相同属性（或反 μ 子和正电子），但质量更大。它们的寿命也极其有限，2.2 微秒就会衰变，转化为电子。[18] 高能宇宙线到达大气层时，碰撞会产生新粒子簇射，其中就有大量 μ 子。每一天的每一分钟，地球表面的每一平方米上，都会有大概 1 万个 μ 子轰击（每分钟都会有一些穿过你的脑袋），然而没有专门仪器的话，我们没法看到、感受到或探测到它们。μ 子在高海拔处比地面上要多。

和电子、质子以及之前观测到的其他粒子不同，μ 子的存在似乎没有明显实际的理由。它们是基本粒子，也就是说它们不是由其他粒子组成的，但它们并没有构成我们身边普通物质的任何一部分。刚发现 μ 子，就有一位物理学家回应说：“谁预订了它呢？”[19] 它们存在的理由一直完全是个谜。亚原子世界十分深奥难懂，物理学家对它的处理才刚刚起步。

1935 年，关于 μ 子的一种观点阐释了理论上的理解。一位名叫汤川秀树①的年轻理论物理学家在前一年提出，将原子核聚合在一起的力——强核力——是由一种质量大约是电子的 200 倍的粒子产生的，他称之为**介子**，取自“intermediate”的希腊语，因为他预测这种粒子的质量应该介于电子和质子之间。[20] 起初一些物理学家认为 μ 子就是汤川秀树的介子，但很快他们意识到并不可能，因为介子会与物质发生强烈

---

① 汤川秀树（Hideki Yukawa，1907—1981），日本核物理学家。1949 年由于其核力理论荣获诺贝尔物理学奖。

的相互作用。另一方面，μ 子似乎能够穿透很多铅板或其他材料。

拥有最有利的形势与最完善的数据，意味着要进行推进技术边界的高度拓新实验。安德森的云室甚至安装在了 B-29 轰炸机上，研究高海拔的宇宙线，[21] 虽然由于工程问题太大，实验并没有取得很多有用的成果。随着时间推移，有一点十分明确，构成日常存在的物质仅仅是我们身边隐秘世界的一部分，在此之外肯定还有非常非常多。辐射的发现使我们的物质观从静态转变为持续变化，宇宙线如今又开始粉碎这样的观点：认为原子是物质存在的唯一类型。μ 子才只是个开始。

随着宇宙线与新粒子知识的发展，到达更高位置，在宇宙线与地球大气发生相互作用之前进行探测就变得越来越重要。B-29 的实验表明，要进行高海拔实验，需要一种比云室更强力的探测器，其他物理学家为开发另一种补充类型的探测器而努力工作。与云室中复杂的活塞和照相机不同，**核乳胶**是一种没有可动部分的被动探测器，基本组成包括一种特殊的照相底片，以及悬浮在明胶中的卤化银，带电粒子通过时会引起感光。比起云室，核乳胶更稳定，而且操作起来没有那么费力——可以几个月无人看管，自行积累数据，甚至发射到大气层里也不用担心。

使用乳胶研究宇宙线的方法由奥地利物理学家玛丽埃塔·布劳开发，当时她正在赫赫有名的维也纳镭研究所无偿工作。1919 年，在弗朗茨·埃克斯纳和斯蒂芬·迈尔的支持下，她在维也纳完成了博士工作，他们二人都以资助女性科学家而闻名 [22]。她在法兰克福大学开始了很有前途的职业生涯，教医学院的学生放射学，发表 X 射线与可见光照相乳胶的研究。1923 年她回到维也纳照顾生病的母亲，由于没有找到其他工作，就继续在镭研究所无偿工作，靠拨款和一点大学授课维持生计。

布劳在维也纳的研究将她在法兰克福所学与兴起的核科学领域知识

结合在一起，表明可以使用照相乳胶研究宇宙线。她和乳胶生产商伊尔福德一起工作，生产了非常厚的型号，可以更好记录粒子的径迹。她和之前的学生赫塔·文巴赫尔一起在奥地利阿尔卑斯的哈弗莱卡研究站进行了一项为期四个月的实验，实验结果展示了一种引人注目的新发现——“分裂的星形”，这是宇宙线与乳胶中的重核碰撞时留下的，使射线爆裂成星形的粒子径迹。

遗憾的是，她的工作很快中断。布劳是犹太人，在 1938 年德奥合并前夕，她离开奥地利前往奥斯陆，与化学先驱艾伦·格莱迪什在一起，随后去了墨西哥，然后在爱因斯坦的帮助下来到了美国。与此同时，她的合作者文巴赫尔，一名纳粹成员，继续发表他们的研究成果，却对布劳只字不提。

在地球另一端，布劳的技术由另一位女性继续采用，她就是比巴·乔杜里，一位印度研究者，在 1934 年取得物理学硕士学位。在世界上任何地方，这对女性而言都是一项罕见的成就，包括印度。乔杜里最初申请加入 D. M. 博斯的研究组时，却被告知没有适合女性的课题。她坚持加入，从 1939 年到 1942 年，乔杜里和博斯进行宇宙线研究，在大吉岭、桑塔克普和其他地方的高海拔地区把照相乳胶放置了数月，乳胶必须费力地显影与加工，要用显微镜进行几个月的工作。乔杜里和博斯发现了两种全新亚原子粒子的证据，它们的质量分别大概是电子质量的 200 与 300 倍，我们已经见过其中一个，即 μ 子，但另一个还是首次出现在我们的故事里：π 介子。π 介子有三种（正、负、中性），在后续章节讲到新粒子与它们之间的力时，我们会再详细介绍 π 介子。

尽管第一个发现了 π 介子，乔杜里的贡献却没有被科学界承认。1947 年，英国物理学家塞西尔·鲍威尔（与朱塞佩·奥基亚利尼）尽管用了更好的乳胶，但使用的是相同的方法，证明了 π 介子的存在。

1950 年，诺贝尔奖委员会因他“对研究核过程摄影方法的发展与凭此方法发现 π 介子”而授予其诺贝尔物理学奖[23]，但乔杜里连诺奖提名都没有，她的实验没有被诺贝尔奖委员会认定为 π 介子发现的关键实验，原因也许在于她所用的乳胶质量不足以作为完全清晰的发现，这是由二战期间的供给问题造成的[24]。但只需要搜索一下就能够发现，鲍威尔在他的一篇重要论文[25]中对乔杜里工作的引用，并且在他的一本关于基本粒子的书里也承认了乔杜里工作的优先性[26]。

布劳因发明照相乳胶技术而几次获得诺贝尔物理学奖提名，委员会——包括鲍威尔在内——也认定她的工作在理解高海拔宇宙线的过程中至关重要。她的发明由伊尔福德和柯达大规模生产，使照相乳胶广泛使用，并且对鲍威尔的 π 介子发现必不可少，然而一位诺奖委员会成员[27]对她的贡献以极度负面的评价进行了片面报告，使得布劳也落选了。

布劳、乔杜里与其他人并不是反常现象，纵观历史，女性在科学上的成果不被认可或不被理睬的事件已有很多，这种现象甚至有个专有名词：玛蒂尔达效应，在 1993 年由历史学家玛格丽特・罗西特[28]提出，以美国妇女参政论者玛蒂尔达・J. 盖奇①的名字命名，后者在 19 世纪晚期关于女性革新者的论述中首次清晰表述了这种现象。罗西特希望能通过为这种效应命名来鼓励历史学家、社会学家，也希望科学家自身能够将更多科学上被遗忘的女性的故事以及她们的工作让大众知晓。

接下来的二十年间，世界上很多物理小组都在用云室和照相乳胶研

① 玛蒂尔达・J. 盖奇（Matilda J. Gage，1826—1898），美国女权运动先驱，废奴主义者。

究宇宙线，逐渐搞清楚它们的性质。我们知道宇宙线来源于地球以外，然而即便今天，已经几乎过去了一个世纪，我们对其形成仍然知之甚少。费米①空间望远镜给出了一些证据，表明它们也许形成于超新星，可能在黑洞周围的引力场中被加速到高能量。无论它们是怎样形成的，我们了解到它们主要由非常高能的质子构成，这些质子下落，穿过大气层，与空气中的原子碰撞，造成其他粒子的崩塌：μ 子与正电子就是这些“次级”粒子。几乎全部质子与很多次级粒子要么与空气相互作用，要么在到达地面前发生衰变（μ 子的寿命为 2.2 微秒[29]），这就是早期的研究先驱在地平面探测到的宇宙线更少的原因。

宇宙线具有巨大能量，大到可以轻易粉碎原子，如果出现在适当的地方，就像玛丽埃塔・布劳第一次识别出它们的那样，科学家就可以观察到这些碰撞产生的碎片，研究原子与其他粒子的性质。现在我们知道，很多宇宙线在宇宙里穿行数光年，携带着来自远方天文系统的信息，比如中子星、超新星、类星体与黑洞。

在地球上，我们完全没有察觉到宇宙线簇射，然而每秒就有大概 100 个粒子穿过我们的身体，每秒有 100 亿亿条宇宙线撞击地球，功率超过 10 亿瓦。如果能以某种方式利用这些能量，总量以 kW（千瓦——洗衣机在一小时运转周期里功率大概 1 kW）来表示的话，就有 36 亿 kW・h（千瓦・时），每年大概 3.2 万 TW・h（太瓦・时）——比 2018 年全球的电力消耗高出大概 50%。

虽然发现了不同的粒子与作用力，有件事却一直没变：发现这些粒子的科学家几乎始终相信它们没有实际用途。就像汤姆孙没有发现电子的用途，搞清楚宇宙线的价值也花了很长时间。现在，距离首次发现宇

---

① 恩利克・费米（Enrico Fermi，1901—1954），美籍意大利物理学家。他对理论物理和实验物理都做出了重要贡献，获得 1938 年诺贝尔物理学奖。

宙线已经超过了一个世纪，μ 子被发现将近八十年，技术上的进步已经使我们了解宇宙线如何与地球相互作用，带来了正电子与 μ 子在现实生活中的应用。

宇宙线可以告诉我们更多地球生命的历史。宇宙线对大气中氮的作用产生放射性碳同位素，它被称为碳 -14，与氧气结合生成二氧化碳，植物通过光合作用吸收，动物和人类再吃掉这些植物，吸收的绝大部分是普通的碳 -12，但也有少量碳 -14。20 世纪 40 年代，威拉得・利比[①]意识到，通过比较木块、骨骼或其他有机物质样品中碳 -14 与碳 -12 的含量，可以计算动物或植物是在多久之前死去的，因为碳 -14 会以 5730 年的半衰期发生衰变。关于放射性碳定年法，我们会在下一章有更多讨论，对考古学有着深刻影响，使创造一条全球时间线成为可能，我们可以将不同区域与大陆发生的事件放置其中。这样我们的史前史不仅局限于单个地区，还包括了全世界。

宇宙线的影响还可以告诉我们地球气候的历史，以及在地质年代中的变化，尤其是搞清楚太阳的影响。太阳不是高能宇宙线的源头——这点我们在一个多世纪前就知道，当时维克托・赫斯在日食期间让热气球升空——但太阳确实会影响到达地球的宇宙线数量。现在我们知道太阳会不断释放被称为“太阳风”的物质，产生**日球层**——太空里包围太阳系行星的巨大“气泡”。太阳活动比较平静的时候，日球层较弱，会有更多宇宙线进入太阳系，继续与地球大气层中的原子碰撞。

宇宙线中的质子撞击到大气中的氧气时，会产生两种铍的同位素：铍 -7 和铍 -10，最终沉淀在地球上。铍 -10 的半衰期是 140 万年，衰变为硼 -10，铍 -7 只需要 53 天就可以衰变为锂 -7。这些同位素使南极洲和格陵兰岛的冰层逐渐增大，向下钻取冰层中心提供了一种追溯年份的

---

① 威拉得・利比（Willard Libby，1908—1980），美国放射化学家。

简便方法。对每一层而言，两种同位素间的比例确定了它们在大气层中形成的时间，铍-10的数量可以告诉我们日球层的活跃程度，从而推知太阳的情况。使用这种方法，宇宙线可以告诉我们太阳活动与地球上的气候变化是否真有关联。

在宇宙线研究中发现的粒子也带来了变革性的日常应用。在一些放射性衰变过程中自发辐射的正电子，通过正电子发射断层成像（PET）技术来检测与了解疾病，进行这些细致的医学扫描的机器可以在绝大部分大医院里找到，在后续章节中我们也会再多谈谈这一应用。

目前为止，能找到用途的最意想不到的粒子就是μ子，μ子有一个独特的特点，它们可以穿过致密物体而运动得非常远——不管是铅制的屏障还是几百米的岩石，对它们来说都不是阻碍。随着技术的发展，物理学家意识到，如果可以在适当位置设置探测器，就能像一台巨大的X射线扫描仪那样使用来自宇宙线的μ子，因为它们可以一路穿过大量物体，恰好能做到X射线所不能的。

μ子的首次应用并不在美国或欧洲这些发现或研究之地，而是在澳大利亚，这让人有些惊讶。20世纪50年代，一位名叫E.P.乔治的物理学家利用宇宙线μ子测量了一条新隧道上方岩石的密度，这条隧道是为了国家大型水力发电系统——雪山水电项目而建的。他使用盖革计数器探测了隧道和地表的宇宙线μ子，然后利用结果测定了中间土壤的深度与密度，但他所用的盖革计数器并没有给出μ子来源方位的信息，所以无法绘制任何图像。

20世纪60年代，路易斯·阿尔瓦雷茨[①]（他也是创立欧洲粒子物理研究所的主任）与考古学家合作，使用μ子对金字塔内部进行成像，

---

① 路易斯·阿尔瓦雷茨（Luis W. Alvarez，1911—1988），美国实验物理学家，对基本粒子物理做出了决定性贡献，特别是因他发展了氢气泡室技术和数据分析方法，从而发现了一大批共振态，获得1968年诺贝尔物理学奖。

最终在2010年促成了开罗大学与法国遗迹创新保护研究所的“扫描金字塔”计划。考古学家认为他们已经了解有关位于吉萨的埃及法老胡夫大金字塔的一切，2017年，扫描金字塔团队在金字塔周围和女王室内部放置了μ子探测器，得出了一个惊人结论：建筑内部存在一个隐秘房间，与其他房间都不连通，这是19世纪以来发现的第一个新房间[30]。他们的发现在理解金字塔内部结构上做出了突破，朝最终理解其构造又迈出了一步。

与电子或X射线相比，μ子穿过物质时没有那么强的相互作用，所以它们更不易发生散射，绝大部分会以直线穿过物体。不发生散射使它们具有惊人的优势，在物体两边放置探测器，将穿过物体前后μ子的路径进行关联，就可以得到分辨率很高的图像，即便数量不多，这正是由于它们确定会以直线传播，与此相比，X射线一般会有更多的散射轨迹。以这种方式产生的第一批图像来自美国的开发，更新更好的探测设备让我们能够利用μ子断层扫描技术看到大型密闭空间内部，其工作原理就像3D的X射线扫描仪，只不过是在更大尺度上。21世纪初，这一领域的研究与应用也在激增。

2006年，由东京大学教授田中洋之带领的日本团队首次使用μ子对浅间山火山的内部结构进行了成像。地质学家是μ子断层扫描技术非常重要的采用者，其他火山，包括埃特纳火山和维苏威火山都进行了成像，绘制出了熔岩通道，并且可以预测火山喷发。现在他们能够进行实时成像，观察岩浆的流动。

随着技术的成熟，μ子断层扫描技术已经商业化，通常是随着做实验的实验室组建衍生公司，这些公司已经发现了利用μ子成像的广泛应用，从一整艘集装箱船到发电站的基础设施，一切都可以进行3D可视化。

对于国家安全机关、采矿应用、发现密集矿床、发现洞穴与隧道和地球的其他结构，μ子探测系统也有市场。地球物理学也用到μ子，比如地下水测绘与矿物勘探。在核安全方面，2010 年日本发生海啸后，首批抵达的小组中就有一个使用 μ 子断层扫描技术分析福岛第一核电站反应堆芯的状态，定位核燃料，在事故的清除与处理上减少了意外，其他技术都无法做到这样的成像。其他小组也使用相同技术检查核废料储存设备。

这些每天无形之中向地球飞来的 μ 子，我们才刚刚开始发现它们的益处。未来我们也许可以用 μ 子监控一切，从桥梁的结构完整性到地球的隆隆声。[31]

尽管现在的物理学家不再使用云室，这些探测器仍然开启了宇宙线本质的非凡研究，发现了一系列新粒子。云室一开始是为了再现光照在云上效果的奇特设备，最终却成了物理学家观察不可见粒子世界的工具。粒子穿过探测器时，物理学家第一次能够看到它们，并且能够拍摄照片，显示粒子的生成与消失。

在云室以前，物理学家认为唯一存在的粒子就是**亚原子**粒子——在原子内部——但现在他们了解到，还有一些粒子在我们身边根本找不到。未来的挑战就是尽力搞清楚自然界中是否还有更多粒子，以及它们是怎样结合在一起的。

最大的问题在于物理学家仍然无法掌控他们正在观察的粒子，在所有实验中仍然依赖于粒子的自然源头，从放射性物质到宇宙线 μ 子。但为了更深入研究原子，理解在宇宙线中发现的新粒子，他们需要发展出能够操控最小尺度物质的技术，需要能在实验室里模拟宇宙线。

第 五 章

第一台粒子加速器：分裂原子

在纽约州罗切斯特市的一个跳蚤市场，查尔斯·本内特花 8 美元买了一把小提琴。当他端详小提琴前面精雕细刻的 F 孔时，他发现了一个独特的黄色标签，上面写着“斯特拉迪瓦里”。很多跳蚤市场的故事都像这样：很便宜的古董结果价值成千上万美元。奇怪的是，本内特并没有考虑要对小提琴进行专业评估，但我们可以猜到当时所有相关专家都在欧洲，在 1977 年，所需的运费可不是一个身无分文的研究生承担得起的。没过多久他就意识到，为了搞清楚小提琴的真实价值，他不得不把它破坏掉，本内特有些不知所措。也许他不是一位演奏家，但也不愿意让小提琴变得一文不值。他又回去继续物理学博士的工作。

要搞清楚这到底是不是真的斯特拉迪瓦里，他必须核实乐器的年龄，本内特通过物理训练了解宇宙线与碳定年法技术。斯特拉迪瓦里通常使用云杉木、柳木、枫木的混合体。如果本内特假定树木砍倒后不久就做成了乐器，那么他就可以用碳定年法比较木材中稳定碳 -12 与放射性碳 -14 的含量，核实他的小提琴是否真是 18 世纪早期的杰作。本内特和他的博士论文导师——罗切斯特大学的哈里·戈夫进行了讨论，计算出每一亿亿个碳 -12 原子只会有一个碳 -14 原子，一份含有一克碳的样品大概每 5 秒会衰变放出一个电子。他们考虑从小提琴上切下一小块，保护好乐器，尝试进行测量，但计数率实在是太小了。要想让这个方法奏效，就得切下非常大块的木材。

几周之后，两位对小提琴难题毫不知情的同事来拜访戈夫，想使用他的核物理实验室做实验，测量一小件样品中碳 -14 的含量。这两位同事——艾伯特·利瑟兰和肯·珀泽——早些时候都和戈夫一起进行核物理实验方面的工作，分别独立提出了使用加速器进行碳定年法的想法，一个月前在一次会议上的讨论加速了他们的到访：戈夫这里具备实现他们想法的实验仪器和专门知识。罗切斯特大学的粒子加速器让其他仪器相形见绌，可以测量小件样品，创造出原子束。戈夫以前从未尝试过将碳的不同同位素分开，他意识到如果提议的实验能取得成功，也许能找到办法，在不破坏小提琴的前提下测定其年代。戈夫同意进行实验，条件是本内特加入合作团队。

为弄清本内特是否会取得成功，我们需要理解他们使用的粒子加速器是如何工作的。目前为止，我们遇到过的所有实验使用的都是相对简单的仪器，以及在自然界中就能找到的放射性物质。在本章中，我们开始探讨突然需要大型设备来理解自然界最小组成部分的原因所在。20 世纪 70 年代中期，本内特和戈夫遇到小提琴困境时，这些机器已经给核物理学家当了几十年得力干将，甚至以完全未曾预见的方式应用于科学与工业的诸多领域，但这都是发明以后很多年的事了。回到 20 世纪 20 年代剑桥的卡文迪什实验室，粒子加速器之旅起源于物质本性最大的问题之一：原子核内部有什么？

卢瑟福在 1919 年从汤姆孙手中接管了卡文迪什实验室，从那时起他的实验室总体感觉就是进行实验研究，但在表面之下却有一股沮丧的情绪暗流涌动。回到 1911 年，卢瑟福描述了原子核的存在，致力于了解这一物质新的核心，期待速战速决。卢瑟福已经习惯于在做出一个又一个突破时经常在新闻头条见到自己的名字，但现在他已经几乎十年没有做出什么重大的发现。

盖革和马斯登所做的实验发现了原子核，使卢瑟福成为享誉世界的原子问题专家。20 世纪 20 年代早期，化学家基于原子质量对 90 种不同原子进行了区分，尽管有些困难，卢瑟福将这些内容和自己的知识综合在一起。随着时间推移，人们发现所有元素的原子质量似乎都是最轻的元素氢的质量的整数倍。氦是 4 倍，锂是 6 倍，碳是 12 倍，氧是 16 倍，这绝不是巧合。而且所有质量并非来自电子，因为电子太小太轻了。**原子核**肯定是理解物质真正本质的关键所在。质量的规律暗示着原子核本身可能由基本的组成部分构成。

卢瑟福可以肯定的是，原子核内部肯定有质子。第一次世界大战期间，他进行了一个实验，向氮气发射 α 粒子，产生氢核。1917 年，他证明了所有原子都含有氢核——此后被称为**质子**的带正电的粒子。问题在于，比氢更重元素的原子核不可能**只**由质子组成，带正电的质子会推开彼此，所以问题在于：在这样一种“排斥”力作用下，是什么让原子核聚合在一起？卢瑟福认为，有可能有一种中性粒子通过某种方式使原子核聚合，结果就是，氦原子质量为氢原子的 4 倍，最大电荷量（去掉 2 个电子后）是氢核的 2 倍，它可能不像自己假定的那样含有 4 个质子，而是只有 2 个质子，还含有 2 个迄今未知却和质子一样、不带电的粒子，他们称之为中子。卢瑟福和他的团队寻找中子，但多年未果。

想象下一个像卢瑟福这样自信的人此时的状态。他是个来自新西兰农场的男孩，在 1908 年就获得了诺贝尔奖，1914 年被封为爵士，现在是世界上杰出的物理实验室的主任。下一个大问题理应由他做出解答，这几乎是个尊严问题。此时已经发现了宇宙线，但还没发现 μ 子和正电子。卢瑟福的注意力都在原子核上，他认为要取得进展只有一种方式：他们必须打开原子核，搞清楚里面到底有什么。他想要的不只是把质子去掉，而是把原子核整个打开。

卢瑟福的工具和以往一样：α 粒子源，靶，还有闪烁的屏幕。镭或钋的放射源可以发射粒子，被密封在金属管里，末端开个缝，做成像 α 粒子枪的样子。这可以控制粒子的方向，但大部分 α 粒子会撞在管壁上丢失，只剩下很宝贵的一小部分用来实验。

卡文迪什实验室勤奋的学生和研究员继续进行了一连串实验，希望原子核会暴露其奥秘。他们谨慎地让 α 粒子穿过各种气体，撞击金箔和金属片，轰击手边能找到的任何东西，期待着能看到什么反应。几种较轻的元素和氮的结果相同——产生了一些质子——但较重的元素无论如何都没有什么反应。没有发现中子，也没有出现什么让人惊讶的东西。原子核仍然是个谜。

卡文迪什的实验员们被稀少的 α 粒子难住了，他们根本没有办法控制实验参数，因为放射源经由放射性衰变产生的 α 粒子具有相同的能量，并且除了这种自发产生的 α 粒子，他们也不知道怎样能生成其他东西。更严重的问题是，像镭这样的 α 粒子源十分微弱，随时间推移发生衰变后还会更微弱，有的甚至半小时就衰变，然后就几乎耗尽了。作为探究原子核的工具，它们看起来太无力了。

他们唯一**能够**掌控的就是实验中的错误。为了确保最大化利用这些不可靠的粒子，团队想出了一个可靠观测的复杂办法。一个典型实验需要三名研究员，两名坐在暗室里，让眼睛适应下环境，第三个人准备好仪器，一切就绪后关上百叶窗，拉上窗帘，实验开始。两名研究员轮流通过显微镜观察闪烁的屏幕，每人大概看上一分钟，有任何闪光就标记在滚动的卷纸上。这样重复一小时，他们的眼睛疲劳了，就换另一组继续。这项工作十分艰苦，但很有必要，算得上多年以前马斯登和盖革所用的相同技术的升级版。

卡文迪什实验室所有新来的研究生刚来时都要进行粒子计数的训练与测验，都由卢瑟福一丝不苟的老同事詹姆斯·查德威克[①]指导。除了进行自己的详细研究，我们后续会谈到，查德威克还监督着学生在“幼儿实验室”接受训练。他们准备完毕后，就会告诉卢瑟福，卢瑟福会为他们的研究课题推荐研究方向。

学生们需要从头搭建实验，仅从卡文迪什仓库得到实验所需的零件这件事，就是一项挑战，他们必须足智多谋，信念坚定。车间管理员是个名叫林肯的男人，对实验室资源严加看管，导线需要按量配给，肯定不会直接给上一卷，并且会把螺钉和螺母挨个数清楚。据说有个学生想要一段钢管，管理员却给了他一把锯，给他指了指院子里的自行车。事实上，这种吝啬源自上级，源自卢瑟福，他宁可用廉价但精巧的实验让别人钦佩，也不想不停地对经费做出解释，或是为钱而乞求。

尽管他们具有聪明才智，方法谨慎，坚韧不拔，但就是一无所获。对卡文迪什实验室而言，一种解决方案就是获取更多的镭，但这种珍贵的物质供应不足，节俭的卢瑟福否决了这个主意。团队很清楚，他们的竞争者的优势在于有多得多的镭来进行实验。美国女性将整整一克镭作为到访礼物赠予玛丽·居里，她的物理学家女儿伊蕾娜·居里和弗雷德里克·约里奥正在巴黎使用如此之多的镭供给进行实验。欧洲的很多其他实验室也都取得了进步，但剑桥团队依然凭借着勤勉的工作持续居于领先地位。直到 1924 年，他们作为世界第一实验室的地位遭受了质疑。

维也纳的一个研究组里流传着一份论文，似乎表明分裂原子十分容

① 詹姆斯·查德威克（James Chadwick，1891—1974），英国实验物理学家。1935 年因发现中子获得诺贝尔物理学奖。

易。他们的实验和卡文迪什团队的完全相同，但实验结果却截然不同，剑桥团队的情绪一下低落了。在查德威克的指导下，所有学生计数员重新训练，重新测验，然后加倍努力试图再现维也纳团队的实验结果，但他们就是做不到。两个小组虽然尊重不同意见，但还是出现了严重的分歧，最终查德威克前往维也纳，一探究竟。

在维也纳，研究员们聘用了女性进行计数任务，但和剑桥不同，实验开始前他们会告诉计数员大致要寻找什么，结果你看，计数员就能找到。不进行这项干预，重新实验，维也纳团队也无法复制先前的结果，他们的数据和剑桥的一样。

有了这段插曲，卢瑟福和查德威克不得不承认一个逐渐清晰的事实：对微弱 α 粒子源的依靠正在阻碍他们科学上的进展，他们很清楚肯定会有所发现，为了实现目标，实验需要彻底改变。他们需要一种方法，能够按他们的意愿产生不同能量的质子、α 粒子和其他粒子，但这样的方法目前并不存在，他们必须自己发明这项技术。

欧内斯特·瓦尔顿①完成了训练，现在是时候进行自己的课题研究了。瓦尔顿是一位牧师的儿子，24 岁，从爱尔兰来到剑桥读博士，资助他的奖学金计划[1]和帮助卢瑟福从新西兰来到英国的是同一个。瓦尔顿很擅长数学和物理，在都柏林时，他在这两科都取得了一等学位。由于他也喜欢造东西，实验物理学看起来和他完美契合。他鼓起勇气，把自己的想法告诉卢瑟福，说他想造一台加速带电粒子的机器。

瓦尔顿几乎不知道的是，就在两天以前，卢瑟福在伦敦皇家学会以学会主席的新身份发表了一番激动人心的演讲，在这受人尊敬的集

① 欧内斯特·瓦尔顿（Ernest Walton，1903—1995），爱尔兰实验物理学家，1951 年与考克饶夫同获诺贝尔物理学奖。

会上，他站在前面宣布了当前形势下科学最重要最迫切的需求，那是1927年。他想要找到一种方式，创造出“大量原子和电子的供给，单个粒子的能量都要远超 α 和 β 粒子”[2]。如果能做出这样的东西，只需一毫安的射束电流产生的粒子就比100千克镭产生的还要多，数量极其惊人。他所需要的是一种方法，能够提取基本粒子，并用很高的能量向原子发射，他所需要的其实就是瓦尔顿刚刚向他极力推荐的：**粒子加速器**。爱尔兰人的勇气给他留下了深刻印象，卢瑟福同意了，立刻带他下楼来到一间实验室，这里能找到地方开始工作。

他选择的实验室在地下室，砖墙，天花板很高，有三个工作台，已经有两位研究员在这里了，分别是托马斯·阿利本和约翰·考克饶夫①。阿利本，或“本”，向卢瑟福提出过类似的建议，已经在尝试使用高压特斯拉线圈将电子加速至高速。卢瑟福肯定很清楚，良性竞争会促进年轻研究员的研究。

另一位研究员是约翰·考克饶夫，30岁，比其他人年长几岁，因为他来到卡文迪什实验室相当迂回。考克饶夫因办事能力出众而闻名，他的同事经常谈论他，可以轻松胜任两份半的全职工作。他正进行自己的研究，同时也帮忙完成临近实验室彼得·卡皮查的大量实验，卡皮查正在尝试制造极强的磁场。因为要兼顾不同的任务，他就在黑色小笔记本上潦草地写下一些提醒事项，据他的同事说，他在上面写的任何事情“都会立刻处理”。[3]他十分清楚建造高压设备加速粒子所面临的挑战，但现在，卢瑟福的演讲之后，这个想法已经牢记在他脑海里，也记在了本上。他知道需要克服两个巨大的阻碍，一个是理论上的，另一个是实验上的。

① 约翰·考克饶夫（John Cockcroft，1897—1967），英国实验物理学家，1951年与瓦尔顿同获诺贝尔物理学奖。

考克饶夫被专门安排解决同时具有理论和实际挑战的问题。第一次世界大战中断了他的数学学习，此后他在一家名为“大都会维克斯”的公司得到一份学徒工作，这是曼彻斯特一家大型电气工程公司，经营工业设备，比如发电机、涡轮机、变压器、电子设备。这段兼职工程师的日子之后，考克饶夫才进入剑桥大学，完成了数学和物理上良好的训练，最终成为实验物理学家，同时也是相当棒的理论物理学家。

他们面临的主要理论问题是怎样将 α 粒子或质子打入原子核中，这些带正电的抛射体会被带正电的原子核电排斥，这种排斥被称为**库仑势垒**。考克饶夫首先需要计算 α 粒子打破势垒、进入原子核所需的能量，他从理论工作中了解到，这个数值会直接转换为加速 α 粒子到足够能量所需的电压值。他进行了计算，但结果把他吓傻了，需要大概1000 万伏。

如果你曾站在进行远距离输电的大概 30 万伏的输电塔附近，听过时不时发出的噼啪声，就会明白用这种高压工作相当危险。是的，这在 1927 年甚至更让人感到恐惧。今天我们对电相当熟悉，因为我们一直用电，但在那段时期，对电还很不熟悉，从没听说过实验室里设置这样高的电压。这个设备在实验室里以几百万伏运转，火星四溅，可能让考克饶夫或瓦尔顿——当然更有可能让不打招呼就走进来的卢瑟福触电，这样的风险可不是闹着玩的。而且，加速器的所有零件都必须在承受极高电压的情况下不出现破裂、爆炸或冒火花。

考克饶夫还在思考这一问题时，美国的物理学家已经继续推进，对产生更高的电压发起挑战。默尔·图夫像阿利本那样尝试使用特斯拉线圈，罗伯特·范德格拉夫[1]在研究一种电荷转移传送带系统，包含一个

① 罗伯特·范德格拉夫（Robert Van de Graaff，1901—1967），荷兰裔美国物理学家。1929 年，范德格拉夫发明了范德格拉夫起电机。

大金属圆顶状物，与此同时也有其他的尝试——脉冲高电压、电容器放电、大型变压器——都是以把能量转移给粒子束的名义。在欧洲，有些德国研究者甚至冒着生命危险去山上，试图利用闪电。

与此同时回到剑桥，瓦尔顿和阿利本也在反复尝试着加速粒子。瓦尔顿尝试了小型环形加速器和线性加速器的原型，但都没有成功。在他们还没能真正评估如何继续时，一位名叫乔治·伽莫夫①的理论物理学家来到了剑桥，改变了一切。

伽莫夫当时在德国哥廷根，在读博期间他学习了量子力学的新思想，那里的其他人在研究原子中电子的排列时，伽莫夫决定尝试把量子力学的思想应用于原子核。翻阅这一主题时，他遇到了卢瑟福的一篇论文，描述了 α 粒子被由铀构成的靶的散射。[4] 卢瑟福断言，α 粒子会按照他通常的方程所预测的那样发生散射，但并没有令伽莫夫信服。他碰巧知道，铀放射性衰变发射的 α 粒子的能量大概是卢瑟福用来轰击铀的一半。

伽莫夫虽然不太了解使原子核聚合的神秘的力，但他知道不论 α 粒子是进入原子核还是从里面出来，这种力都应该表现为相同的形式。进入原子核时，就像卢瑟福做出的尝试，α 粒子必须克服库仑势垒，然后就会被限制在原子核内部。在放射性衰变中，一个 α 粒子必须先逃离这种限制作用，然后库仑力才会取代它，把 α 粒子排斥开。这个过程在两种情况下应该相同，只不过刚好颠倒过来。因此原子核内部的 α 粒子以某种方式侥幸逃脱，只需所需能量的一半就泄漏出来，这怎么可能呢？

---

① 乔治·伽莫夫（George Gamow，1904—1968），俄国裔美国核物理学家、宇宙学家。

合上期刊，伽莫夫回忆说他“明白了在这种情况下真正发生了什么，这是一种非常典型的现象，在经典的牛顿力学中绝无可能，但在新的波动力学中却是可以预期的”。[5] 在量子的波动力学中，正如我们在第三章所见，每个粒子都具有波动属性，可以通过空间传播，这意味着没有任何障碍是 100% 坚实的，波可以渗透进经典力学中无法进入的区域。按照伽莫夫所说：“如果波穿过了，即便有些困难，也会偷偷运进来一个粒子。”[6] 现在我们把它称为量子力学**隧道效应**。一看到卢瑟福的论文，伽莫夫就很快构想出一个简单的模型，来描述铀发生隧道效应的概率，并且发现他的理论可以完美解释铀元素的半衰期，他已经搞清了在放射性衰变中 α 粒子是如何逃离原子核的。他知道他会有重大发现。

伽莫夫随后前往尼尔斯·玻尔研究所，进行了进一步计算，想搞清楚这种观点能否应用于相反情况，也就是用人工加速的投射物来轰击元素。尼尔斯·玻尔鼓励他前往剑桥，但由于知道卢瑟福因有时对理论物理学家不予理睬而闻名，他们为铺平道路做了计划。伽莫夫在 1929 年早些时候来到剑桥，带了一件礼物：两张与卢瑟福用 α 粒子轰击轻核相关的手绘图。第一张图演示了如果 α 粒子的能量可以增加，从轻元素中产生的质子就会快速增多，这对被困在黑暗中数着闪光的团队来说可是个诱人的想法。第二张图演示说，如果 α 粒子的能量不变，那么原子核越轻产生的质子就越少。伽莫夫的理论与实验数据非常匹配。这个策略成功了，大家欣然接受伽莫夫进入卡文迪什实验室。

根据伽莫夫的回忆，他来到剑桥把他的成果展示给卢瑟福，然后就被安排去计算质子进入轻元素原子核所需的能量。[7] 根据非常简单的论据，伽莫夫说这个能量应该是他之前讨论的 α 粒子能量的 1/16。“这么简单吗？”卢瑟福问道，“我还以为你得用你那可恶的方程算上好几页纸呢！”

到访之前，伽莫夫的一张草稿就已经传到了约翰·考克饶夫那里，考克饶夫进行了相似的计算，他计算的粒子能量以电子伏（或“eV”）为单位，1 电子伏即一个粒子[8]通过 1 伏电势差时获得的能量。目前他需要质子达到 1 兆电子伏，这需要一台百万伏特的粒子加速器。现在他推断出，能量小于 1 兆电子伏的质子有很小的概率可以进入原子核，事实上所需的能量可以低至 300 keV（千电子伏）。考克饶夫已经意识到了这个想法的含义：如果质子能够以量子力学的方式“开凿隧道”，穿过库仑势垒，那么也许可以用一台比预想中小的粒子加速器使粒子钻进原子核。是不是考克饶夫或伽莫夫先让卢瑟福意识到这种可能性，报道上有所冲突，但重要的是他们都得到了同样的结果[9]，而且当时他们还在同一个实验室。

卢瑟福下定了决心，纯粹基于理论预测而做出重要决定，这还是第一次，因为他很清楚，如果他们现在不行动的话，竞争对手就会击败他们。他把考克饶夫叫过来，以低沉而有力的声音说道：“给我造一台 100 万电子伏的加速器，我们就能毫不费力地打碎锂原子核！”

既然考克饶夫需要的电压仅仅是之前他所认为的十分之一，这看起来就可行得多了，他的目标是首先尝试下 30 万伏，这是他计算出的最小电压，可能会出现些有趣的现象。但他一直忙于安排隔壁强磁场实验室的各项事宜，所以他和卢瑟福都意识到他们需要个搭档，擅长进行实验并且对加速粒子感兴趣。他们找到了乐于帮忙的欧内斯特·瓦尔顿。

考克饶夫和瓦尔顿想制造出整个卡文迪什实验室最大的实验仪器，即便现在电压是 30 万伏，这也会是个昂贵复杂的东西。他们也意识到，除了让粒子加速器运转的高电压，他们还需要面临其他挑战。首先他们需要粒子源，如果是电子的话这很简单，但产生稳定的质子流、α 粒子流或其他粒子流就困难得多。他们需要让这些粒子通过高电压达到高能量，然后需要搞清楚怎样控制粒子流，以及怎样从安全距离操作仪器，因为会有辐射。有了高能粒子，还需要让它们击碎某个目标。最后，这些都完成之后，还需要个探测系统，能够看到在反应过程中发生了什么。

至少有一个部分他们无须担心，实验室里有很多闪烁计数方面的世界级专家，关于实验的探测部分也不断有新想法涌现，包括威尔逊云室。但对于产生质子源、在不损坏仪器的前提下产生高电压以及掌控一切这些方面，他们都有着适合的工作安排。

把设计用来产生高电压的最先进设备放进设计不良的大学实验室里，会让绝大部分物理学家感到胆怯，但约翰·考克饶夫已经下定决心要让加速器运转起来。他们意识到想要让一切所需都靠实验室内部制造是不可能的，于是考克饶夫选择依靠他之前在大都会维克斯公司的前雇主，也是世界领先的高电压设备发明者。他的第一个请求是实验的电源，一台电动发电机，考克饶夫花了个好价钱把它买了下来。然后他需要一个变压器把电压提升到 30 万伏，但考克饶夫提出请求时，却遇到了麻烦。大都会维克斯用于高能 X 射线管或电气测试的变压器都太大了，没法通过卡文迪什实验室狭窄的拱形石门，考克饶夫当然得请求大都会维克斯发明一台可以通过的。

下一步是要把变压器输出的高压交流电转换为直流电，一般来自墙上电源插座的交流电都会以每秒 50 次在正值和负值之间振荡，但考克饶夫明白这可对粒子加速没有好处，因为交流电负值的部分会使粒子减速，因此他需要直流电提供电压，在玻璃管中一直推进质子。也就是说在变压器之后需要添加一个名为**整流器**的设备，但商用整流器全都无法承受他们想要的 30 万伏电压。考克饶夫清楚他已经触碰到了上限，因为未来他们必然要超越这个电压，因此在大都会维克斯还在忙于新变压器的时候，他和瓦尔顿就开始着手在实验室内部发明整流器了。

考克饶夫是后勤工作的能手，但实际上瓦尔顿承担了绝大部分实验工作。他们面临的挑战之一涉及玻璃泡，这是组成整流器的一部分。瓦尔顿拥有的玻璃泡由实验室内部的吹玻璃工费利克斯·尼德格泽斯制作，使用阿利本的特斯拉线圈产生高压电，加在这些玻璃泡上，效果非常糟糕。电场会在任何尖锐的边缘聚集，不管有灰尘还是玻璃上有瑕疵，“电晕效应”[10]都会在表面产生火花，扎出小孔。为了做出合适的玻璃形状，他们反复尝试了好几个月，最终的设计方案实在太大，尼德格泽斯的吹玻璃实验室都已经放不下了，他们不得不从一家专门的工厂定制。

除了玻璃泡，他们还需要给阳极和阴极专门的导线，阴极的热源，防止火花的电晕屏蔽以及可靠的真空泵。和卡文迪什实验室绝大部分研究员一样，所有的接缝和密封处他们都使用英格兰银行的红色封蜡。所有的零部件必须经过测试，确保可以承受高电压。瓦尔顿月复一月地修修补补，他必须快点工作，但同时又不能草草了事，因为还要处理危险的高电压。每次需要进行改动，他就得除掉所有的封蜡，重新清理，加热，再次测试前再密封好。随着工作的进展，他不得不花费好几天搜寻泄漏的地方，都给密封好。

卢瑟福会不时顺道造访，来看看工作进展如何。他会看到工厂供应商提供的大型设备部件，用他一贯的方式抱怨说这些东西太庞大笨重了，也太贵了，导致大都会维克斯的物理学家说，他应该“从显微镜错误的那一端看看全世界，因为对他来说一切都太大了！”。1930 年，大都会维克斯履行了他们的承诺，造出了一台小型变压器，专门设计可以通过卡文迪什实验室的大门，也可以下楼梯到达地下室，即便这样，实验室的地板也经过了加固，以便支撑它。公司还交付了一个由他们的科学家比尔·伯奇发明的新型真空系统，他基于自己开发的新型润滑油

（Apeizon）发明了一种真空泵。考克饶夫还弄到手了一些其他人都没有接触过的样机。

为了继续进展，他们还需要质子源和粒子穿过的加速管。对于质子源，他们测试了一系列不同的装置，最终选定了和阴极射线管相似的阳极射线管，这个设备看起来和阴极射线管类似，有个长长的玻璃圆筒，里面充满氢气，在阳极（玻璃管一端）和阴极（现在在玻璃管中间）之间加上高电压。电场会将玻璃管中的氢气撕裂开，产生质子，质子随之被拉向负极，那里有小孔可以通过。最后它们会出现在电子（阴极射线）的相反方向，像电子那样产生荧光。

这个精巧的玻璃管安装在整个设备的顶部，质子可以向下运动进入主要加速部分，一根 1.5 米长的真空玻璃管。玻璃管内部，高电压会施加在两个圆柱形金属电极上，它们之间还有个缝隙，质子经由高电压加速，穿过缝隙。世界上第一台粒子加速器就要出现了。

1930 年 5 月，他们已经为测试做好了准备。在一周时间里，考克饶夫和瓦尔顿把电压逐步从 5 万伏提升到 10 万伏，最终达到 28 万伏，有些迹象表明这已达到了极限，然而出现的质子束却不那么让人满意，完全无法聚焦，铺展成一个直径为 4 厘米的圆形。这样宽的粒子束可没法工作，为了修正这点他们不得不又把整个装置拆开，但他们首先检查了一下，看看有没有什么科学上有趣的现象出现。他们猜想，在这样低的能量下质子对原子核不会有什么影响，也许会激发一些粒子，放出 γ 射线，所以他们装上了一台简单的显微镜，在粒子束下放了一份锂样品，结果毫无反应。铍元素呢？有一点效果。铅元素？也许也有一点效果，但也有可能是仪器有些棘手。在有任何进展之前，变压器出现了故障。

是时候评估下形势了，变压器不运转，他们需要权衡一下，是否值得修理来恢复这台 30 万伏的机器。目前为止没有什么成果，他们也无法确定是否值得。如果是他们的计算错误，30 万伏不足以分开原子核，那怎么办呢？即便是数字有一点修改都会得出非常不同的结果。与此同时，卢瑟福——现在已经是卢瑟福勋爵了——开始对测试加速器没有什么成果而越来越不耐烦了。他们需要赢得卢瑟福的支持，证明他在大型实验中的投资是值得的。比起建造一台新的更大的变压器，修复这台 30 万伏的肯定要快一些，因此这一直是他们的第一步打算。最后是房间的分配替他们做出了决定。他们搬到了一个更大的新房间，一面墙上有个高高的美丽的拱形窗，光线从中射入，另一面墙上有一排黑板，这个房间可以轻松容纳一台更大的机器。考克饶夫和瓦尔顿决定，他们需要确保下次要有成果，于是决定放弃 30 万伏的机器，集中全力建造一个 80 万伏的新机器。

在第一个整流器阶段的基础上，考克饶夫完成的新设计巧妙地添加了好几层电压加倍电路[11]，经过 4 步，他们可以将 20 万伏的输入电压提升到 80 万伏。对于整流器和加速区域，在接触到查尔斯 · 劳里森——美国加州理工大学的一位物理学家工作的想法后，他们用更可靠的玻璃圆筒替换了很难制作的球状玻璃管。他们还发现与其使用蜡来密封接缝，用橡皮泥要好得多，而且如果需要调整的话，重新密封起来要快得多。和往常一样，瓦尔顿不知疲倦地工作，制造着新机器，同时还要接着写博士论文。

1932 年早些时候，考克饶夫和瓦尔顿开启这项工作几乎四年后，卡文迪什实验室做出了一个新的重大发现，然而并不属于他们俩，而是来自詹姆斯 · 查德威克。查德威克已在幕后默默无闻实验多年，他得知了伊蕾娜 · 居里和弗雷德里克 · 约里奥在巴黎的实验结果，他们用钋放出的 α 粒子轰击铍，产生 γ 射线的能量据说高得让人难以置信。他知道他们的实验是正确的：在这一点上他们的工作格外缜密，但并不同意他们对实验的解释。在短短几周时间里，他完成了一系列新实验，证明了轰击铍放出的不是 γ 射线，而是一种质量和质子大致相当的中性粒子。在持续了将近十二年的苦苦寻觅后，查德威克终于发现了中子。

有了这个新突破，卢瑟福对这个极其昂贵又耗时的加速项目失去了耐心。据说他跑去检查工作，走进实验室，把潮湿的大衣挂在一处高压线上，立刻就触电了。电击后回过神来，他在一阵烟灰中点起了烟斗，抽了起来，告诉他们继续工作。

1932 年 4 月 14 日的早上，瓦尔顿给改进后的机器完成了预热，独自一人待着，考克饶夫跑到另一个办公室照管些东西。在卢瑟福的坚持下，他们安装了最爱的探测器——硫化锌屏幕，而没有使用验电器。瓦尔顿在加速管底部放置了锂元素的靶，将机器稳定在 25 万伏左右，然后调节设置，打开质子束。他有点好奇，想看看是否真会有什么出现，于是从控制台爬到了加速器，避开高压部件，然后爬进了他们建来做观测的铅盒里。他把黑布拉上，挡住日光，调节显微镜，透过显微镜观察。

明亮的闪光在整个屏幕上出现，瓦尔顿虽然没有在“幼儿实验室”里待很久，但也立刻猜到了他看到了什么：α 粒子。太多了，甚至数不过来。他又躲开，把粒子束关上，闪光消失了。打开开关，闪光再现。他甚至不敢相信这是真的，把考克饶夫找来，重新进行了测试。他们一起找到卢瑟福，把他连拖带拽到小盒子这里——整个人缩着，膝盖都到了耳旁，给他展示他们的发现。它们果然是 α 粒子！就是他发现了 α 粒子，他当然很清楚！查德威克随后也表示赞同。他们甚至无须彼此解释，就知道发生了什么：质子进入了原子序数为 7 的锂原子核，原子核分裂为两个 α 粒子。他们完成了历史上首次人工核嬗变[12]，而且用的是能量大概为 25 万电子伏的质子，远远低于预期的 1 兆电子伏或 10 兆电子伏。伽莫夫的量子理论是正确的。

他们发誓要保守秘密，随后考克饶夫和瓦尔顿进行了必要的检查，匆忙写了一篇论文寄给了《自然》。他们忙于这些的时候，1932 年春天的一周时间里，全世界只有四个人知道原子已经分裂。他们以忙乱的节奏继续进行实验，在 α 粒子的路径上放了大量很薄的箔片，来确认 α 粒子是以极大的速度飞出原子核。每个 α 粒子运动的能量达到了 8 兆电子伏，一开始听起来完全不可能，因为质子进入原子核的能量只有几十万电子伏，但这个测量结果增强了他们的自信心，相信他们的理解是正确的。反应前质子和锂的总质量比反应后两个 α 粒子的质量稍微大一点，把这个质量差值用爱因斯坦著名的方程 $E=mc^2$ 转换为能量，计算结果刚好可以解释 8 兆电子伏的能量。

4 月 28 日周四晚间，卢瑟福邀请考克饶夫和瓦尔顿参加皇家学会的会议，人群聚在一起庆贺查德威克发现中子，卢瑟福在他预先准备的开幕致辞中提到了这项伟大的成就，然后他在讲台上突然停顿了一下，宣布说会堂里的两位年轻人——约翰·考克饶夫和瓦尔顿已经人工加速了粒子，并且成功分裂了锂原子核以及一系列其他轻元素。他只是举起手，向两位年轻人做了个手势，听众们就爆发出油然而生的欢呼。

几天以内，报纸上宣布了“科学上最伟大的发现”[13]，消息迅速传遍全球，《纽约时报》则以“原子暴露大秘密”为题作为头条新闻。考克饶夫和瓦尔顿迅速适应了新生活，和卢瑟福或者他们的仪器站在一起，对着照相机摆出各种姿势，看起来有一点尴尬，因为实验室门口突然有记者如潮水般涌来采访他们。

他们的竞争者恨不得要掐自己了，要是知道只需要 12.5 万伏[14]就能分裂锂原子核，就该轮到他们做出发现了。如果考克饶夫和瓦尔顿在实验中没有用验电器，而是放置了硫化锌屏幕，能够轻易看到每个 α

粒子的闪光的话，他们甚至有可能两年以前就成功了。他们最终使用了硫化锌屏幕，结果发现与验电器里更为抽象的箔片运动相比，这要容易得多。他们就是无法相信，第一台加速器所用的低电压就已经足够了。1932 年底，世界上其他实验室也有了足够的电压，都匆忙将任何仪器转换为粉碎原子模式，核物理的全新领域诞生了。

卢瑟福和他的团队最终几乎同时做出了两项开创性的发现，不只有一项。中子的存在最终得到证实，但更令人兴奋的是能够人工将原子核一分为二。卢瑟福完成了他的目标，理解了原子核内部到底有什么：质子与中子。实验也在原子核中验证了量子力学的重要性，以及分裂原子时爱因斯坦的 $E=mc^2$ 仍然成立。在理解原子核这场竞赛中，他们牢牢地重回领先地位，并且现在卢瑟福和他的团队第一次有能力随心所欲地将原子核分开，更进一步研究。无须再依赖宇宙线，现在他们可以控制实验改变加速粒子的种类、数量与能量，研究它们对任何想要轰击的样品的影响。他们可以随时开关原子核，原子核的探索已经属于他们。

突然间拥有了人工加速粒子的能量，研究人员对加速器的需求迅速增长，很多公司迅速采取行动，接受新技术，通常在自己的实验室里应用。在欧洲，考克饶夫和瓦尔顿的设计逐渐被人熟知，荷兰的菲利普公司制造了整流器和一整套考克饶夫－瓦尔顿加速器，在 20 世纪 30 年代中期卡文迪什实验室扩充高电压实验室时，菲利普公司甚至卖给了他们一台。他们在美国的竞争者，包括范德格拉夫，也用高压加速器找到了商业上的成功。在大发现后不久，西屋公司应用范德格拉夫的方法开始建造高电压机器，在 1937 年建造了一台 5 兆电子伏的加速器，并将其称为西屋原子粉碎机。20 世纪 50 年代中期，任何自尊心很强的大学物理系或实验室都得拥有一台粒子加速器。如今仍有少数公司还在制造这种机器，你可以在世界各地的研究机构和实验室里找到他们的产品。

只要你曾见过这些设备，就永远不会忘记。考克饶夫研究所位于英国北部，现在他们专门设计和制造新的粒子加速器[15]，在研究机构宽敞明亮的中庭，访问者会停下脚步，目光被一台巨大的金属设备吸引。四个暗棕色有棱纹的陶瓷绝缘体立在这里，中间由金属环环绕，微红色的铜管在它们之间呈之字形。整个结构直达三层楼的天花板，顶部是一个巨大的球状银色金属。这个特殊的考克饶夫－瓦尔顿发电机曾为卢瑟福－阿普尔顿实验室的大型加速设备[16]提供质子，就在牛津大学南边。这台发电机给人留下了深刻的第一印象，实际上它也没有很老旧：从1984年一直到2005年，它一直是非常可靠的设备，后来才退役，由更现代的技术取代。[17]

1977年，查尔斯·本内特第一次请求核物理学家哈里·戈夫帮忙鉴定小提琴的年份时，他在罗切斯特大学的实验室里拥有的并非考克饶夫－瓦尔顿类型的加速器，而是范德格拉夫类型的。至少在使用加速器探测碳-14非常微小的踪迹这个想法出现之前，这看起来绝无可能。第一次实验时，他们从当地商店买了很多袋硬木烧烤木炭来代表当今的碳（来自砍伐的树木）。他们把它放入离子源，也就是加速器的起点，使样品汽化，并且使用高压电剥离电子，产生后续可以加速的带电离子束。作为对照，他们还从已有百万年之久的油田中找来一份石墨样品，这里面碳-14应该已经消失殆尽。1977年5月18日，他们用两种样品进行了实验，发现木炭比石墨的碳-14含量多了超过1000倍。戈夫回忆说："在科学史上，像这样瞬间就可以辨认出的成功实在太罕见了。"[18]

无须等待碳-14自发的放射性衰变，只需一小份样品，粒子加速器就可以加速所有单个原子与同位素，达到高速时，使用磁铁将粒子轨迹弯曲，由于质量较大，碳-14会比碳-12弯曲得略少一点，使用探测器就可以计算其相对数量。粒子加速器提供了敏锐的控制与精度，规避了放射性碳定年法的自然限制，很快人们就明确其潜在应用会非常多。

迈耶·鲁宾是一位地球化学家，领导着美国地质调查局的碳定年法小组，他看到文章后迅速与戈夫和他的团队取得了联系。鲁宾说，他一直默默保存着一大批微小的地质样品，对传统碳定年法来说这些样品太小了，他一直等待着有人能发明一种方法进行测定。几周以后他来到罗切斯特大学，和戈夫与本内特的团队一起工作，使用新的加速器技术尝试测定这些毫克量级的样品。

对于测定微小样品的潜力，鲁宾感到很兴奋，特别是在地质学、气候学、海洋学、树木年代学（研究树的年轮）方面。团队在一起使用新技术创造了一系列突破：他们对有机物样品回溯至 4.8 万年以前，发现与鲁宾之前使用大得多的样品进行的测定结果一致，由此检验了这种方法。罗切斯特小组与和他们联系的很多研究人员合作，对南极洲的陨石、冰川、猛犸象，甚至含有并非毫克而是微克量级的碳 -14 的古代气体样本进行了年代测定，均取得成功。1978 年，鲁宾拿来了一块包裹埃及木乃伊的布，估计大约距今 2050 年，他们一起进行了实验，证实了这一结果。然后他们开始致力于一项扣人心弦但颇具争议的请求。

1979 年，英国都灵裹尸布协会与戈夫团队取得联系，想要鉴定一件手工艺品的年代，人们认为耶稣曾埋藏其中。花了十年时间才得到结果，这在 1987 年带来了一次非常著名的科学研究。小份样品被送到全球一些实验室里，实验室都已经特意为此改造或安装了粒子加速器，其中就包括罗切斯特大学和牛津大学的放射性碳定年法设备。戈夫和鲁宾有 95% 的把握这件工艺品来自中世纪（1260—1390），而非两千年以前，其他实验室也都肯定了戈夫的结论。尽管有这些研究结果，都灵裹尸布今日仍然备受崇敬。

由此出现的这项技术（部分）归功于戈夫的发明，[19] 被称为加速器质谱技术（AMS），如今世界上有很多实验室都有设备使用专门的粒子加速器用于此项技术，不仅在美国，还在土耳其、罗马尼亚、澳大利亚、日本、俄罗斯、中国等等。很多拥有这些设备的国家对理解自己的地理与文化历史很感兴趣，在不毁坏这些珍贵罕见物品的前提下将它们的历史拼凑起来，AMS 提供了这种可能性。就像本内特的小提琴，AMS 所需的样本数量是传统碳定年法的千分之一。大多数情况下，要想建立一份年表也没有什么好办法，加速器技术自此为历史、地质学、考古学和许多其他领域开启了新的领悟。

本内特似乎到头来也没有查清楚他的小提琴到底是不是真的斯特拉迪瓦里，但至少也没有鉴定说是假的，因为此后关于这件事就没有什么记载了。[20] 但从那时起，他也许已经把这件事都忘了，完全沉浸于科学的兴奋之中，发明出了我们所知鉴定历史手工艺品年代的最精准的方法。

时至今日，大多数人仍然认为粒子加速器和它们创造的粒子束只为物理学家所用，而与我们的食品、饮用水、家庭用品或我们的身体毫无关联，然而从手机和电脑芯片到汽车轮胎，再到食品的收缩包装，每天我们周围到处都是经由粒子束增强或改进过的物品。我们通常选用这些基于粒子的辐照方法或改进措施，是因为与化学或人工处理相比，它们更加快捷，对环境更友好，也更为有效。这可不是什么小市场：根据估算，仅仅在美国，应用粒子束而由此出现或改进的产品就价值约 5000 亿美元。很多这些机器都是静电加速器，也就是 20 世纪 30 年代早期考克饶夫和瓦尔顿用来分裂原子的机器的衍生品。

其中一项最广泛的应用在半导体业，智能手机和笔记本电脑中的强力芯片是基于由半导体制成的电子元件，它构成了所有电脑逻辑的基础——0 和 1。为了把硅这样的半导体制成有用的设备，需要通过添加掺杂物使其稍有杂质：添加微量的其他元素，比如硼、磷或镓。这些掺杂物让我们能够对半导体的电学属性进行精准控制，但使用化学方法很难添加，唯一精准的办法是操控单个离子，使用粒子加速器把它们植入，这个过程被称为离子注入。没有这些工厂里的粒子加速器，就不会有现代基于半导体的电子器件，这些器件现在已被嵌入诸如数码相机、洗衣机、电视、汽车、火车，甚至电饭锅。

能借助粒子束改进的可不只半导体，就连珠宝商也采取了行动，钻石公司戴比尔斯就拥有产生离子束用来轰击原石的加速器，可以改变钻石的颜色，或是把绿松石从暗粉色转变为驰名的透明蓝。

另一方面，就在著名的玻璃金字塔下方 15 米处，巴黎的卢浮宫也有一台专门用于艺术的粒子加速器，这台设备名叫 AGLAE——the Accélérateur Grand Louvre d'analyse élémentaire——长达 37 米，用来轰击博物馆中的手工艺品，查明它们由哪些元素构成。在实验室主任克莱尔·帕切科博士的指导下，他的团队使用加速器进行了一系列被称为离子束分析的应用。他们通常使用的技术之一被称为卢瑟福反散射谱学（RBS），他们会对从靶标反弹回的离子计数，就和卡文迪什实验室科学家用金箔证明原子具有原子核的实验中搜寻的结果相同。现在凭借加速器的可控条件，他们能够以当初的实验者完全无法设想的方式充分发挥这个想法的威力。艺术品样品放在粒子束的径迹上，探测器会捕获散射回来的离子，对于探测器的每个位置，不同的原子核会弹回的离子数量不同，加速器可以改变离子束的能量，绘制出对应离子数量的能量特征曲线，然后只需要使用曲线和已知物质进行比对，查明样品中有哪些原子，以及它们的相对数量。例如，人们曾用这项技术确认了属于拿破仑的剑鞘确实是纯金的。有了这项技术与其他方法，帕切科博士的团队就可以识别出从锂到铀的整个元素周期表中元素的最细微痕迹，揭示艺术品与历史手工艺品的秘密与起源，而没有任何损坏。如果你曾想知道艺术史家是怎样确切知道一件艺术品是否为真迹的话，这就是一种办法。

这些技术也被用来测定古董葡萄酒酒瓶玻璃的精确组成成分，并与已知真品的瓶子进行比较。冒牌葡萄酒在名庄酒业中是个比较大的问题，而且在不断增多。这里有个例子，一位收藏家花了 50 万美金买了 4 瓶酒，据说来自美国前总统托马斯·杰斐逊，对这些瓶子的离子束分析却显示它们是赝品，因此立刻向葡萄酒经销商提起了诉讼。

同样的办法也开始应用于司法鉴定部门。在识别像可卡因这样的毒品的痕迹或是枪弹残留物时，绝大多数方法都会毁坏样本，但包括英国萨里大学梅拉妮·贝莉博士在内的科学家现在使用离子束分析来研究在犯罪现场发现的证据，[21] 无须毁坏证据，就可以检查样本的基本成分，发现其他方法可能会错过的些微毒品或残留物。她甚至可以把结果和嫌疑人衣物或身体上发现的物质进行比对：在鞋上搜查到的一点泥土样本就能够识别出犯罪现场的嫌疑人。

对于 1932 年的物理学家，这一切未来的应用都显得太过遥远。考克饶夫和瓦尔顿又进行了几年加速器工作，但很快新的研究者就领先了。考克饶夫接管了实验室的其他部门，致力于核能的利用，用于和平时期的能源供给，欧内斯特·瓦尔顿则回到祖国爱尔兰，在都柏林三一学院获得了一个学术职位。他们职业生涯中这段紧张的时期为他们赢得了 1951 年诺贝尔奖，然而这种岁月却不会重现了。

他们的成功——同年正电子被发现——实现了卢瑟福的梦想，发现了原子的内部结构。各种谜题的碎片现在拼凑在一起：原子核包含质子与中子，数量通常大致相等。同位素在质量上有所不同，因为它们的中子数量不同，而质子数量相同。有些结构要更稳定一些，不稳定的结构具有放射性。卢瑟福现在的探索是想要理解将原子核通过某种方式聚合在一起的**力**。中子的存在是怎样阻止正电的质子将原子核分开的呢？这激发了一种将它们聚合在一起的新的**核力**观点。

考克饶夫和瓦尔顿的发明仍然应用于科学和工业上，但人们已经知道，使用巨大电压的粒子加速器很快会达到基本的极限，现在需要一项新技术。他们几乎不知道的是，这项技术其实早已在美国研发，差点击败他们，取得闻名世界的成果。

第 六 章

回旋加速器：人工产生放射性物质

1932 年，粒子加速器首次成功分裂原子的那一年，自然界中发现的基本粒子名单正在迅速增加，其中包含电子和其反物质正电子，还有质子和中子，这些粒子都被视为不可分的粒子，即便后续我们会看到质子和中子仍具有结构。光子，即光的粒子，现在也增添进来，四年之后，人们发现了比电子和正电子较重些的堂兄弟——正负 μ 子。这些粒子并非原子的组成部分，无人知晓它们的含义以及是否重要，或是否还有更多像这样的粒子，人们只是知道如果想有更多发现，他们必须追随考克饶夫和瓦尔顿的引导，继续粉碎原子。

一些提示在把他们引到这个方向上，我们已经见到了其中一个——某种未知力似乎将质子和中子约束在原子内部，阻止它们分崩离析。另一条提示来自化学，或者更准确地说，来自化学中缺失的内容。在这段时期，元素周期表[1]中已知最重的物质是铀，但还有四处空白，分别对应元素 43、61、85 和 89。根据原子质量将元素排列，并且把具有相似化学性质的排成一纵列，俄罗斯化学家德米特里・门捷列夫在 19 世纪预测这些元素以及随后发现的一些元素理应存在。例如表格里铝的下面是个空白，门捷列夫预测说，这个被称为“类铝”的元素应该具有特定的密度、熔点和化学成分。镓（31 号元素）随后在 1875 年被发现，与他的预测几乎完全吻合。事后看来，很容易用现在我们拥有的命名来称呼这些缺失的元素，但在 20 世纪 30 年代早期，这些元素还未被观测到，因而也没有名字。

也许你认为科学家会忙于寻找这些缺失的元素，但他们还真没在这个方向上花费太多精力，这样做有充分理由。放射性元素的发现已经让他们明白，元素周期表中的元素并非全都稳定，就像化学家假定的那样，因此这些缺失的元素很有可能随时间流逝而消失了，因此无法找到。现在既然涉及放射性，原子处于一种无法预测并且让人困惑的状态，这种动态是化学家无法揭示的。更大的目标在于理解原子的本质和原子核的结构，以及使所有物质聚合在一起的力，这就意味着要探索与了解尽可能多的元素的细节，尽力构建一种全面的理论，来预测元素及其同位素的性质，不论这种元素是否已知以及是否具有放射性。

如果他们能够创造出足够强力的粒子束，把每种元素的原子都分裂开的话，谁会知晓他们会实现什么呢？就是这点驱使着考克饶夫和瓦尔顿控制极高的电压，制造了世界上第一台粒子加速器，但他们并不是唯一研究这个问题的人。不出几年时间，他们的工作就会被一个名叫欧内斯特·奥兰多·劳伦斯[①]的人赶超，他发明的机器最终不仅主宰了核物理领域，还把来自不同学科的科学家会聚在一起，跨越学科界限进行工作，开启了未曾研究的领域。劳伦斯的工作也彻底改变了医学。

劳伦斯从未想过成为一名物理学家，他进入南达科他大学时，决心学医，并选择化学作为辅修专业。他对物理学的热爱首先是由一位导师

① 欧内斯特·奥兰多·劳伦斯（Ernest Orlando Lawrence，1901—1958），美国实验物理学家。因其在创建加速器方面的贡献，获得 1939 年诺贝尔物理学奖。

劝诱出来的。

劳伦斯的爱好使他进入了导师的视线。劳伦斯和他的邻居默尔·图夫在南达科他长大，他们把绝大部分业余时间都投入于制作无线电设备，在图夫家的阁楼上用莫尔斯电码交流，研究和安装中继设备、发射机和其他零碎东西。劳伦斯上大学时把无线电设备都留在了家里，但很快他就发现自己迫切希望大学也能有设备，于是他费尽心思找到了电气工程学院院长刘易斯·埃克利，并向他进行了条理清晰的论述，希望购买一些无线电设备，还列了一张清单，写上了要购买的零件及其价格。

那天晚上，埃克利回到家，和妻子兴奋地讨论起欧内斯特·劳伦斯在科学上的好奇心和他显而易见的才能，但劳伦斯为何既没有选择物理也没有选择电气工程呢？他为什么要学医或学化学呢？埃克利确信劳伦斯在物理学领域极具天赋，他给了劳伦斯 100 美元购买无线电设备，还给了他一个地方放置这些设备，并由他管理。埃克利是一名经过训练的物理学家，十分谨慎，他并没有劝说劳伦斯改换课程，因为他坚信优秀学生会自己意识到物理学的价值。他试探性地询问劳伦斯，物理是否对他在无线电的兴趣有所助益，但劳伦斯并不这么认为，他在高中学过一点物理，怀疑自己没有能力在这个学科有任何建树。

尽管劳伦斯不愿意，埃克利还是邀请他来共进晚餐，并开始用伟大物理学家的故事和冒险精神取悦他：从海因里希·赫兹，他发现了光与电之间的联系，成为第一个通过无线电传送电波的人，到玛丽·居里和放射性元素的发现。最激动人心的就是欧内斯特·卢瑟福的故事，他证实了原子并不是坚实的。埃克利讲述了这一领域中探索者将踏上的冒险之旅，他们会探索物质的内部世界，揭示宇宙最小尺度的奥秘，而除此之外的一切，包括劳伦斯钟爱的化学、生物和医学都以此为基础。埃克利宣称，训练有素的头脑可以给人研究任何领域的能力，而物理学就可以提供这种训练。他最后给劳伦斯提了一个建议：如果他和自己在夏天学一个月物理，但还是不感兴趣的话，就再也不会提起这个想法了。劳伦斯同意了，其他学生回来的时候，这场赌注已经成功了。

“各位同学，这是欧内斯特·劳伦斯。”一天，刘易斯·埃克利在他的物理课堂上介绍道，“好好看看他吧，因为有一天你们全都会感到非常骄傲，你们曾与欧内斯特·劳伦斯在同一课堂里。”他们盯着这个高高的年轻人，他有着迷人的微笑、整洁的淡棕色头发和碧蓝的双眼。有一天，劳伦斯在课上睡着了，埃克利告诉其他学生：“别在意，让他睡吧！就连他睡着的时候，都比你们醒着的时候懂的物理还多！”[2] 埃克利肯定不可能知道未来会发生什么，他的言辞却有先见之明。

1928 年，年仅 27 岁，欧内斯特就成为加利福尼亚大学的副教授，也有了自己负责的研究项目，在他背后还有年轻机构的自由与鼓励，他所需要的就是一个要研究的好问题。

在故事的这个节点，与劳伦斯相比，我们更有优势，因为我们已经知道 1928 年时事情发展到了哪个阶段，并且清楚未来几年会发生什么，我们知道伽莫夫的理论会促进考克饶夫和瓦尔顿在剑桥开发自己的加速器，我们知道只需几十万电子伏能量就足以分裂锂原子核，但劳伦斯像考克饶夫和瓦尔顿一样，对这些一无所知。他知道物理学家已经发现了电子和 X 射线，原子具有原子核，也了解量子力学反直觉的现实和波粒二象性，他知道宇宙线从太空持续不断轰击我们，以及 C. T. R. 威尔逊发明的云室让我们可以研究宇宙线，虽然劳伦斯当时并没有对探测器很感兴趣。

那时很多科学家正在研究宇宙线，可在劳伦斯看来，能够在实验室里控制高能粒子比以往任何时候都显得重要。他对目前所做的尝试并不满意。他的老朋友默尔·图夫正努力控制高达 100 万伏的电压，考克饶夫和瓦尔顿以及他们的竞争者也在做同样的事，但劳伦斯想知道的是，

100 伏电压达到后研究将何去何从。他面前还有整个职业生涯，他不想踏上一条仅仅几年就失败的道路。在劳伦斯看来，用高压电加速粒子的想法存在本质缺陷，就算他们可以创造出 100 万伏的可用电压，也无法让粒子能量超过自然放射源（比如镭）发出的 α 粒子的 500 兆电子伏，因为高电压会直接转换为粒子能量。100 万伏电压可以产生 1 兆电子伏，但不可能产生 5 兆电子伏。如果原子的奥秘会在实验室里揭示，那就必须有人想出一个切实可行的办法使粒子达到高能量，兆电子伏的几十倍或几百倍，而无须与此对应的高电压。

1929 年的一天，劳伦斯在加利福尼亚大学实验室里读期刊到很晚，他一时兴起，拿起一份德语写的电气工程期刊，快速翻阅着，一个名叫罗尔夫·维德罗的挪威人文章里的图表和方程引起了他的注意。劳伦斯不会说德语，但这个想法已经足够清楚，很好理解了。

劳伦斯后来说这个想法非常简单，就连小朋友都能直观理解：坐秋千时让秋千荡得很高有两种方式，可以非常用力地推秋千一把，或是在正确的时间给秋千一系列微小推动，运用共振概念使它摆动起来。目前加速器的想法采用第一种方法，但劳伦斯意识到第二种方法才是他需要采用的。与其使用极高电压加速粒子，维德罗的图表似乎建议，可以在一系列首尾相连的金属管上施加振荡电压，它们之间存在空间或“缝隙”。金属管上的电压会由正到负快速变换，然后再变回来，一秒有几百万次，电压会相对较小。粒子会像穿过水管那样通过金属管的中心，并且只有在金属管的缝隙处粒子才会“发现”电压。[3] 只要有合适的节奏，粒子就会在每个“缝隙”处被向前踢一脚，就像每次轻推秋千那样。一系列金属管都由相同的振荡电源供电，这样只需要非常小的电压，但通过一系列这样的金属管后粒子获得的总能量会非常高。

维德罗的想法非常棒，除了一个基本的缺点，要达到高能量，金属管要排得非常非常长。如果不把很多金属管排成一排，劳伦斯可以让粒子弯曲转圈，再多次使用同样的加速“缝隙”，如何呢？他可以运用共振加速的概念去创造一个“质子的旋转木马”，他这样称呼。

劳伦斯匆忙检验他的想法是否奏效，于是拿起一张餐巾纸，草草写下方程。他知道可以用磁场使粒子弯曲，运用这个早已了解的事实，即来自磁场的力能够推动粒子转过适当角度，来到它们的运动方向上。每次旋转，粒子都会获得一点能量，呈螺旋状旋转，运动越快就会向外进入更大的圆圈。研究方程时他意识到，粒子在更大圆圈运动时的更大速度刚好会抵消掉所走的更大路程，所以回到电压缝隙所花的时间在每一圈都相同，也就是说他可以使用以恒定频率振荡的电压，而这很容易设计制造。这简直美妙得让人有点难以置信。

他匆匆赶回教工俱乐部，请求他能找到的第一个数学家唐纳德·肖恩，对他的计算进行了快速检查。肖恩确认他的数学计算是正确的，然后看着劳伦斯说：“但你要用它做什么呢？”[4] 劳伦斯回答：“我要轰击并且打碎原子！”

这个主意非常简单精妙，劳伦斯很好奇为何之前没有人想到过。虽然很兴奋，但他并没有立刻开始动手制造，因为他已经计划了一次全国旅行。他去了华盛顿参加物理学会的会议，又到波士顿看望他的兄弟约翰，然后去了纽约斯克内克塔迪的通用电气，他曾答应要在那里待上两个月。在旅途中他发表演讲，与很多顶级物理学家一起吃饭，包括罗伯特·密立根。他去到每个地方，无论谁想听听他的新想法，他就会讲给谁听。

他们大多能想出一个这个想法无法实现的理由，他们说在这样的设备里无法使粒子聚焦，因而无法轰击像原子核这样小的东西。他们认为粒子无法遵循螺旋状轨迹，或者会垂直飞出，撞上侧壁消失掉。他们还想知道劳伦斯打算怎样让粒子飞出机器，虽说在这点上至少他有些主意。甚至老友默尔·图夫都表示怀疑。然而在劳伦斯看来，对图夫用大特斯拉线圈加速粒子，他也持怀疑态度。但劳伦斯回到加利福尼亚时，他已经为检验自己的想法做好了准备。

劳伦斯在加利福尼亚大学的第一位博士生尼尔斯·埃德勒夫森比他小 6 岁，刚刚完成学位论文。当时是 1930 年，埃德勒夫森还没有决定毕业后要做什么工作，所以还有些空余时间。埃德勒夫森本人想专心于理论工作，博士毕业之际正在复习，准备参加考试，但劳伦斯另有打算。他对埃德勒夫森强调，粒子加速器的全新想法要远比研究理论更激动人心，并且他找不到这个想法不成功的任何原因。埃德勒夫森也看不出什么错误，在研究了两周多后，他终于答应，同意试一试。“太好了！”劳伦斯说，“让我们开始工作吧！你现在就想一想我们需要的。”[5]

1930 年春天，埃德勒夫森开工了，他把一个香水瓶大小的玻璃瓶弄平整，涂上一层银，然后从中间小心地刮掉一窄条银，留下两块分开的区域用作电极。玻璃瓶可以排出空气，还有缝隙装有产生离子的细丝，有缝隙用来引入产生质子的氢气，还有电学探针来测定结果，然后所有缝隙都用蜂蜡密封。与此同时，劳伦斯要去巧舌如簧争论一番，从而获得批准使用院系最大的磁铁。想法是把玻璃瓶接通电源，抽至真空，放在磁极之间，可以让粒子随着获得能量而螺旋状转圈。他们终于为测试这个好主意做好了准备。

他们打开开关，玻璃破裂了，玻璃空腔很明显无法工作。他们并没有灰心，想出了新办法，拿来一个小圆形铜盒，埃德勒夫森对半切开构成电极，然后用蜂蜡固定在平板玻璃上，盒子两半分开一小段距离，开口互相平行，形成两个“D 形”（这样称呼是因为它们的形状是两个大写字母 D）。可以想象成这样：取一块大饼干，用铜包裹上，从中间掰开，然后把饼干移走，剩下铜的两半就像 D 形。高频振荡器与 D 形盒相连产生交变电压。这看起来有点杂乱。虽然劳伦斯已经说了不少，但实验室其他成员还是忍不住拿埃德勒夫森和劳伦斯据说很厉害的粒子加速器寻开心。

埃德勒夫森有没有用这个设备成功加速质子，这不得而知，但他肯定让一些质子环绕起来了，但在他能够做出确定的实验结果前，得先去做给他安排的其他工作了。对劳伦斯而言，这个项目肯定非常有前途，他立即调过来一名新生开展共振加速器的工作。

这名学生叫米尔顿·斯坦利·利文斯顿，表情严肃，是一位牧师的儿子，大学期间从化学转投物理。作为家里的独子，他在加州农场长大，身边到处是工具和机器，这使他学会了许多设计制作复杂系统的实际技巧，这些技巧现在就要经受检验，因为他正在研究未来名为“回旋加速器”的设备。

利文斯顿组装出一台微型设备，它能够放在手掌上，和埃德勒夫森的尝试很像，只是看起来更整洁。它的直径只有 11 厘米，由黄铜制成，用蜂蜡密封，只花费 25 美元。利文斯顿很快做出改进，1930 年圣诞假期时，他和劳伦斯用这个 11 厘米的机器和 1800 伏振荡电压把质子加速到了 8 万电子伏，证明这个想法是成功的。回旋加速器可以把粒子加速到数倍于所加电压的能量，就像劳伦斯在图书馆设想的那样。

制造时他们对设计稍做调整，在反复尝试中不断研究。他们改变了电极形状和缝隙大小，稍微调整了磁铁以便聚焦，极大提升了粒子束的电流。几周以后他们造出了一台直径不足 30 厘米的回旋加速器，甚至为此做了一个更大的磁铁。开动之时，利文斯顿发现只需加 3000 伏电压，产生的质子快速运动时的能量就已略低于 100 兆电子伏。劳伦斯真的在实验室手舞足蹈起来：他的机器终于可以击碎原子了。

劳伦斯又去旅行了，到处讲述他新发明的优点，几乎达到神奇的百万伏成绩——但还是差一点，利文斯顿继续为之努力。1931 年 8 月 3 日，劳伦斯接到电报，说纪录终于达成："利文斯顿博士让我告诉你，他已得到 110 兆电子伏的质子，他还建议我加个'哈哈'！"

消息传来时，劳伦斯正和他的女朋友莫莉·布卢默在一起，他把电报读给她的家人听，他们还在祝贺他时，他就把莫莉带到外面向她求婚了，她答应了，但有个条件，婚礼前要先完成在哈佛大学的学业。劳伦斯赶回了实验室，接下来几天和利文斯顿一起把发明演示给任何想看的同事或朋友。只用相当小又便宜的机器，他们就能使粒子的能量超过考克饶夫和瓦尔顿用房间那么大的发电机才能做到的。

如果此时他们真的完成了劳伦斯一直打算做的——粉碎原子，那么核物理学的历史就要改写了，然而，他团队里的大约十名物理学家和工程师决定得到越来越高的能量。受到劳伦斯富有感染力的热情鼓舞，他们制造了更大的机器，先是一台 27 英寸（69 厘米）的回旋加速器，联邦电报公司赞助了一块大磁铁，之后又很快重新设计成 37 英寸（94 厘米）。不久之后，他们就得到了 200 兆电子伏的质子。

他们为何没有使用回旋加速器进行科学研究呢？他们又为何沉迷于制造越来越大的仪器呢？由于成功地制造出了回旋加速器，他们实际上开创了物理学的全新领域，也就是我所研究的领域——加速器物理学。他们意识到控制带电粒子束本身就是个迷人的研究领域，在这个领域取得进展也会使物理学在未来进一步发展，就像劳伦斯预测的那样，如果研究人员受到了高电压限制的话。用回旋加速器成功加速粒子束已经击败了那些认为不可能成功的批评者。现在他们需要致力于了解其工作原理，怎样改进，这需要详细的物理学以及带电粒子运动的知识。他们已经大大推进了技术的边界，在我们对物理学与工程的理解上创造新的知识：怎样创造亚原子粒子，它们与电场和磁场具有怎样的相互作用，如何设计出具有精准属性的电磁铁，怎样聚焦、传输、测定不可见的亚原子粒子束。

劳伦斯和利文斯顿完善机器的热情使团队错失了不少重要发现。1932年，回旋加速器赢得高能竞赛之时，从科学上讲，他们被那些更简单的实验甩在了后面。查德威克发现了中子，并且测定其质量与质子相差无几。在哥伦比亚大学，哈罗德·尤里[①]发现了氢的一种新同位素，有一个正电荷，质量却是普通氢的2倍，它被称为氘。同年，安德森用云室发现了正电子。随后4月传来重磅消息：考克饶夫和瓦尔顿首次成功粉碎原子。劳伦斯团队很快调试回旋加速器，轰击锂，重现了相同的实验结果。几周之内他们轻松将质子能量提升至1.5兆电子伏，几乎是卡文迪什实验室所能达到能量的2倍。根据伽莫夫的量子隧道理论，他们发现更高的能量甚至可以进一步提升核反应率。即便他们不是第一个通过终点线，但在坚信高能量可以更有效地粉碎原子这件事上，至少他们是正确的。现在有了比赛中最高的能量，他们已经出发参赛了。

这些逐渐为人所知的回旋加速器的使用者决定进行一项没有人能完成的实验。他们让大学的化学学院制造了一些氘，或“重氢”，然后放进离子源剥去电子，得到氘核（氘原子核），用作回旋加速器的发射物。氘核有一个质子和一个中子，比质子重，他们认为用氘核穿透原子核要比质子更有效力。1933年，他们在这一领域已经无人追赶，却得到了一些让人相当困惑的实验结果。他们用氘核轰击的所有元素似乎都有非常高的核反应率，远高于质子所能达到的，反应通常会产生极高能量的中子和质子。在劳伦斯看来，能得出的唯一结论就是氘核自身分裂了。如果真是如此，他计算出中子的质量应该远小于查德威克所测定的。

在劳伦斯把这件事搞清楚之前，来了一封邀请函，劳伦斯受邀参加

---

① 哈罗德·克莱顿·尤里（Harold Clayton Urey，1893—1981），美国化学家、物理学家。因发现氘（“重氢”，氢的同位素），获得1934年诺贝尔化学奖。曾参与曼哈顿计划。

1933年在布鲁塞尔举行的索尔韦会议，这可是核物理学界伟大杰出人物的会议。起初劳伦斯并没有打算参加，因为他还有繁重的教学任务，但这项邀请对他的实验室和大学而言都是一份莫大的荣耀，因此他们允许他少做一些教学工作，还把他送上了轮船的头等舱。作为准备，劳伦斯尽可能收集了氘核实验的全部实验结果。

在布鲁塞尔，劳伦斯发现自己身边都是物理学界的大人物：阿尔伯特·爱因斯坦、玛丽·居里和伊蕾娜·居里，当然还有卢瑟福勋爵。轮到劳伦斯发言时，他谈到了回旋加速器的远大前景，把氘核试验的结果展示给大家。他原本以为会给别人留下非常深刻的印象，结果远非如此，大部分人对此持怀疑态度，最多认为他们肯定哪里搞错了。卢瑟福现在自称核物理之父，也同意他们的意见。尽管如此，他还是很喜欢坦诚的开拓者。他推了推查德威克，后者肯定对这个年轻的美国人没什么深刻印象，然后说："他和我在他这个年龄时好像！"

后来，卡文迪什团队使用他们的考克饶夫－瓦尔顿加速器，证明了氘核会在靶标表面形成一层重氢，劳伦斯团队发现的反应是氘核轰击了其他氘核，并非靶标元素分裂了，这就解释了对每种靶标物质，实验结果都基本相同的原因。通过正确的反应计算中子的质量，其结果仍然能对上。劳伦斯在得到批评指正后，写信给所有相关人士，为错误致歉。对自己的团队，他强调说"科学也可以通过错误而进步"，但现在他已吸取教训，未来他们得更谨慎才行。

劳伦斯和利文斯顿一直在错失发现，部分原因在于他们缺少粒子探测与计数设备——这样东西在卡文迪什实验室可绝不会缺少。劳伦斯团队曾研发盖革计数器，但两次都放弃了尝试，因为计数器似乎由于很高的本底计数而无法工作。他们也没有云室，因此他们的测量相当粗陋，即便回旋加速器能产生远高于其他机器的能量。

在索尔韦会议以及氘核挫败后，劳伦斯和利文斯顿重新投入工作，全世界实验室的竞争者也是如此。1934年，劳伦斯跑进实验室，手中挥动着一份法国期刊，他喘了口气，告诉团队一个消息：伊蕾娜·居里和弗雷德里克·约里奥使用 α 粒子轰击轻元素，得到了人工放射性，他们甚至没有使用加速器。

要完成相同实验的人工生成版本，他们意识到自己手头的东西就已足够，利文斯顿叙述说，他们“把靶标换成碳，调节计数器电路，轰击目标5分钟……打开计数器，然后嘀嗒——嘀嗒——嘀嗒——嘀嗒——嘀嗒。听到居里和约里奥的实验结果半小时内，我们就观察到了人工放射性”。[6]

劳伦斯团队太过专注于开发回旋加速器技术，他们也错失了首次发现人工放射性，这次至少不只是他们，因为拥有加速器的卡文迪什实验室和其他实验室也错失了。他们把盖革计数器和加速器连在了同一开关上，因此只要关上粒子束，计数器也关闭了。如果开着的话，在进行第一批实验时他们就能意识到，回旋加速器已经产生了放射性元素。至少现在他们终于明白，为何当初没能造出一台可靠的盖革计数器：因为整个实验室都具有放射性。[7]

有了居里和约里奥的实验结果，劳伦斯意识到可以制造很多新的放射性元素。他们可以使用回旋加速器，用质子或氘核轰击不同元素，改变中子和质子的数量，产生放射性同位素。现在他们终于可以超越天然放射性同位素了。最初由星体产生这些元素，现在他们可以复制这些反应，也许他们还能创造出在地球上从未发现过或已衰变到极微量的元素和放射性同位素。

在分裂原子的比赛中，他们的回旋加速器被考克饶夫和瓦尔顿击败，没有获得第一名，如果团队不够奋发努力、领导无法鼓舞人心的话，就会使人灰心泄气，但只用几周时间，他们就意识到可以完成人工放射性。伊蕾娜·居里和弗雷德里克·约里奥仅仅一年后就因他们的发现荣获诺贝尔化学奖。即便劳伦斯嫉妒他人的成功，他也从未显露。“有待发现的东西很多，每个人都能做出自己的发现”，他这样告诉自己的学生。[8] 此外，他不会和考克饶夫、瓦尔顿或居里、约里奥换位置，因为现在他造出的机器可以超越所有人。

1934 年，在居里和约里奥出成果之后一两天内，劳伦斯就用氘核轰击氯化钠（食盐），发现了放射性的钠，[9] 回旋加速器每秒可以产生百万个放射性钠原子，之后以 15.5 小时的半衰期发生衰变，放出电子和 γ 射线。他又一次发现回旋加速器粒子束的能量越高，产出的放射性钠越多。放射性磷很快也被发现了。我们可以想象，他肯定感到非常兴奋，在造出高能机器时，放射性元素的世界已为他敞开大门，可能发现的新放射性物质即便没有几百种，也肯定会有不少。兴奋之余，他突然想到，这些新放射性元素也许会对社会大有裨益。

劳伦斯给他的弟弟约翰写信，约翰当时是一位专攻血液病的医师。1935 年夏天，约翰·劳伦斯放假，从耶鲁来到“拉德实验室”（Rad Lab）——放射实验室的称呼，欧内斯特鼓励他来看看新的放射性同位素在医学领域能派上什么用场。人们已经知道 X 射线具有杀死人类细胞的潜质，为未来治疗癌症提供了一种可能，但还没人尝试过放射性同位素，因为新同位素和所对应的非放射性元素具有相同的化学性质。约翰意识到人体系统对待放射性元素的方式也许与普通元素相同，比如放射性钠构成的食盐与普通食盐的处理方式相同。那么他可以用放射性物质与人体相互作用，甚至也许可以通过探测辐射而看到器官内部的过程，而无须在皮肤上留下任何切口。

约翰一开始用回旋加速器产生的放射性磷 -32 研究动物的新陈代谢，磷是体内含量第二丰富的矿物质（仅次于钙），构成体重的 1%，在许多其他功能中与骨骼和牙齿的组成有关。他准备了一组患有白血病的老鼠，给它们注射了放射性的磷，然后就去当地的小河边钓鱼了。两周以后他回来时，发现这些老鼠还活着，并且健康状况良好，然后所有没有接受注射的“对照组”老鼠都死掉了。几个月内他就开始给一些病人试用放射性磷，成果显著：磷帮助他们缓解了疾病。

随后，约翰和欧内斯特又一起测试了让老鼠接受外部辐射会出现什么情况。回旋加速器上下两个磁极之间有个粒子束通过的空腔，他们把一只老鼠放在这儿，挨着一个铍元素靶标，把粒子束开得很小，大概一分钟后，约翰关上回旋加速器，他检查老鼠的状态，老鼠死掉了，这可把回旋加速器的团队吓坏了，他们很害怕辐射对生物的影响也许比他们所知的糟糕得多。后来约翰意识到老鼠的死并非因为辐射，而是由于窒息：它被放在了真空容器里，实验中把空气都排出了。尽管如此，辐射对人的影响，不管是积极的还是消极的，都突然间引发了不少兴趣。[10]这些实验很有前景，第二年约翰就来到加利福尼亚大学，创立了自己的实验室和团队，两兄弟在一起工作了很多年。

如果那段日子你走过拉德实验室，会感觉非常拥挤。同一片空间里，会有满是老鼠的笼子，进行化学分离的潮湿实验室，还有物理学家的电气设备，更别提回旋加速器和其防护设备了。你身边不只有物理学家，还有来自各个领域的专家，比如工程师、化学家、生物医学科学家。劳伦斯有时付不起他们的酬劳，他们很多人加入完全出于对工作的热情。新的医疗应用在筹资方面帮了他大忙，大萧条期间这显得尤为重要。使用 27 英寸回旋加速器以及相对适中的电流，他们把氘核加速到 6 兆电子伏，完成了得到放射性钠的工作，1937 年，回旋加速器升级为 37 英寸，电流翻倍，粒子束能量达到了 8 兆电子伏。有了这些，医学研究者有了足够的放射性钠和放射性磷，物理学家也拥有了能量足够高的粒子束进行核物理学更细致的工作。

平日里，回旋加速器轰击靶标，然后交给化学部门，进行化学分离工作，通常涉及溶解靶标，然后提取，根据熔点分离出化学制品。有时溶解元素的分离需要其他技术，比如加入其他化学制品使元素变为固态，或用色谱法分离元素。完成后再由物理学家接手，用验电器或其他工作测定产物的放射性及半衰期。1937 年，化学家格伦・西博格①发现了铁的一种新型同位素铁 -59，它立刻在血液疾病的研究中派上了用场。

约翰和欧内斯特看到了辐射直接应用于癌症治疗的巨大潜力，他们用中子做的实验就已初见成效，他们研究了劳伦斯的同事戴维・斯隆建造的直线加速器产生的高能 X 射线。1937 年，约翰和欧内斯特得到消息，他们的母亲患上了子宫癌，诊断只有几个月的生命了，她所在的梅奥诊所不想采用辐射治疗，但兄弟俩亲自上阵，请求医生和约翰一起用 X 射线为母亲治疗。约翰・劳伦斯在一次口述历史访谈中说："长话短说，大肿瘤开始消失。"当时她 67 岁，后来一直活到 83 岁。在第十章中我们会再详细讨论放射疗法的概念。

1938 年，西博格发现了钴 -60，半衰期为 5.3 年，可以发射大量 γ 射线，后来作为辐射源有着广泛的应用，使用最多时，仅在美国每年就实现了 400 万例放射治疗。作为很有规律的辐射源，它仍然在医药和工业领域有着广泛应用。[11] 同年在和一位医生讨论时，西博格了解到在甲状腺新陈代谢的研究中使用的是碘 -128，其半衰期为 25 分钟，时间太短从而限制了研究，医生说如果半衰期能有一周左右就好了。西博格和他的同事很快发现了碘 -131，巧合的是，它的半衰期刚好是 8 天左右。有了回旋加速器，发现的空间如此开阔，就好像他们能根据需求发明新的同位素一样。碘 -131 现在一年使用几百万次，用来诊断与治疗甲状

---

① 格伦・西奥多・西博格（Glenn Theodore Seaborg，1912—1999），美国核化学家。他和麦克米伦因发现超铀元素共同获得 1951 年诺贝尔化学奖。

腺疾病，诊断肝肾损害，并且用于器官的功能测试。西博格自己的母亲就用碘 -131 进行了治疗，生命延续了数年。

随着医疗应用的增多，物理学家一直在拓展边界，发现新的放射性元素，将他们正在研究的原子核结构及其可能的多种聚合方式拼凑在一起。他们不仅能创造已知元素的放射性同位素，还能创造自然界中从未被发现的元素，填补元素周期表中缺失的空白。第一个全新元素是锝（原子序数 43），发现于 1937 年，由埃米利奥·塞格雷①在意大利分离得到，之前他访问了拉德实验室，让劳伦斯给他邮寄了一片薄钼，这片钼曾是回旋加速器的一部分，他想看看能否测定其中存在什么类型的放射性元素。在一系列化学分离与提纯后，塞格雷和他的同事卡洛·佩里尔发现了两种锝同位素的证据：锝 -95m（半衰期为 6 天）和锝 -97m（半衰期为 91 天）。

每种锝的同位素都具有放射性，由于主要的天然放射性同位素锝 -99 的半衰期为 21.1 万年，在自然界中非常难发现，实际上它在地球的生命周期里全都已经衰变了，[12] 但有了回旋加速器，创造起来就很容易了。1938 年塞格雷搬到美国，与格伦·西博格合作，用回旋加速器证实了另一种新元素的同位素——锝 -99m 的存在，这种同位素的半衰期很短，大概 6 小时，是锝原子核衰变的一个阶段，在此过程中会放出 γ 射线。

锝 -99m 成了医疗诊断中非常重要的同位素，1963 年首次被用来对肝脏进行医学扫描。20 世纪 90 年代末，每年仅在美国，就用它进行了超过 1000 万次诊断程序，对甲状腺、大脑、肝脏、脾脏、骨髓进行成

---

① 埃米利奥·吉诺·塞格雷（Emilio Gino Segrè，1905—1989），意大利裔美国实验物理学家，因发现反质子和加州大学伯克利分校的同事欧文·张伯伦共同获得 1959 年诺贝尔物理学奖。

像。需求不断增长，它至今仍是全球使用最广泛的放射性示踪剂。西博格和塞格雷进行这项工作时，并没有预感到它在医学上的潜在应用。[13]

门捷列夫周期表上缺失的另外三个元素随后几年都填补上了，缺失的四个元素都具有放射性，这也解释了为何一直没能检测到它们，因为天然形成的这些物质在地球上已所剩无几。钫元素寿命最长的同位素钫 -233 的半衰期只有 21 分钟（1939 年由玛格丽特·佩赖在巴黎发现），砹 -210 的半衰期为 8.1 小时（1940 年由科森、麦肯齐和塞格雷在加利福尼亚发现），钷 -145 的半衰期为 17.7 年（1945 年由马林斯基、格伦丁宁和科里尔在田纳西州发现）。元素周期表填充完毕后，回旋加速器使伯克利的物理学家能够继续向前推进。一个原子核里可以聚合多少个质子和中子？它们在何种环境下比较稳定，又在什么环境下不稳定？这些年受到这些问题的驱使，西博格和其他物理学家会创造出越来越重的元素，西博格因发现超铀元素钚、镅、锔、锫、锎而获得 1951 年诺贝尔化学奖，西博格和他伯克利的同事会继续合成锿、镄、钔、锘，当然还有以他名字命名的𬭳。

铀元素（原子序数 92）曾是已知最重的元素，多亏了回旋加速器和其他加速器，元素周期表才得到极大扩充，如今在实验室中得到的最终元素是 Og（118 号元素），也因其发现者尤里·奥加涅相①而命名为 oganesson。2016 年杜布纳在俄罗斯被创造出来，目前为止也只造出了四个原子，因此其化学和物理性质仍在研究中。研究超重元素的产生对理解早期宇宙重元素的形成至关重要，这项研究仍在世界上很多实验室中进行。

元素周期表展示的元素按原子序数（或质子数）排列，但随着回旋

① 尤里·奥加涅相（Yuri Oganessian，1933—　），俄罗斯物理学家。他领导合成了 6 种人造元素。

加速器对放射性同位素的极大扩充，现在还有第二种排列方式，即“核素图”，也被称为塞格雷图，其中纵轴是中子数，横轴是质子数。周期表中稳定的元素大致位于一条斜线上，它们周围现在画出了一大片奇异不稳定的被称为**核素**的原子核，根据衰变时放出的射线类型进行排列与涂色。

在伯克利，由于回旋加速器效力越来越强大，一个新实验室于1939年投资创建，克罗克实验室里放了一台60英寸的机器，劳伦斯的团队现在已有60人来建造与运行回旋加速器。有时他们消耗的电力巨大，甚至会在当地引起停电。在狂热的工作之余，劳伦斯还找到时间前往斯德哥尔摩，接受了1939年诺贝尔物理学奖。新发现一个接一个，也包括碳-14，这可是碳定年法的关键。随着1939年和1940年全球的紧张局势，劳伦斯计划建造一台更大的机器，首次超过100兆电子伏能量大关。要达到这样高的能量，需要大得多的磁铁来控制粒子束。要让能量翻倍，磁铁的重量需要达到之前的8倍，需要一艘军舰那么多的铁。这台184英寸的巨大机器，回旋加速器的巅峰之作，他们选了新址来建造，就在最初的拉德实验室的山上，第二次世界大战爆发之时仍在建造。

包括劳伦斯在内的很多物理学家都受到招募，研究如何释放原子核内的能量，应用于武器，巨大的新回旋加速器也因战争被征用。与此同时，约翰·劳伦斯也做出贡献，他使用放射性气体研发了成像技术，研究人体的内在机能。他和欧内斯特·劳伦斯的学生科尼利厄斯·托拜厄斯一起工作，使用氮、氩、氪、氙的放射性同位素气体（用60英寸回旋加速器生成）发现了减压病的基本特质，此时飞行员还没有穿增压服。如今放射性氪气仍在医院中用来给病人的呼吸成像。

如今最有可能找到回旋加速器的地方不是实验室，而是医院的地下室。现在医学上创造并常用的放射性同位素超过 50 种，几乎所有大医院都有核医学科。当我们的激素、血液或其他器官无法正常工作时，放射性同位素可以诊断与治疗疾病。如果需要拍一张“片子”反映甲状腺、骨骼、心脏或肝脏的功能，使用的技术很有可能起源于劳伦斯兄弟及他们的团队。全球每年都要进行 1500 万到 2000 万次这些“扫描”，在发达国家每一百人就有一次。

没有约翰・劳伦斯和欧内斯特・劳伦斯的合作，没有用越来越大的粒子加速器粉碎原子的追求，没有各学科间的合作，这一切都无从谈起。西博格后来说，致力于发现放射性同位素时，他并不知道最终会有益于临床应用，劳伦斯当然也没有想造出一台改变医学的机器。约翰和欧内斯特年轻时并没打算像现在这样一起工作，而劳伦斯和他的实验室后来被视为多学科合作的先驱与大科学时代的开创者。

劳伦斯创造环形加速器的灵感为粒子获得前所未有的高能量铺平了道路，数十年来回旋加速器都是核物理学家的首选机器，查德威克争取到劳伦斯的帮助，甚至在利物浦大学造了一台，并且说这是所有发明里最美妙的仪器。然而对医学上取得的所有发现和进步而言，回旋加速器粒子束的能量仍然远远低于宇宙线中粒子的能量，最终这些美妙的机器也开始达到其极限。

要建造更大的机器，磁铁所需的大量铁使其变得十分困难，即便铁不是问题，他们也清楚，物理学定律最终会使越来越大的回旋加速器计划成为泡影。爱因斯坦的狭义相对论决定了当粒子接近光速时，虽然会继续获得能量，但速度不会增加，这就意味着随着能量增大，回旋加速器中的粒子与加速“一踢”不再同步，最终上限也许是几百兆电子伏。有些东西必须改变。

第 七 章

同步辐射：意想不到的光出现了

1933年，贝尔实验室的无线电工程师卡尔·央斯基[①]使用天线对天空进行“短波”或高频扫描，他想查明是否有噪声源对AT&T公司传输过大西洋的电话信号造成了干扰，却发现了一种神秘的嘶嘶声，他富有诗意地称之为“星体噪声”，这种宇宙无线电波在我们星系边缘的方向上最强。数千年来，人类仰望夜空，却不知所见仅是其中一小部分，因为我们的眼睛只能看到可见光谱。央斯基的发现表明，来自宇宙的大部分光并不属于可见光谱，而属于无线电光谱。

这项发现与核物理学家研究自然界的最小尺度发生于同一时期，实属巧合，天文学与核物理学这两个领域，起初看来毫不相关，使用粒子加速器的一次意外发现却带来了二者之间知识上的纽带，结果不仅对天文物理学的理解更进一步，还带来了现在科学几乎各个领域都使用的强有力的仪器，业已影响到我们所有人的生活。

---

① 卡尔·吉德·央斯基（Karl Guthe Jansky，1905—1950），美国无线电工程师，无线电天文学先驱。

央斯基的宇宙无线电波发现最初并没有在天文学界得到重视，但另一位无线电工程师格罗特·雷伯①很快继续跟进，1937 年在伊利诺伊州投资建造了第一台射电望远镜，并且在天鹅座和仙后座发现了很强的无线电波源，立刻引起了天文学家的关注，这个新工具也给我们的宇宙观带来了显著转变。20 世纪五六十年代，射电天文学开启了我们之前毫无察觉的宇宙新视野，周围天体一直在发出无线电波，包括我们的银河系。天文学家杰西·格林斯坦后来在《纽约时报》上这样描述射电天文学的开端："它所传递的信息推翻了宇宙理性发展的看法，取而代之的是一个相对论的高能宇宙，充满了像黑洞和类星体这样恐怖、暴力、不可控的力量。这是一场革命。"[1]

射电天文学带来了很多发现，比如 1945 年，地质学家兼物理学家弗朗西丝·伊丽莎白·亚历山大发现了来自太阳的无线电信号。1967 年，乔斯林·贝尔-伯内尔发现一些星体发射出有规则的强烈无线电波脉冲，就像天外的灯塔，这些星体由此有了绰号"小绿人"，实际名为"脉冲星"，它们是极其致密旋转的星体，从两极发出辐射，天文学家由此可以在星体寿命终结之时了解其演变过程。脉冲星的发现十分重要，也被授予了诺贝尔奖，但未授予贝尔-伯内尔——据说是由于她当时的身份是一名博士生，这一奖项最终颁给了她的导师安东尼·休伊什②。[2]

如今我们所知的有关宇宙学、黑洞、超新星和宇宙中其他壮观天体的大部分内容，都来自几十年来射电天文学的工作，但回到 20 世纪 40 年代，仍有一个大问题亟待回答：从脉冲星到我们的银河系，太空中的

---

① 格罗特·雷伯（Grote Reber，1911—2002），美国天文学家，射电望远镜的创造者。

② 安东尼·休伊什（Antony Hewish，1924—2021），英国天体物理学家。他与赖尔同获 1974 年诺贝尔物理学奖。

这些天体是**怎样**发射无线电波的？寻求答案要回到地球，找到建造加速器、深挖原子的物理学家。

20 世纪 40 年代初，一种名为“电子感应加速器”（betatron）[3] 的新型粒子加速器出现了，后缀“tron”表示仪器，“beta”射线由高能电子构成，高能电子就是科学家想用新机器人工产生的东西。

为何不用回旋加速器呢？对质子和氘核来说，回旋加速器很适用，但加速电子就没有那么好了。如我们在前一章所见，回旋加速器需要磁场使带电粒子做圆周运动，还需要振荡电场使粒子加速。作为粒子世界中最轻的成员，电子速度很容易接近光速，相对论决定它们可以获得更多能量，但速度不会再增加，这意味着施加在回旋加速器 D 形盒上的振荡电场与电子失去了同步性，反而会使其减速。物理学家寻求高能电子，从而产生 X 射线或进行散射实验，却遇到了困境。电子感应加速器的想法就像劳伦斯喜欢说的那样，表明“解决问题可不止一种办法”。

电子感应加速器的工作原理与回旋加速器有很大不同，应用了电磁感应原理：变化的磁场会在一圈导线内产生电流，就和电磁炉产生电流加热煎锅的方式一样。圆周运动的电子束就像在导线或煎锅里，因此把电子放入变化的磁场可以给电子束能量，与此同时进行控制和聚焦，不用管什么振荡电压的周期。这个主意就是年轻的欧内斯特·瓦尔顿在 20 世纪 20 年代末力荐给卢瑟福的，但瓦尔顿那时的尝试并未成功，这也是他最终和约翰·考克饶夫合作建造加速器的部分原因。[4] 虽然他早期的实验失败了，瓦尔顿仍然对这种机器的理论做出了重要贡献，包括解决了怎样使粒子保持在需要的轨道上，这点实现起来也许比你所认为的要困难得多。

在环形加速器中，目标是让粒子完美地在环形轨道上运行，在环形管中一直运动下去，这个环形管被称为“多纳圈”[5]。但涉及真正的粒子束时，我们必须考虑到这些粒子不是一个一个的，而是单个粒子的组合体，它们不可能恰好在玻璃管中央，每个粒子都有自己的轨迹，并没有恰好在理想轨道上。瓦尔顿正确地关注到，随着粒子加速，需要不断把它们推回玻璃管中心，这样才不会飞出去或弄丢。对如何做到这一点，他进行了详细的计算，使磁场随半径增大而逐渐减小，这样磁场可以充满环形的外边缘，他发现这项设置可以使粒子集中，确保它们一直被推回理想的轨道。[6]

1940 年，美国的唐纳德·克斯特终于实现了第一台电子感应加速器的运行，新型机器迅速成为充满前景的技术，可以把电子加速到光速的 99.99%。既然可以加速电子，那么不只在科学上，现实世界里也很快发现了一项应用，尤其在医疗与工业上，粒子加速器出现了不断增长的市场。1944 年，在纽约的斯克内克塔迪，物理学家赫布·波洛克带领通用电气研究实验室团队建造了一台电子感应加速器，达到了 100 兆电子伏能量级。130 吨重的机器前有棱纹的铁器，远远高于物理学家的头顶，看起来更像一艘战舰而不像一台医疗设备，“通用电气”的标志钉在磁铁上，铁器之间一人高处有个空间用来放置环形真空管。机器运转时会发出震耳欲聋的轰鸣声，很大的电流在电磁线圈中盘旋而过，把粒子束以每秒 60 次从 0 加速到 100 兆电子伏。

通用电气研究实验室主任是物理学家兼工程师威廉·柯立芝①，他计划使用电子感应加速器将 100 兆电子伏的电子撞击靶标，产生高能 X 射线，设计一种超级 X 射线管，其射线可以穿过人体或工业品进行成像，而能量较低的 X 射线可能无法穿过。他希望这可以成为一项商业

① 威廉·柯立芝（William Coolidge，1873—1975），美国物理学家。第二次世界大战期间，曾在华盛顿州汉福德参加原子弹的研究工作。

设备，随着市场增长，团队会建造越来越大的电子感应加速器。最好的部分在于，有了这样的设备，他们尚未发现电子能量可以达到的极限。

就在他们习惯于操作机器时，通用电气另一组的物理学家约翰·布卢伊特了解到某个理论似乎提出了一个问题。工作在苏联的德米特里·伊万年科和伊萨克·波梅兰丘克在一封写给《物理评论》的信中指出，在环形机器中加速电子存在问题。如果将动量守恒定律应用于轨迹弯曲的带电粒子，就会发现这种弯曲会使粒子发出辐射。[7] 布卢伊特重新进行了计算，发现这些俄罗斯人是正确的。

对 100 兆电子伏的回旋加速器而言，根据预测这种效应非常小，能量损失只有每一圈 10 电子伏，因此机器的总能量是 99 兆电子伏，而非 100 兆电子伏，这种情况他们还可以应对。但计算表明，如果电子能量翻倍，能量损失会变为 16 倍，如果他们想建造更大的电子感应加速器，粒子达到更高能量时就会产生巨量辐射。伊万年科和波梅兰丘克说，能量损失会非常大，以至于加速机制将无法继续进行，他们认为最好的能量上限大约是 500 兆电子伏。若真如此，电子感应加速器的想法会迅速淘汰。

通用电气团队中有些人怀疑这种效应并不存在，毕竟电子一直在导线中运动，没有发出辐射，布卢伊特则坚持进行测试，想看看预测是真是假。他们可以自由处理 100 兆电子伏的机器，真要取消的话也是件重要的事，布卢伊特计算出轨道会由于辐射效应而略有偏移。

他们打开机器，进行测量，结果发现轨道似乎确实有点偏移，但这个机器如此复杂，轨道偏移可能有许多原因，真正确凿的证据只能是辐射本身。他们在机器周围放置了仪器，搜寻辐射的无线电光谱，但一无所获。

直到 1945 年末，这一问题仍悬而未决，欧内斯特·劳伦斯来到斯克内克塔迪进行常规访问，把他们的注意力转向了一个新目标。在一次研讨会上，他提出了一个他的团队在伯克利研究的想法。与回旋加速器中呈螺旋形运动的粒子相比，他提出一种机器，其中的粒子束约束在单一轨道中，由高频电场提供加速，磁场强度会随着加速而改变。这一想法已经同时由劳伦斯在伯克利的同事麦克米伦①和俄罗斯的弗拉基米尔·韦克斯勒提出，将卢瑟福的学生、澳大利亚人马克·奥利芬特[8]几年前提出的一种想法充实并具体化了。新想法不再需要回旋加速器和电子感应加速器巨大的磁铁，但条件是需要稍微复杂的操作原理：由于粒子速度时刻变化，加速频率也必须持续改变，一切都必须完美同步才能运转，这种机器由此得名为**同步回旋加速器**。

通用电气的物理学家们一直在专心聆听。他们已经有了电子感应加速器，却担心这项技术由于辐射损失而达到能量上限。同步回旋加速器的主意看起来很有趣，但如何解决这个问题呢？一旦电子开始辐射，同步回旋加速器还怎样将电子继续加速到更高能量？

麦克米伦和韦克斯勒利用相位稳定度原理解决了这一问题，这有赖于高频电场的节奏，从而一圈一圈加速粒子束。最简化理解的话，可以把环形加速器中的一束带电粒子想象成正在乘（电压）浪前行的一组冲浪者，如果较慢的冲浪者需要加速，可以移动到波浪更陡的地方；如果需要减速，可以移动到波浪底部。通过调节使其与高频电场提供的电压波完全同步，在前面（较快）的粒子就会比靠后（较慢）的粒子遇到更低的电压，仍然在一束里。

这不仅能让粒子聚集在一起，很好地加速，麦克米伦还宣称也能避免来自辐射的能量损失。这就好像冲浪时遇到逆风：冲浪者都需要向上一些来继续前进，但只要浪足够高，他们就可以一直这样做。[9]根据伊

① 埃德温·马蒂森·麦克米伦（Edwin Mattison McMillan，1907—1991），美国核物理学家、化学家。由于发现超铀元素，与加州大学伯克利分校的同事西博格同获 1951 年诺贝尔化学奖。

万年科和波梅兰丘克的预测，同步回旋加速器最终可以超过 500 兆电子伏的能量上限。

这对劳伦斯的吸引力显而易见，因为同步回旋加速器的想法似乎可以达到几乎无限的能量，不像他发明的回旋加速器。他决定建造一台同步回旋加速器，达到更高能量，也能避免回旋加速器正在使用的越来越多的铁器。以一种非常典型的劳伦斯式风格，他还没开始建造呢：他只是先告诉所有人，而他和麦克米伦在制订计划。对通用电气的物理学家而言，这个研讨会突然间明确了两点：第一，电子感应加速器的巅峰期也许比他们想象的还要短，同步回旋加速器也许才是达到超高能粒子的途径。第二，也许在劳伦斯之前，他们可以先建造一台小型同步回旋加速器，在世界上首次证实这一想法。

通用电气的物理学家立刻得到批准，建造一台 70 兆电子伏的同步回旋加速器，他们着手设计不同组件。磁铁重 8 吨，中间有 2.5 英寸的空隙，用作直径 70 厘米的玻璃“多纳圈”，粒子束在其中运动。[10] 他们设计了一个非常巧妙的电路，可以转移能量，在合适的时机增大或减弱磁场来控制粒子。与此同时，布卢伊特离开了通用电气，并留下了一些他收到的来自尊敬的理论物理学家朱利安·施温格①的计算结果，其中给出了关于伊万年科和波梅兰丘克所预测的辐射的深刻见解。

20 世纪 40 年代晚期，施温格和理查德·费曼、朝永振一郎②创立了量子电动力学（QED），并获得诺贝尔奖。施温格的计算表明，环形

① 朱利安·施温格（Julian Schwinger，1918—1994），美国理论物理学家。因在量子电动力学方面所做的对基本粒子物理学具有深刻影响的基础性研究，与费曼和朝永振一郎同获 1965 年诺贝尔物理学奖。

② 朝永振一郎（Sinitiro Tomonaga，1906—1979），日本理论物理学家。1965 年因“重正化理论”获得诺贝尔物理学奖。

轨迹并不会在所有方向上发出辐射，只会沿着粒子的轨迹形成很密集的一束辐射。他预测随着电子能量增大，辐射频率会增大，最终在通用电气研究的能量上，辐射会超出无线电频率的范围，达到可见光频率。

同步回旋加速器于1946年10月[11]开始运行，但并不如他们预想那般顺利。部件总是出现问题，必须替换，但他们一直努力，1947年4月终于运转良好，除了一个问题：在机器里不断看到火花。技术人员弗洛伊德·哈伯被派来观察机器运转，以便发现问题所在。

机器运转时站在附近观察非常危险，因此哈伯临时搭起一面6英尺×3英尺①的大镜子，安全地躲在厚重的混凝土墙后保护自己，同时进行观察。科学家推进机器的上限，哈伯看到火花就会大声呼喊，告诉他们关闭机器。通常来说，如果有火花的话，真空程度——环形室中的压强——会迅速变化，但这次不同：真空程度并未改变。一位叫罗伯特·朗格缪尔的物理学家也过来查看，他们都观察到机器里有个非常小但很亮的蓝色光点。

朗格缪尔立刻意识他看到的是什么，叫人停止加速粒子束，光就消失了，这肯定是“施温格辐射”。团队惊讶于他们的电子束能够产生可见光，迅速决定检验这一预测：光的颜色应该与粒子能量有关。随着把能量调低，他们观察到光点从蓝色变为黄色，完全消失前变为红色——他们肯定既感到满意又难以置信。后来据一位团队成员回忆说，整件事花了大概30分钟，[12]纯粹由于运气，真空室由玻璃制成，因此他们能够看到机器里发出的来自环绕电子的光，三年以前他们在电子感应加速器上错失了发现这一效应，因为金属粒子室挡住了光。这就是偶然发现的珍贵时刻，并将继续产生重要影响。

以这种方式发出的光被称为**同步辐射**，具有非常独特的性质。这种

---

① 1英尺约合30.48厘米。

辐射极其强烈，并且连贯（更像激光而非灯泡发出的光），覆盖了整个电磁波谱，从 X 射线到可见光再到红外线，取决于磁场与电子的能量。这种光是偏振光，也就是说光波都在相同方向上振动，光可以通过很多方式发生偏振，包括在水面或汽车引擎盖上反射，会使其绝大部分在水平方向发生偏振。这就是太阳镜的偏光镜片可以只让垂直振动的光波通过，从而挡住强光的原理。[13] 同步回旋加速器的光发生偏振的方向与电子的弯曲有关：在加速器中环绕的粒子束出来时会在水平方向偏振。其属性足够独特，产生时就可以测定出来：如果用适当属性对光进行测定，就可以推断出它肯定来自在磁场中弯曲的电子。

这一发现后来成为解决天文学家问题的关键：在太空中究竟是什么在产生射电辐射。银河系、脉冲星以及许多其他星体并不只是充满气体与尘埃的球体，它们还具有磁场，当带电粒子在这些磁场中弯曲时，就会像在加速器里那样发出同步辐射，点亮宇宙，通常为无线电光谱。天文学家可以检测这些辐射是否为偏振光，从而推断出磁场的结构——太空中星体的位置与磁场强度。

20 世纪 50、60 年代，随着射电天文学的发展，人们发现磁场比之前预想的要常见得多，一个令人惊叹的例子是蟹状星云，它是金牛座在公元 1054 年一次超新星巨变的残骸，变成了高能电子云，环绕着中心脉冲星产生的磁感线。现在我们知道，恒星、星系、中子星、超新星都具有磁场，磁场也可以解释太空中大多数极大物体的行为，包括特大质量黑洞喷出的大量离子流，人们认为这是由于粒子在这些致密天体中心的磁场中加速引起的。理解了同步辐射，科学家可以使用从太空中探测到的射电辐射来了解这样的天体，揭示我们宇宙的磁场性质。

在通用电气，这种光最初是个新奇玩意，物理学家会向来访者炫耀一番，随后他们发现可以用这种光帮助调整、优化与操作同步回旋加速器，从而设计下一批机器售卖。几年之内全球建造了更高能量的同步回旋加速器，有一点很快明确：同步辐射光源的潜力远不止步于判断电子束。电子感应加速器的发明者唐纳德·克斯特的评论所言极是："这些美妙精密的仪器像灯泡那样为科学做出巨大贡献，这不是很有趣吗？"[14] 在许多方面，克斯特略带讽刺的预言是准确的，一旦可以在实验室产生同步辐射光源，它就将成为科学研究中无可匹敌的工具，从化学、生物学到材料科学、考古学。

第一批尝试使用同步辐射的科学家在 1956 年的康奈尔大学，以及五年之后的美国国家标准局，设定统一的单位来帮助无线电、汽车工业以及电子技术的工作，这表明同步辐射光源要远好于任何标准光源或 X 射线管，其他人也迅速跟进，改进目前的同步回旋加速器，以便让使用者可以应用同步辐射光源进行实验。最初这些使用者不得不在核物理设施那里争夺时间和地盘，但 1970 年建成了首个用户设施：在英国达斯伯里实验室的同步辐射光源（SRS）。全球的政府都开始建造粒子加速器，并非为了研究粉碎原子的物理学，而是为了满足大量科学与商业用户的需求。截至 1974 年，全球有超过 10 台同步回旋加速器专门为产生同步辐射光源而设计建造。

使用同步辐射光源可以成像，只需将样品置于真空室端口处，记录结果，最初在 20 世纪 70 年代使用的是照相底片，现在用的是数字成像器。研究的样本各种各样：巧克力、钢铁，甚至还有海参。

从同步辐射光源受益最多的领域也许是结构生物学，生物学最终取决于微观尺度的物理结构：蛋白质折叠、疾病产生的方式，甚至是 DNA 的结构。就像牛津大学生物学教授戴维·斯图尔特在接受纳菲尔德医学部采访时解释的那样，结构生物学家致力于以非常精细的方式理解生物学，就像通过研究每个零件从而搞清楚一辆车怎样运转，零件之间怎样配合，以及作为一台机器如何运转，尽管生物学比汽车要复杂。

像我们这样的生物由万亿细胞组成，有非常多种内部组件在纳米级工作，当我们能够理解生物学在这一尺度上如何运作，就拥有了出现问题时精准干预的能力。

我们现在对结构生物学的理解依赖于成像技术王冠上的珍宝——X 射线晶体学，其应用早在同步辐射光源出现很久之前就已开始，多达 28 次诺贝尔奖以此为基础，起于 1913 年阿德莱德大学的英国 – 澳大利亚物理学家父子威廉·亨利·布拉格和威廉·劳伦斯·布拉格①，他们使用 X 射线源照射食盐晶体，产生美妙的衍射图案，意识到由此可以了解晶体自身的结构，一直到原子层面。[15] 此后科学家改进这项技术，弄清了各种重要分子与材料的结构。凯瑟琳·朗斯代尔（威廉·布拉格的同事）在 1929 年应用 X 射线晶体学搞清了苯是个平面环，多罗西·霍奇金②弄清了盘尼西林（1949 年）和维生素 B_{12}（1955 年），这项成就为她赢得了 1964 年诺贝尔奖，之后是胰岛素（1969 年），这项任务用了三十四年。1952 年，罗莎琳德·富兰克林③应用 X 射线晶体学拍出了著名的“照片 51 号”，证明了 DNA 的双螺旋结构。石墨、石墨烯、血红蛋白、肌红蛋白等等，全都只用常规 X 射线管以这种方式测定出来。但随着同步辐射光源的问世，晶体学变得格外强大，今天依然如此。

---

① 威廉·亨利·布拉格（William Henry Bragg，1862—1942），英国物理学家，现代固体物理学的奠基人之一。威廉·亨利·布拉格是威廉·劳伦斯·布拉格的父亲。威廉·劳伦斯·布拉格（William Lawrence Bragg，1890—1971），出生于澳大利亚阿德莱德。由于在使用 X 射线衍射研究晶体原子和分子结构方面所做出的开创性贡献，布拉格父子同获 1915 年诺贝尔物理学奖。父子两代同获一个诺贝尔奖，这在历史上是绝无仅有的。

② 多罗西·克劳福特·霍奇金（Dorothy Crowfoot Hodgkin，1910—1994），英国化学家。由于通过 X 射线分析出分子构造获得 1964 年诺贝尔化学奖。

③ 罗莎琳德·埃尔西·富兰克林（Rosalind Elsie Franklin，1920—1958），英国物理化学家与晶体学家。

同步回旋加速器在基础科学领域实现了很多突破，应用晶体学，约翰·沃克[①]和其他人解决了三磷酸腺苷（ATP）的结构，这种分子可以在所有植物、动物和人体中运输与储存能量。罗杰·科恩伯格[②]搞清了基因如何使用mRNA自我复制，文卡·拉马克里希南[③]解决了核糖体的结构，这些发现都赢得了诺贝尔奖。要知道这些突破没有一个来自核物理或粒子物理，而恰恰是这两个领域带来了同步辐射这一偶然发现。

最初这种额外的科学力量看起来似乎离我们的日常生活很遥远，但你会意识到我们对病毒的基础生物学了解也仰赖于X射线晶体学。2019年末，新冠病毒首次出现时，这种科学力量突然显得尤为重要，这种蛋白质是以非常精准的方式自身折叠的分子链——想象一个故意弄乱的羊毛球，这一折叠过程会留下所谓“活性部位”，可以化合物作为靶点。结构生物学家通过基因结构克隆能够复制这些蛋白质用于研究，但首先要对病毒遗传密码测序。

2019年12月29日，新冠病毒首次出现后，科学家仅用12天时间就测定了6个病毒序列，2020年2月5日，上海科技大学的饶子和与杨海涛团队将第一个主蛋白酶（切割蛋白质的蛋白酶，对病毒复制很重要，也是药物发现的目标）结构存入了蛋白质数据库——全球科学家用作重要数据存储的在线资源库。他们还用上海同步辐射光源搞清楚了其结构，截至目前，团队已经与全球超过300个研究小组分享了这些信息。

---

① 约翰·沃克（John Walker，1941— ），英国生物化学家。他和保罗·博耶（Paul Boyer）因阐明三磷酸腺苷生成的酶催化反应机制而与詹斯·斯科（Jens C. Skou）同获1997年诺贝尔化学奖。

② 罗杰·大卫·科恩伯格（Roger David Kornberg，1947— ），美国结构生物学家。2006年获得诺贝尔化学奖。其父亲曾获得1959年诺贝尔生理学或医学奖。

③ 文卡·拉马克里希南（Venki Ramakrishnan，1952— ），印度裔美国结构生物学家。由于在分子生物学领域的杰出贡献，与美国生物化学家托马斯·施泰茨和以色列晶体学家阿达·约纳特同获2009年诺贝尔化学奖。

在大多数政府采取行动前，结构生物学家已经在全球的同步辐射光源展开工作，研究构成新冠病毒蛋白质的物理结构，因为他们知道药物或疫苗要对病毒有效，都需要让人体产生分子来识别、依附、中和、消灭有害病原体。一切治疗与疫苗的选择都有着相同的出发点：需要了解病毒的工作原理，关键在于病毒的结构与功能。一旦我们掌握了人体识别病毒的化学基础，就可以研发药物减弱其影响，或是研发疫苗使人体产生抗体。也许有些违反直觉，但新冠病毒大流行期间，一个重要的前线战场不在医院，而在一个足球场那么大的环形建筑里，里面有来自粒子物理领域的机器。

在澳大利亚的同步回旋加速器，距离墨尔本半小时路程，埃莉诺·坎贝尔博士以光束线科学家的身份工作，她是使用同步辐射光源进行实验的专家，同时也帮助其他科学家。流行病袭来时，她认识的其他人都居家工作，只有她和其他几位科学家还在现场拼命工作。她负责的光束线名为“MX-2”，用于“高分子晶体学”，使科学家能够了解生物从分子一直到原子层面的排列与形状。平时，她的粒子束用户一般从事化学、凝聚态物理、工程学、地球科学以及材料科学，而在2020年初，则完全投入了新冠病毒的相关研究。

光束线从设备的核心部位接收同步辐射光，同步回旋加速器本身则由高大的混凝土防护墙遮挡，主体储存环由重复样式的磁铁构成——由很粗的铜电缆驱动的肩膀高的铁块，会放进更小的加速器提供的高能（3吉电子伏）电子，有一个专门团队轮班工作，保证每天24小时运转。同步回旋加速器中的电子可以持续环绕，几天或几周时间发光，放出辐射，而能量可以持续补给，一束电子使用完毕被倒出机器后，会很快补充另一束，对使用者而言几乎不存在辐射间隙。[16]

一系列实验站位于储存环的切线上，这些是光束线，其位置由“插入元件”决定，在产生同步辐射光的储存环周围。现在并非直接使用弯转磁铁中自然发出的辐射，名为**扭摆磁铁**和**波荡器**的插入元件真的会让光束线扭摆，产生特定波长的光束。光线随后穿过光束线的端口，科研用户搭设实验仪器，在样品架上放好蛋白质晶体，准备收集数据。

第一步是成功让蛋白质成为晶体，这是工作中最困难的部分之一。生物分子很大，容易弯曲，换句话说比较软，而我们认为晶体——比如食盐晶体，通常来说比较坚硬。坎贝尔的工作需要把“生物物质的混合物开始变为坚硬有序的晶体”，这个过程需要反复试验，测试很多试剂——从之前有效的化学品开始，以极其精准的用量，直到达到理想的效果。即便科学家足够幸运，把蛋白质变为了晶体，他还得用微型尼龙圈从中提取出微米尺度的晶体，这是个纯手工活，需要极大的耐心。一旦晶体预备好，可以开始研究了，研究组通常会让全组参与：他们会轮流值班，最大程度利用短暂的光束时间。在流行病期间，很多研究团队不得不远程办公，而坎贝尔和她的同事完成了现场样品设置。

在这样的设备上进行远程实验，坎贝尔清楚会是什么样子。在剑桥大学读博士进行实验期间，她坐在实验室电脑前，而她精心准备的晶体样品则由他人远程放在名为“钻石”的英国同步辐射光源的光束下，她点击“刷新”，蛋白质结构的新影像就会出现在屏幕上。她正在深入了解蛋白质，而整个实验实际的几何形状仍然很模糊。现在她来到了等式的另一端，帮助远程用户进行实验，尽可能多地了解新冠病毒。

对与坎贝尔合作的生物学家而言，远程设置与深夜工作是值得的，如果没有同步回旋加速器，他们得花费数天使用实验室的 X 射线源，每个成像角度都得花大概 40 分钟（晶体学需要 180 度成像，收集衍射图案，通过数学重建三维结构），而使用坎贝尔操作的光束线，收集 180 度数据的实验则只需 18 秒。所以如果有人想测试一系列样品，比如蛋白质的 50 个微小变种，原本需要花费整个博士生涯，现在用光束线却只需几小时。在很多情况下，同步辐射光源的独特性质可以让实验变得前所未有地简单，如果没有同步回旋加速器，生物学家要了解新冠病毒的结构则需要数年时间。

全世界有这样设备的地方，科学家们团结一致，为了一个最重要的目标：绘制出尽可能多构成新冠病毒的蛋白质的图纸。非紧要时期，研究人员使用这些设备揭示许多重要生物分子的结构并生成图像，为艾滋病、皮肤癌、2 型糖尿病、白血病、季节性流感等带来新的治疗方案，也为抗击埃博拉病毒、塞卡病毒、新冠病毒带来突破。全球大概 50 个同步辐射光源是我们对抗重大疾病前线战场的重要组成部分，这就是原因所在。

第一台投入使用的同步辐射光源——达斯伯里 SRS 在 2008 年关闭时，有人对其整个生涯的 1.1 万名科研用户进行了调查研究，结果表明有数千项发现直接或间接影响了我们的生活。服装或电子元件的新材料，新药物，洗涤剂，这些仅仅是研究带来的产品的一小部分，很难说清这一设施的应用究竟有多广泛，但其关闭时，“科学研究与试验发展”（R&D）上英国排名前 25 的公司里，有 11 家都曾使用过。

SRS 搞清了口蹄疫的结构，带来了新疫苗，还了解了被称为“巨磁阻效应”或 GMR 的现象，这是像苹果手机这样的电子设备拥有巨大存储能力的诀窍。SRS 研究为更清洁的燃料与一系列新药物做出贡献，甚至还为文化遗产做出贡献，研究了都铎王朝战舰“玛丽·玫瑰”号，了解了怎样更好地保存其残骸。巧克力制造商吉百利公司也使用同步辐射光源，研究巧克力中晶体的形成，甚至使巧克力的口感更美味。相似技术也应用于研究金属中晶体的形成，以提升航空安全。

具有新闻价值的突破会影响到这些设备的切身利益，它们产生科学知识的速度让人难以望其项背，同步辐射光源的故事让我们不得不感叹物理工具改变其他科学领域的程度，提醒我们不同领域的知识并不是割裂的——从自然界的最小物体到最大，以及二者之间。正如坎贝尔所说，每天仅仅走进这个庞大的设备就让她感到自己很渺小：有时只是想到设备有多复杂，她就感到很难以应对。加速器的物理团队对她的工作肯定和她看法一致，这就是很多现代科学突破都必须跨学科的原因：没有任何个体能够完全理解整个设备。虽然使用的是物理研究的成果，像坎贝尔和她的前辈科学家所创造出的知识，要远比通用电气物理学家、劳伦斯、克斯特或奥利芬特等人曾经预想的广泛得多。

正如我们所见，这些知识已经跨越生物学，甚至超越了我们的地球，理解同步辐射背后的基础科学有助于为天文学开发重要工具，使天文学家以全新的光观察太空中的天体，揭示从星系到脉冲星再到黑洞的内在机制，因为它们都在以无线电波的形式发射同步辐射光。如今，射电天文学家正在研究宇宙中极端区域产生的磁场的复杂行为，比如目前观测到的“快速射电暴”：极强的仅持续几毫秒的无线电波，表明存在我们目前尚未充分理解的全新高能过程。与此同时，宇宙学家在观测宇宙遥远区域磁场的存在，用于解释早期宇宙的快速膨胀。通过同步辐射，物理学家拥有了一项工具，将致力于理解极大与极小尺度物理学的物理学家团结在了一起。

这点完全有可能，因为物理学原理不仅在地球上适用，而且据我们所知，适用于任何地方。物理学能让我们揭示向外延伸到宇宙的奥秘，也能让我们揭示自身生物学的内在机制，并且在出现问题时实施干预。宇宙并没有什么特别的理由应该如此运作，但它确实如此，这实在引人入胜。

同步辐射于天文学家和其他科学家而言，是一项不可思议的工具，然而最终却成了粒子物理学家的巨大障碍，他们想要把粒子推进至越来越高的能量以粉碎原子，现在却面临这样的事实：试图使粒子变快时，粒子却会辐射能量。他们不得不输入更多能量，以弥补粒子在机器内飞驰时损失的能量。不久之后他们就会达到所能给予粒子的能量上限——至少对几种粒子而言。

辐射方程预测说，把诸如电子的小质量粒子加速到高能量会成为问题，对于较重粒子，辐射的能量会小很多，质子比电子重大概 2000 倍，辐射却是电子的 10^{13} 分之一。[17] 另一方面，挑战来自将高能质子在环形加速器中弯转，要么需要极强的磁铁，要么需要比房间大小电子加速器大得多的储存环。由于物理学家已下定决心将质子加速到高能量，这种限制意味着有件事不可避免：20 世纪下半叶建造的粒子加速器将越来越大。

物理学家需要团结协作，集合专门的工程、数据分析、管理团队来建造与操作大型机器，他们成为最早的计算技术采用者，必须创造观测粒子的新方法，推进可能的极限。与此同时，他们的研究会发现非常多粒子的存在，远远多于任何人的猜测。数百位研究人员致力于回答这一问题：自然界中是否存在根本的秩序？我们能否对如此多不同粒子进行预测与分类，还是说我们的实在只不过是一种尚能应对的混乱？

第三部分

标准模型与超越

真理并不属于所有人，而是仅仅属于寻找它的人。

——安·兰德[①]，《一个人》，1938

① 安·兰德（Ayn Rand，1905—1982），俄裔美国女作家。她的哲学理论和小说开创了客观主义哲学运动，代表作有《源泉》《阿特拉斯耸耸肩》等。

第　八　章

粒子物理学变大了：奇特的共振

路易斯·阿尔瓦雷茨乘坐的飞机“伟大艺术家”号接近日本时，他正要睡着，那是1945年8月6日的黎明之前，这位34岁的物理学家已经筋疲力尽。他的飞行员正跟着另一架飞机——B-29轰炸机“伊诺拉·盖伊”号，第三架无名飞机也在附近，后来被命名为“必要之恶”号。与大多数二战轰炸任务需要数百架飞机不同，这次任务只需要三架。他们会秘密飞入，并且在广岛市只扔下一枚炸弹，这可不是什么普通武器：这是“小男孩”，一颗充满浓缩铀的原子弹。

阿尔瓦雷茨运用物理才能帮助研发了“小男孩”，作为曼哈顿计划的一部分，这项高度机密计划由美国主导，英国和加拿大作为同盟国共同谋划，研发了第一批核武器。整个战争过程中，这项计划演变为一个巨大的企业，雇用10万人，然而绝大多数人却对他们工作的目标一无所知。军方领导决定对日本使用新武器后，阿尔瓦雷茨[1]接到任务，研发仪器，追踪原子弹下落并记录爆炸时释放的能量。虽说装备里有降落伞，阿尔瓦雷茨却没有用：他说如果他们被击落的话，比起被日本人抓走，还是死掉更好。

当那个时刻来临时，原子弹从限定区域释放，在引爆前下落了44

秒。小型内爆使两片高浓缩铀达到临界质量，随后铀 -235 裂变，释放中子，产生更多裂变，发生链式反应。炫目的光线充满阿尔瓦雷茨的飞机，随后是一系列冲击波，几乎要将飞机撕裂。整整 10 分钟时间，蘑菇云才升至 6 万英尺。阿尔瓦雷茨凝视着下方的场景，一片荒芜，他后来写道，“他徒劳地寻找着目标城市”，认为也许他们失误了。飞行员纠正他：目标城市广岛已被摧毁，8 万人在一瞬间被杀死。

返航途中，由于了解这项任务的重要性，阿尔瓦雷茨给他 4 岁的儿子写了封信。他知道他的儿子肯定很难理解，他怎么会参与到这一特别的历史事件中。阿尔瓦雷茨家族有很多冒险经历：阿尔瓦雷茨的祖父曾经逃到古巴，在加州学医，然后与他的祖母（在使命中在中国长大）结婚，又举家迁往夏威夷。他的父亲（也是一名医生）和母亲在墨西哥工作，后来回到旧金山，阿尔瓦雷茨在那里出生。他高大，一头金发，聪明勇敢，选择了物理学，因为他感觉物理学能通向冒险之旅，但战争工作却不是他最初设想的那种冒险。

三天后，阿尔瓦雷茨在提尼安岛看到他的同事随第二枚原子弹起飞，最终将原子弹投放在长崎市。一天后，1945 年 8 月 10 日，日本投降。四十年间，阿尔瓦雷茨都没有书写过任何关于这次事件的内容。

如今，广岛市和平纪念馆讲述着核武器对这座城市毁灭性冲击的故事，探讨着二战中核武器使用带来的更广泛的后果。对参观的物理学家而言，这尤其让人感到不安：在博物馆对曼哈顿计划的描述中，我们物理学领域中出现的名人数量惊人，我们在本书中遇到的很多人物都曾参与过核武器的研发，因为他们具备这项计划所需的知识与才能。欧内斯特 · 劳伦斯的回旋加速器转而去分离铀的同位素，他本人监管一项同位素分离器的庞大计划，此项计划基于他的团队在伯克利建造回旋加速器时所获得的专业知识，劳伦斯的不少同事和学生也参与其中，包括阿尔瓦雷茨在内。赛斯·尼德迈耶提出了内爆的想法，使投放在长崎的钚弹能够达到临界质量。尼尔斯·玻尔、詹姆斯·查德威克、约翰·考克饶夫、马克·奥利芬特都参与了曼哈顿计划，还包括我们故事中一些非主要角色，包括劳伦斯的同事罗伯特·奥本海默①，他是著名的曼哈顿计划的领导者。

有些物理学家受到邀请，但拒绝了曼哈顿计划，在战时参与了其他工作。卡尔·安德森被邀请做计划负责人，但他需要照顾赡养母亲[2]，因此从事了炮兵火箭工作。有一位物理学家彻底拒绝参与，她是莉泽·迈特纳②，当时领域里唯一一名女性，被爱因斯坦称为“德国的玛丽·居里”，但她最初来自维也纳，不得不自学物理，因为公立大学不招收女性。她受到父亲的鼓励与资助，在获得博士学位后前往柏林，并且说服马克斯·普朗克让她参加他的讲座，并最终成为普朗克的助手。后来，在成为德国的第一位女性物理学教授后，由于犹太血统而不得不逃跑。莉泽·迈特纳率先认识到原子核不仅会放出 β 粒子或 α 粒子，而且会彻底分裂，她的侄子弗里希创造了“核裂变”一词来描述这一观点。[3]尽管可以施展其专业本领，她仍然拒绝参与曼哈顿计划，并强调说：“我不可能与炸弹联系在一起！”迈特纳的同事奥托·哈恩③发表了核裂变的第一个证据，却没有把她列为合著者，这样可以不泄露和她的信件往来，避免自己受到迫害。哈恩由于这项成果获得 1944 年诺贝尔奖，迈特纳的贡献却没有得到认可。

对于那些同意加入曼哈顿计划的物理学家，他们并不清楚交给他们

---

① 罗伯特·奥本海默（Robert Oppenheimer，1904—1967），犹太裔美籍物理学家，因领导曼哈顿计划而有“原子弹之父”之称。

② 莉泽·迈特纳（Lise Meitner，1878—1968），奥地利原子物理学家、放射化学家。

③ 奥托·哈恩（Otto Hahn，1879—1968），德国放射化学家、物理学家。由于发现核裂变，获得 1944 年诺贝尔物理学奖。

的问题能否解决——驾驭核武器。但在 1945 年 7 月看完名为“三位一体”试验的第一次爆炸后，他们很清楚这确实可行，这一事实让很多物理学家大为震惊，他们在芝加哥和洛斯阿拉莫斯请愿，反对使用他们创造的武器，但决定并不受他们掌控。在投放原子弹摧毁长崎和广岛后，洛斯阿拉莫斯的物理学家心情沉痛。正如致力于健康物理学研究并身为图书管理员的埃弗利娜·利茨后来回忆说：“投放原子弹那天没有任何喜悦，也没有朋友相聚，我们全都表情严肃。”[4] 许多像阿尔瓦雷茨这样的物理学家在很长一段时间内都拒绝谈起这一事件，大多数人后来会鼓起勇气，实事求是地叙述说这帮忙终止了战争，从而总体上挽救了双方的生命。不论他们的道德观如何，对他们而言，工作完成了。

二战中出现的物理学家不再像以往那样稚嫩，也更有社会意识。他们并不是在寻求赎罪，但在战后时期，为了和平的社会利益，他们用自身才干再次奉献社会。战争让我们看到物理学被用于毁灭，但现在是时候有崇高的追求了：创造知识与发现新粒子。和曼哈顿计划一样，这项挑战需要广泛合作，而美国有能力进行。物理学家开始采用更大规模的方式来进行工作，而这也会使科学和社会受益。

1945 年 8 月 16 日，温斯顿·丘吉尔宣称“美国此刻正高踞于世界权力的顶峰”，他向下议院表达野心，“为了世界的公共安全”，想把核武器列为机密。美国筹备了大量军工力量，丘吉尔相信这会给国家带来新的战后责任。他继续道：“让他们履行职责，不仅为他们自己，也为他人，为所有人，然后人类历史将迎来更加光明的一天。”[5]

对像阿尔瓦雷茨这样的年轻物理学家来说，他们的研究工作被战争完全中断了，现在每个人都面临选择：下一步做什么？大多数物理学家回到他们的大学和研究实验室，阿尔瓦雷茨回到伯克利，打算把雷达知识应用于粒子加速器。

他曾参与建造世界上最棒的机器，这点驱动了他的选择。有了美国政府的财政支持，伯克利团队完成了战前就在建造的大型回旋加速器，并做出了一点改变：从埃德温·麦克米伦[6]那里吸收了相位稳定度原理（见第七章）的想法，建造出质子“同步回旋加速器”，使粒子束能量达到了前所未有的350兆电子伏。伯克利团队开始着手寻找新粒子。

首先他们用加速器重新完成了利用宇宙线做出的发现，利用云室与核乳胶的山顶实验富有成效，发现了正电子、μ 子、π 介子，如我们在第四章所见。现在新粒子的证据出现了，与之前发现的粒子有着十分不同的属性，比如电中性的“V”粒子（1947年），衰变后形成的一对轨迹刚好在探测器中呈V字形。1949年，人们发现另一种粒子可以衰变为三个 π 介子，[7]后来它被称为K介子，1952年，一种名为Xi-minus hyperon（“超”是因为比质子要重）的新粒子在宇宙线中被发现。[8]

大自然似乎充满了日常物质中没有发挥作用的粒子，也不清楚它们的意义何在。更糟糕的是，大多数新粒子的寿命似乎比预期要长得多，当然这里的“长”指的是纳秒，这让理论物理学家直挠头。新粒子被称为“奇异粒子”，每种只有少许照片，来自宇宙线的数据远不足以理解这些新粒子，要搞清楚这些神秘粒子，唯一的办法就是在实验室中大量制造它们。

伯克利的新型大型回旋加速器提供了转折点。1949年，操作阿尔瓦雷茨和劳伦斯350兆电子伏加速器的同事发现了一种高海拔云室漏掉的粒子：电中性的 π 介子。[9]这一事件标志着首次使用加速器而非宇宙线发现未知粒子。加速器技术终于达到了前所未有的能量，并且有了更多成熟可靠的机器，物理学家可以向前一步，超越宇宙线实验的成就。粒子加速器提供了弄清粒子与力复杂谜题所需的可控条件，唯一的问题在于，350兆电子伏能量还不够高，尚不足以完全理解整幅图景。

加速器的能量上限十分重要，因为奇异粒子**很重**，质量比之前发现

的 μ 子和 π 介子要大，能量与质量间的等价关系由爱因斯坦的 $E=mc^2$ 给出，物理学家在这点上根深蒂固，我们甚至会用能量单位描述粒子的质量。例如，中性的 π 介子（π^0）质量为 135 兆电子伏，这是其**静止质量**——静止时测量的质量，但以能量的单位来计算。粒子质量和能量的等价关系表明，$E=mc^2$ 给出了质量和能量间的换算比例，这个比例令人惊讶，因为光速 c 是每秒 299792458 米，再平方的话这个数太大了，我都不敢写下来。这个换算比例绝不只是理论上的，有了大型加速器，现在已成为实验事实。

建造加速器达到高能量已不再只是为了发现原子核内的中子和质子，科学家想要的——虽然当时他们不会如此表述——但实际是要从真空、从能量中创造出全新的粒子。一开始这可能有点难理解，基本原理是我们放进高能粒子，这种情况下是质子，然后用它们轰击靶标，原始粒子会消失，所有能量转化为**新**粒子、新物质。原始粒子就这样消失了，在经典理论看来有些反直觉，但量子力学允许其发生。

这样的事当然也有规则：自然界不会让你用任何粒子轰击任何靶标，得到任何你想要的东西，有些特定量必须守恒。粒子消失后与碰撞前，总能量必须相同，用一束粒子轰击靶标时，大部分能量不会用于生成新粒子，而是变成了碎片的动能。还有其他规则支配着这些粒子的相互作用，包括**电荷**守恒、**角动量**守恒（粒子能够绕轴旋转），还有其他量子数，后续会详细说明。现在重要的在于创造奇异粒子，伯克利的物理学家清楚，他们需要比回旋加速器所能提供的能量更高的质子束。

对阿尔瓦雷茨和劳伦斯而言，一个重要的新目标出现了：建造一台足够强大的机器，创造出宇宙线中发现的所有已知粒子，甚至更重的粒子。要实现这点，他们必须建造一种新机器，而不是需要超大磁铁的回旋加速器，350 兆电子伏回旋加速器的磁铁十分庞大，一百人的团队可以坐在铁轭上拍照。他们要建造的加速器由一圈更小的磁铁组成。伯克利团队开始为**质子同步加速器**[10]制定计划，这种环形机器有别于之前的同步回旋加速器，可以达到宇宙线中粒子相同的能量。由于能达到几十亿电子伏，所以机器的名字也很简单：他们称其为“高能质子同步稳相加速器（Bevatron①）”。

有同样理想的不只是伯克利团队，纽约长岛的十一所大学通力合作，建立了布鲁克海文国家实验室，他们自己的大型质子同步加速器已在建设之中。1953 年，他们开启了“高能同步稳相加速器（Cosmotron）”——由 288 块磁铁组成的 23 米长铜色环形，每块磁铁重达 6 吨，富有工业规模的美感。在铜与铁内部有个粒子束管道，质子可以加速到光速的 88%。加速器达到了预定目标 3.3 吉电子伏的能量，成了世界上能量最高的粒子加速器，几乎是伯克利回旋加速器的 10 倍。

伯克利团队也在推进，1954 年，就在 Cosmotron 启动一年后，Bevatron 轰鸣而生，运转良好：一台巨大的发电机上下运动，使混凝土大厅充满长鸣。Bevatron 甚至比 Cosmotron 还要大，长达 41 米，粒子束管道大到据说几乎可以开车通过。阿尔瓦雷茨和他的同事——主要是物理学家洛夫格伦和工程师威廉·布罗贝克，战胜了他们的对手，Bevatron 几乎达到 Cosmotron 能量的 2 倍，产生了 6.2 吉电子伏的质子束，创造了世界纪录。

为何要建造两台加速器，而不只建一台呢？除了两个实验室与研究团队分居东西海岸的地理距离因素，主要原因在于美国政府已下定决心，继续运转战时创立的大型实验室，为更大的科学目标而集中人力财力。他们也支持布鲁克海文这样的新实验室，因为他们相信多个实验室可以促成激烈的竞争。

---

① Bevatron 一词中的 Bev 为 billion electron volts（十亿电子伏）的缩写。

二战时期的技术发展表明，有了充足资源，物理学家与工程师团队可以解决非常困难的理论与技术难题，还展现出了前所未有的规模与复杂性工作的能力，数百位科学家与工程师与数万名其他工作人员，从建筑工人到灭火作业组，一起奔赴人类能设想的最具挑战的目标。他们的工作方式成了其他极富野心的科学计划的蓝本，包括美国（和苏联）的太空计划。从那时起，物理学，尤其是在美国，被赋予了其他学科所没有的地位。

这种对物理学的新支持正赶上美国的大发展时期，经济繁荣，带来了新的消费品、郊区与财富。出生率增加，仅 1946 年就有创纪录的 340 万婴儿出生。政府预算也增加了，投资于洲际铁路、学校、军事行动和像电脑这样的新兴技术，结果使得 20 世纪五六十年代粒子物理学也蓬勃发展，物理学家感到充满信心，重大问题已在力所能及的范围内：在宇宙线中发现的奇异粒子是什么？他们能从中学到什么——关于宇宙、物质、将一切聚合在一起的作用力？已经发现的每种粒子都有对应的反物质吗？万物是否存在某种隐秘的秩序？

实验设备已经超越了大学实验室，成了国家设施，将一大群人团结在一起，共同追求同一个目标，阿尔瓦雷茨和劳伦斯只是众多参与到这场变革的物理学家中的两位。这段时期建造的实验设备聚焦于大型粒子加速器，从 Bevatron 和 Cosmotron 开始，最终使粒子进入新的探测器，产生上百万张需要分析的图像。在物理词典中，就连“实验（experiment）”一词的含义都开始转变。

如我们所见，早期研究人员需要从头建造实验设备，或者最起码也要亲手操作，他们会设计实验来测试或试验自己的想法。到了 20 世纪 50 年代，一项实验需要一台大型机器，由一组人员设计，有专业工程师维护，有专门人员操作，实验结果由一个团队分析，又由另一个团队进行解释，不同小组可以使用相同实验寻找不同的东西，并且加速器、探测器与其他部分都可以在新技术发明与采用时进行微调和升级。很难说清一个实验开始与另一个实验开始的分界线在哪里。

如今，粒子物理学的研究人员已经习惯了大型实验室与国际合作，但并非一直是常态。20世纪中期，技术、政治、科学、个人联系在一起，进入了大科学时代，这给我们带来了粒子物理研究的现代模式，结果导致了粒子发现数量井喷，实验远远超前于理论，人们花了几乎二十年时间才在数学意义上理解了其中隐含的秩序。

坐在满是仪表的控制面板前，加速器的专业操作人员会把Cosmotron（在东海岸）和Bevatron（在西海岸）的能量逐渐调节到最大值，将粒子束对准靶标，产生巨大的稀有粒子源。不久之后，团队就产生与测定出所有已知的宇宙线粒子：π 介子、μ 子、正电子与奇异粒子。现在无须再观察单个粒子事件，小心翼翼地分析宇宙线，加速器可以产生稳定的高能 π 介子束，可以进行细致的分析。1953年，Cosmotron 发射 π 介子进入云室，产生了大量所需的奇异粒子，Bevatron 很快也完成了这点。有了加速器，物理学家终于拥有了宇宙线先驱们梦寐以求的数据比率。

1954年，Bevatron 开始运转，奇异粒子的数量增多了：按照阿尔瓦雷茨的描述，有“质量在500兆电子伏左右[11]的几种带电粒子和一种中性粒子”，还有三种粒子比质子重，分别为中性的 Λ，两种带电的 $\Sigma^{\pm}$，和带负电的 Ξ^{-}。还没来得及解答这些问题，随着更多测量，奇异粒子又增多了。奇异粒子继续涌现，其寿命比预期长了1000亿倍，说它们寿命长当然不是一般意义上的，在衰变前它们只能持续 10^{-10} 秒，比一眨眼还要快100万倍，但理论物理学家预测它们在 10^{-21} 秒内衰变，竟然比这个短了1000亿倍！除此以外，他们预期等量产生的某些粒子也没有出现。

此时物理学家相信，自然界存在四种相互作用，引力与电磁相互作用人们已比较熟悉，但它们无法对原子核范围做出解释，所以科学家们又提出了另外两种相互作用。1934 年，汤川秀树提出了强核力，这种力将质子和中子聚合在原子核里，他的理论预测，一种质量约为电子质量 200 倍的粒子是这种力的**媒介**。起初 μ 子被视为强相互作用的媒介，但它很快被排除了，因为它并未与原子核内的物质按照预期方式相互作用。后来 π 介子似乎更像这种粒子，但仍没有十分确定。被提出的第二种力是**弱**核力，出现在放射性 β 衰变中，恩里克·费米在 1933 年的理论中描述过。奇异粒子在这幅图景中应居于何处还不得而知，是否有可能奇异粒子由强核力产生，但又由于弱核力而衰变了呢？

在密歇根大学，一名 25 岁、名叫唐纳德·格拉泽①的实验物理学家一直在思考奇异粒子问题，甚至在 1950 年，他就发现奇异粒子已经让粒子物理学变得如他所说有些“停滞不前”。[12] 彼时粒子物理领域中每个人都清楚原因何在：他们收集不到足够的数据。没有更多数据，就没有足够信息来搞清楚奇异粒子是什么，与自然界中其他粒子和相互作用是怎样匹配的。格拉泽决定想出个办法改变这一切。

单纯建造大型加速器无法解决奇异粒子的全部谜题，当然，加速器也许可以**产生**更多奇异粒子，但如果无法探测与测量它们，则并无益处。阿尔瓦雷茨和其他人继续建造大型加速器，格拉泽的想法则是建造一台探测器，比目前的云室能够从宇宙线中获取更多数据。

与那时的其他物理学家不同，格拉泽对置身于大型实验室不感兴趣，更喜欢在小型的大学研究组工作，他曾仔细思考过想过什么样的生活。作为运动型的人，他渴望住在山顶的滑雪胜地，白天滑雪，与此同

---

① 唐纳德·格拉泽（Donald Glaser，1926—2013），美国实验物理学家。因发明气泡室而获得 1960 年诺贝尔物理学奖。

时实验仪器收集数据，到了晚间他再仔细检查与发现新粒子。他了解到一些瑞士研究人员几乎过着这样的生活，得到的新领悟虽然缓慢却稳步向前，并且有充足的思考时间。

考虑到新探测器，格拉泽知道他需要找到一种方法，使微小粒子的相互作用得到大幅放大，从而使它们可以被记录下来。他寻找的是一种“元稳态”，少量能量可以引发巨大影响，就像云室使用元稳态的过饱和蒸气使得云滴形成。他最初考虑了云室，但发现布鲁克海文的一个小组建造的高压云室在两次成像间需要花 20 分钟重新设置，他觉得这样不行，因为无法收集足够的数据。格拉泽开始寻找发现粒子的新方法。

格拉泽设想能发现一种液体，粒子从中经过时液体凝固，粒子衰变与相互作用时形成有点像“塑料圣诞树”的东西，他想象能够把塑料树提取出来，测量所有角度，由此发现新粒子。但他试了一种化学溶液后，并没有得到什么圣诞树，混合物倒是变成了一堆棕色的烂泥，倒也不用费心把此事公之于众了，于是他接着转向下一个想法。他又尝试了使用水中的冰晶，但意识到要把冰融化并重新调整需要太长时间。格拉泽尝试了所有能想到的物理、电子、化学的设置方案，但似乎都无法生成适合收集数据的粒子事件可用记录。

1951 年的一天，一个关于高压锅的想法改变了他的命运。在高压锅里，气泡产生以前，水可以加热到沸点（100 ℃），他自问道：“我能否在高压锅里放上一种液体，让其温度充分高于沸点，如果爆炸前把盖子迅速拿开，它是否会由于足够不稳定而对粒子很敏感？”[13]

他尝试了很多种液体，想看看暴露于放射源时它们是否会形成气泡，苏打水的表面张力太大了，不可行，姜汁汽水也好不到哪儿去。有一次，他想到含有少量酒精的液体也许有效果，于是找到一种符合条件的常见液体：啤酒。唯一的问题在于，大学里任何地方都禁酒，他不得不下班后偷偷带啤酒回院系。他把一瓶啤酒放在一烧杯热油里，旁边放上一个钴-60放射源，能放出强烈的γ射线，把啤酒瓶盖打开，等着看看啤酒泡沫是否会由于放射源而有什么不同。他推测啤酒似乎不会受到钴源的影响，却忘了把晚间实验的另一个因素考虑在内，由于加热，热啤酒起泡沫十分迅速，在空气中爆破，直冲天花板。第二天早晨，格拉泽很不走运，必须解释为何整个院系充满了啤酒的味道。他的系主任是个滴酒不沾的人，对此勃然大怒。[14]

格拉泽研究了相关的化学表格，最终碰到了一种叫作乙醚的液体，通常用作麻醉剂。格拉泽做了拇指大小的玻璃泡，把乙醚倒进去。一天凌晨三点左右，他用热油把乙醚加热到过热状态，拿出钴-60放射源，突然放到玻璃泡附近，液体爆发出气泡；他又尝试了一次，出现了同样的现象。他赶快从工程师同事那里借来一台高帧率相机给玻璃泡拍照，并且成功拍到了γ射线穿过微型探测器的照片。他做到了，格拉泽发明了一种新型粒子探测器：气泡室[15]。

格拉泽意识到他的新发明能够以极高比率收集数据，在气泡室里，液体比气体密度大1000倍，因此在气泡室发现粒子穿过的概率比云室高1000倍。他准备了一篇论文，打算在1953年4月美国物理学会会议上展示他的工作。

来到会上，格拉泽感到心烦意乱，因为他发现自己的发言被安排在了最后一天，这一天所有年长和较有名望的物理学家都已离开，去赶飞机回家了。一天晚上，他和一群老物理学家在一起喝酒，连连哀叹自己的窘境，其中就有路易斯·阿尔瓦雷茨。阿尔瓦雷茨说他那天也要离开会议了，不过他对格拉泽的研究很好奇，当他听说了气泡室后，立刻意识到这位年轻物理学家想法的重要意义："为了给即将启用的Bevatron找到一台合适的探测器，我已绞尽脑汁许久，立刻就明确了格拉泽的气泡室恰好符合要求。"[16]

阿尔瓦雷茨让他团队的两个成员留在这里，听格拉泽的报告，他和格拉泽都十分清楚，要想让气泡室在 Bevatron 探测粒子时能派上用场，还必须完成两件事。首先，一项明显的改进就是用液氢替换乙醚，因为氢绝大部分是质子，可以使 Bevatron 里的高能质子与液氢中的质子碰撞；然而氢很容易爆炸，而且液氢温度极低，大约零下 250 ℃，因此操作时要非常小心。第二项挑战是把探测器按比例放大，让高能质子有充分空间与氢相互作用，产生奇异粒子，留下能够拍摄与分析的足够长的轨迹。

格拉泽回到密歇根，他很清楚无法与拥有众多资源和工程师团队的阿尔瓦雷茨竞争。他曾梦想用气泡室观测来自太空的宇宙线，而自己在山顶过着田园牧歌般的生活，现在他意识到了这个梦想的问题所在：气泡轨迹的出现和消失都太过迅速，却没有可靠的方式在恰当的时机触发相机，拍下粒子与宇宙线的相互作用，等到电子器件打开照相机快门时，气泡早就消失得无影无踪了。要想使用气泡室，唯一的办法就是与大型加速器结合在一起，可以预测粒子到达的时间，从而有机会探测到相互作用。

这些年来格拉泽离群索居，避免在大型实验室工作，但现在看来已别无选择。他把学生召集起来，进行了一次艰难的谈话，最终他们达成共识，决定前往大型加速器所在之地。格拉泽制作了一个 15 厘米大小充满丙烷的气泡室，买了一辆 40 英尺的拖车，他和研究生们把所有设备都装在上面，穿越整个国度。他首先把探测器带到了布鲁克海文，在 Cosmotron 上使用。他所用的第一个胶卷只有 36 张照片，在这些图像中，有 30 到 40 个稀有衰变，这在气球飞行和核乳胶中几乎没有被观测到过。他从暗室里出来时，早已聚集了一大群人，他说："好吧，我并不能确定会得到什么成果，但我知道肯定会有收获，如果能成功的话，肯定是重大发现。"[17]

与云室相比，气泡室有更快的循环周期，更高的分辨率，能够适应新型加速器带来的粒子的激增，阿尔瓦雷茨及其团队看到了其潜能，立刻计划为 Bevatron 建造大型氢气气泡室。他们首先重现了格拉泽的成果，随后机械车间的小团队开始建造一系列越来越大的气泡室。玻璃泡可不够结实，他们设计了钢制箱体，还留有玻璃窗用来给气泡拍照。

1958 年，阿尔瓦雷茨在 Bevatron 已经有了一个 15 英寸的气泡室，并且很快说服格拉泽，让他和六个左右研究生来加州。阿尔瓦雷茨刚刚启动了一项计划，建造 72 英寸的大型液氢气泡室，在此之前小型气泡室就已经得到了大量数据。很快最大的挑战随之出现：需要分析得到的数百万张照片。格拉泽的气泡室解决了数据过少的问题，但产生了一项新挑战：从底片中提取有效数据，需要有人一张一张查看照片。

照片被送往全世界的研究小组进行研究。格拉泽有个专门的公文包，里面有个胶片观察器，这样他可以在往来于布鲁克海文、密歇根、芝加哥、伯克利的火车上分析气泡室轨迹。当时这项分析成了专门工作，由训练有素的“扫描员”完成，这个群体几乎都是女性，她们被称作“扫描女孩”，日复一日地分析着粒子轨迹。[18] 最初她们会测量感兴趣的粒子轨迹的长度和弧线，一步一步地徒手记录数据。阿尔瓦雷茨的团队最终发明了半自动的测量机器，扫描员用它们把数据记录在穿孔卡片上，输入早期计算机里。

然而，从工业化数据收集中得到的并不是一幅清晰的图景，而是彻底的困惑。1958 年，阿尔瓦雷茨发现了一种令人困惑的新粒子，称作 Y*（1385），读作“Y 星号 1385”，因其质量大约为 1385 兆电子伏而得名。我把质量描述为“大约”，因为其质量实际上就是不确定的，这是其奥秘的关键部分。事实上，所有粒子的质量都是不确定的，我们能够了解的质量的精度与它们存在的时间有关。要明确的是，这并非由于测量误差，而是物质属性遵循的一条量子力学的重要原理：**海森堡测不准原理**。这条原理表明，粒子寿命越短，我们就越不确定其能量，从而越不确定其质量。阿尔瓦雷茨新发现的 Y* 粒子只存在约 10^{-23} 秒，因此其质量只能是“大约”1385 兆电子伏。阿尔瓦雷茨发现的不仅是一种新粒子，而且是自然世界中最短暂的物理现象：即便以接近光速运动，衰变前它们所走的路程也小于质子的宽度。

Y*（1385）是首个被发现且被称为“**共振态**粒子”的全新类型粒子，后续发现了更多这种粒子。在 Bevatron 的起步阶段，只有大概 30 种已知粒子，但最终有大概 200 种新粒子和共振态粒子被发现，数量太多了，把希腊字母表都用光了。实验物理学家的发现一个接一个，而理论物理学家则构思着他们的创造性变革，试图为新粒子赋予秩序。

奇异粒子首先带路。1956 年，理论物理学家默里·盖尔曼[①][19]（1953 年西岛和彦[②]独立提出）为每种奇异粒子确定了一种新的物理量，它被称为**奇异数**，在**强**相互作用中，奇异数是守恒的：如果有两个粒子产生，一个奇异数是 +1，那么另一个就是 −1，总奇异数守恒。由于观察到奇异粒子总是成对出现，这点似乎说得通。盖尔曼还提出了一个原因，解释为何奇异粒子比预期存在的时间要长：他预测说在弱衰变中奇异数并不守恒，当奇异粒子衰变为非奇异粒子时，衰变无法通过强相互作用（必须遵循奇异数守恒）进行，必须经历一个较慢时段的弱衰变，而它们的衰变是被自然界禁止的，这就解释了奇异粒子相对较长的寿命。

1961 年，默里·盖尔曼和尤瓦尔·内埃曼基于奇异数和电荷数，分别提出了一种分类系统，它通常被称为“八正法”——借鉴了佛教的八正道。使用详细的数学作为理论基础，盖尔曼和内埃曼将大量粒子简

---

① 默里·盖尔曼（Murray Gell-Mann，1929—2019），美国理论物理学家。因提出质子和中子是由 3 个夸克组成的，获得 1969 年诺贝尔物理学奖。

② 西岛和彦（Nishijima Kazuhiko，1926—2009），日本粒子物理学家。

化为有序的几组，创造了一种分类系统。分类的一个方面就是区分粒子的**自旋**——描述粒子绕自身轴向旋转时内禀角动量的量子数。π 介子、K 介子（自旋为 0）构成了一组 8 个**介子**，而 Λ 粒子、质子、中子（自旋 1/2）构成了名为**重子**的八重态的一部分。还有一组包含 10 个重子——十重态（自旋为 -3/2），包含一些更奇特的粒子，比如已观测到的 δ 、Σ 和Ξ，这才到了关键时刻：在十重态里，理论预测应该存在一种尚未发现的名为 Ω− 的粒子，要证实盖尔曼的系统是正确的，只有一种办法。

1964 年，布鲁克海文实验室将 Cosmotron 升级为新型加速器，它被称为交变梯度同步加速器（AGS）[20]，安装了一个 80 英寸的巨大液氢气泡室，以及 400 吨的磁铁。尼古拉斯 · 萨米奥斯领导的团队着手寻找 omega minus，并在那年晚些时候成功发现，这可是新理论的重要胜利，他们正在正确的方向上前进。

这项发现后，盖尔曼分类系统的数学基础让他得到了一个真正惊人的结论：质子、中子、介子（比如 π 介子）与共振态粒子根本不是真正的基本粒子，而是由更小的粒子组成，盖尔曼把这些基本粒子称为“夸克”。[21] 他提出有三种夸克，分别为“上夸克”“下夸克”和“奇异夸克”，上夸克和下夸克组成了质子和中子，而奇异夸克组成了奇异粒子，比如 K 介子、Λ 粒子等等。共振态粒子可以理解为夸克组合在一起的激发态。

工业规模的大科学开始取得成功，没有大科学，我们几乎不可能得出夸克的想法，小团队根本不可能建造与操作如此大型的设备。当然，如此大规模的扩张自身也存在问题：回头来看，甚至很难找出究竟有谁在做出发现时参与其中，或是确定他们的具体职能。扫描女孩的第一手记录资料也几乎没有留存下来。离开这个领域的研究生也没有细致的传记。发现 Ω− 的论文有三十三位作者，还不包含任何一位加速器设计者、工程师、扫描员或理论物理学家——甚至盖尔曼。[22] 结果就是，时至今日我们通常只能听到几位理论物理学家的故事，却没有真正带来共振态粒子发现和 Ω- 发现的实验物理学家、工程师和其他人员。

曾是小科学拥护者的格拉泽被工作模式的巨大转变搞得焦虑不安，在 1959 年因气泡室获得诺贝尔奖后的几年间，格拉泽厌恶了监管扫描员和工程师的大型团队的管理工作，退出了物理学界，转投神经生物学，并创立了第一家生物技术公司——Cetus 公司。[23] 与此同时，阿尔瓦雷茨在 1968 年获得了诺贝尔奖。

像伯克利实验室这样进行的大科学将不同类型的科学家汇聚在一起，既有实力开展雄心勃勃的应用研究，也有能力进行好奇心驱动的物理学研究。阿尔瓦雷茨成了这种研究风格的拥护者，另一位曼哈顿计划的老手——罗伯特·拉思本（鲍勃）·威尔逊也会因此为人所知。和阿尔瓦雷茨一样，威尔逊也曾是欧内斯特·劳伦斯回旋加速器团队的一员，但战后他没有选择伯克利，而是首先前往哈佛大学。威尔逊对曾经研发核武器这一角色并不感到骄傲，他曾在采访中这样说道："我总是希望我们没有成功。"[24] 威尔逊在怀俄明州长大，他的祖辈是贵格会教徒。即便战前他也是个和平主义者，但在经历战争后，他强烈地感到要为和平时期的物理学应用做出贡献。

1946 年，威尔逊有了一个在他看来显而易见的想法，他认为其他很多人肯定也有过这样的想法。同步回旋加速器的质子束能量现在已经足够高，达到了几百兆电子伏，质子束能够到达人体组织，这对直接的医疗应用也许很有吸引力，尤其是癌症治疗。医学界知道他的提议后，才发现之前居然没有人想到这样做。这也许会花费数年时间，但他的想法最终会为创造一种全新类型的癌症治疗方案做好准备，这种使用高能带电粒子的方法被称为粒子疗法。[25]

他需要回答的问题是：高能粒子与人体有怎样的相互作用，以及能否用作癌症治疗？了解到回旋加速器在医药方面产生同位素的成功史，他很清楚欧内斯特·劳伦斯的兄弟——约翰·劳伦斯是想要取得进展而需要联系的正确人选。

20 世纪 50 年代，使用辐射的癌症治疗正成为主流，X 射线（有时是电子）被用作放射疗法，因为**电离辐射**——具有足够能量去除电子而形成离子的辐射——能够杀死癌细胞，这件事已经得到确认。这种治疗的目的在于传递足够剂量以杀死肿瘤，而尽可能少地传到健康的人体组织，但这点很难做到，难是由于粒子束在物质中运作的物理原理，因此威尔逊的想法是个巨大的突破。

当一个高能光子或电子进入含有约 70% 水分的人体组织时，会与原子周围的电子相互作用，很快失去能量。对于辐射剂量，皮肤下会留存不少，体内深处含量偏少。但如果较重的带电粒子进入人体组织或水中，微小的电子不足以使其减速，带电粒子会缓慢失去能量，只偏离路线一点点。质子或其他较重的带电粒子能够进入人体深处，最初减速前几乎不会损失能量，最终停下时会把绝大部分能量（即破坏）带到射程终点。如果画出深度与质子剂量的图像，会遵循一条被称为“布拉格峰”的曲线。[26]

威尔逊意识到就生物学而言，较重粒子的布拉格峰应该更适合治疗体内深处的肿瘤。通过改变质子的初始能量，质子可以停在不同深度，临床医生可以将辐射定位到所需位置。但辐射与物质的物理学是一回事，对人体的生物效应仍需了解清楚。

约翰·劳伦斯与他的同事罗伯特·斯通博士之前研究过应用中子进行治疗，但他们的结果没有定论。1948 年，威尔逊使用带电粒子的想法使他们的同事科尼利厄斯·托拜厄斯用 350 兆电子伏回旋加速器进行了生物实验，检测了质子和氘核对细胞的作用，而且前景良好，1952年氘核和氦离子束首次被应用于人体。1954年，启动Bevatron的那一年，质子束首次被应用于人体。

虽然有了更精确的工具将辐射传入人体深处，但医生仍然无法精准使用粒子束，因为他们只能在无法观察的条件下操作：当时的成像方法无法让他们观测到人体内部深处，因为CT（第一章）还没有被发明。能够看到的靶标是脑下垂体，控制特定激素的释放，因此最初的治疗聚焦于阻止脑下垂体产生引起癌细胞增长的激素。第一个病人是一位患有转移性乳腺癌的女性，通过这种方式被成功治愈。[27]要花费数十年时间，成像技术与加速器技术才结合在一起，创造出一种完全成熟的癌症疗法，但这代表着医学上最为复杂精妙的技术的起点。

现在全球有超过一百个中心提供**粒子疗法**——使用质子或重离子（通常是碳离子），十年前还只有22家，数量以指数方式持续增长。粒子疗法特别适用于深处与很难接触的肿瘤、很困难的儿童病例或重要器官附近的肿瘤。在英国，有个家庭在2016年上了头条新闻，他们反对医生给自己的孩子在布拉格进行质子疗法的建议，而在整个欧洲逃亡，而那时英国的首个质子疗法中心仍在建设之中。

中心设计得非常小心谨慎，病人几乎不知道附近有个粒子加速器。在瑞士的保罗·谢勒研究所，病人的治疗室坐落在木质走廊中，还有日式纸质屏风背光照亮，给人感觉好像太阳光就在墙后面。屏风遮挡住了一米厚的混凝土辐射屏障。治疗时，病人躺在小房间中央的碳纤维床上，床安装于机械定位系统之上。如果不是有个大的白色金属喷嘴在天花板上，你也许还以为外科医生会随时出现，但在这套设备里无须任何人工医生。

对于好奇的病人（或物理学家），幕后参观是被允许的。病人治疗室坚固外表的墙面上有个隐藏把手，可以通向满是大型设备的洞穴空间，里面有着真空泵的声音和电源的嗡嗡声。在洞穴后面有个金属粒子束管穿过混凝土屏障，从附近的加速器引来质子，质子束通过环绕在治疗室周围的磁铁，最终在 200 吨重的磁铁作用下发生偏转，指向需要的位置。其中一个磁铁几乎是一头蓝鲸质量的 2 倍，就在病人的正上方。

被称为旋转机架的整个结构体是可活动的，可以在病人周围环绕，病人躺在诊疗床上时，粒子束可以从任何角度被传递过来，病人感觉不到粒子束正在与身体相互作用。对于质子疗法，几米的回旋加速器只不过是整个系统的一小部分；对于重粒子，则需要直径 20 米左右的同步回旋加速器。

为粒子物理学设计粒子加速器的物理学家也为医院的粒子疗法设计了同步回旋加速器（和一些回旋加速器），癌症治疗与粒子物理学的协同发展由于跨学科合作而成为可能，这一点毫无疑问：这正是劳伦斯（去世于 1958 年）和他的继承者创建平台让知识可以很容易地跨越边界的目的所在。这种新兴的基于团队的大规模科学模式同步革新了我们对粒子物理学的理解，促进了社会利益。

现在的努力是使这项技术设备更小、更便宜与更精准。粒子疗法为物理学家提供了全新的驱动力量，来改进与发明新的加速器技术，这还只是物理学领域向大型合作实验变革过程中产生的诸多惊人的实际应用中的一个。

这种变革不仅出现在美国，而且出现在全世界。欧洲正从二战后恢复，法国物理学家德布罗意率先提出，欧洲科学家应该联合在一起，建造一个多国实验室，如果他们想继续高能物理研究的话，那么此事事关紧要。他们审视了美国正在计划与建造的大型项目，认识到唯一能够留在竞赛中的办法就是集中资源。

游说政府数年后，12 个西欧国家在 1954 年终于批准建立一个新实验室——日内瓦附近的欧洲核子研究组织（CERN）。这里集合了很多几年前还处于战争中的国家的研究人员，包括比利时、丹麦、法国、德国、希腊、意大利、荷兰、挪威、瑞典、瑞士、美国和南斯拉夫。CERN 由一系列来自成员国代表组成的委员会管理，成为做决定与推进重要科学项目的独特结构，鼓励国家之间为了共同目标团结协作。和很多美国实验室不同，有一条写进了公约里，也就是实验室“不会涉及军事需求的工作，实验与理论工作的成果将会公开或普遍使用”。CERN 的职权范围是——而且一直是——为了和平的科学。

与此同时，日本的科研能力被战争引起的贫困以及美国在 1945 年的军事行动摧毁了。美方担忧回旋加速器被用于研发核武器，驻守的美国士兵摧毁了日本的四台回旋加速器，投入了东京港。[28] 直到 1952 年，旧金山和约重建了日本与同盟国间的和平，日本才被允许考虑建造新的回旋加速器。如今，日本在粒子物理学上和粒子疗法上都有世界级的研究。

对 20 世纪 60 年代的物理学家而言，他们的工作在生物学上的应用只是个副产品，其完全实现还在遥远的将来。有了新的基本粒子分类系统，他们终于能够在更基本的层次上理解物质与相互作用。并非所有的新粒子都是基本粒子，有些具有被称为夸克的组成部分，但夸克本身还未被观测到。包含夸克的粒子都通过强核力进行相互作用，但这时的物理学家还尚未解决弱核力如何作用的谜题，他们只知道这第四种力是 β 衰变的原因，而带领我们前往下一段旅程的正是 β 衰变。

第 九 章

巨型探测器：寻找难以捕捉的中微子

在三种基本类型的放射性衰变——α、β、γ 衰变里，有一种与其他截然不同。自 20 世纪初，β 衰变就开始困扰物理学家，因为它似乎违反了一条基本物理定律。β 衰变的谜题需要超过五十年才能解答，这迫使物理学家建造了一系列地下实验设备，搜寻一种理论上的新粒子，专家们却坚信永远无法探测到。这种粒子就是**中微子**，宇宙中数量最多却最难捕捉的粒子。

20 世纪初，实验表明 β 辐射可以产生不同能量的电子，在当时这并没有引起担忧，但随着原子核被揭示，问题开始浮现。当一种元素进行 β 衰变时，它并非没有变化：这种元素在元素周期表里向右移动了一格，这可与原子轨道上丢掉一个电子不同，因为丢掉电子只改变原子的电荷量，并没有改变原子的**种类**。然而，β 衰变却能从原子核内部产生电子。詹姆斯·查德威克和他的同事进行的详细实验表明，β 衰变产生的电子可以是能量的**连续光谱**，能量从最小一直到最大，看起来完全随机，这可是个巨大挑战，β 衰变违反了最根本的物理法则。

原子内部要发生 β 衰变，起初有一个客体，即原子，然后出现两个客体，原子与电子。物理学的重要定律之一——动量守恒定律表明，在这样简单的双体系统里，投射物具有的动能应该是个可预测的特定值。α 和 γ 衰变都很好地遵循这条定律，但在 β 辐射中，能量却是随机而不可预测的。违反如此基本的科学法则意味着要么实验有缺陷，要么测量有错误。尽管进行实验的所有人尽其所能，但都无法根据数据找到解决办法。

对于目前的局面，每位物理学家都有不同的看法。有些人，比如尼尔斯·玻尔，深思熟虑后打算放弃动量守恒定律，或至少偷偷这样做，提议说在原子内部这样的微小尺度下，能量也许只是平均守恒，并非在每次衰变中都守恒。有一位理论物理学家很特别，就是沃尔夫冈·泡利，他无法置这个谜题于不顾。泡利因严苛与理智而远近闻名，这让他有了“上帝之鞭”的绰号。荷兰－美国物理学家彼得·德拜[①]在布鲁塞尔的一次会议上曾建议泡利别再想 β 衰变的问题了，但泡利对此很不高兴，他决定拯救动量守恒定律，想出一种理论上的解决办法，但让他感到震惊的是，情况甚至更糟了。“我做了件可怕的事”，他说，“我假定了一种无法被探测到的粒子。”

1930 年，泡利首次在一封信中向其他物理学家表述了他的想法，他说，也许有一种微小的中性粒子带走了能量。他觉得这实在太荒谬了，告诉收件人他“不敢公之于众”，因此先来找他“亲爱的放射性人士”，询问要找到这样粒子的实验证据有几分可能。泡利十分清楚，问题在于根据预测这些粒子既没有质量也没有电荷量，几乎不可能在实验中被探测到。

恩里克·费米是一位意大利物理学家，因理论和实验上的才能而备

① 彼得·德拜（Peter Debye，1884—1966），美籍荷兰物理学家、化学家。由于在 X 射线衍射和分子偶极矩理论方面的杰出贡献，获得 1936 年诺贝尔化学奖。

受尊敬，他将泡利关于 β 衰变的想法转化为成熟的理论，把新粒子称为**中微子**，或“微小的中性粒子”，将理论递交给《自然》期刊，却遭到拒绝，原因是其“包含的推论与现实相去甚远，无法引起读者的兴趣”。一年以后的曼彻斯特，物理学家鲁道夫·佩尔斯和汉斯·贝特①计算出 β 衰变产生的中微子可以穿过整个地球，而不与物质发生相互作用。事实上，它们可以穿过厚度以光年计的铅板。中微子也许从理论上解决了 β 衰变难题，但如果这种粒子无法被探测到，因此无法得到证实，那么它有什么用呢？多年以来，中微子都或多或少被实验物理学家忽略了。

问题就这样搁置了二十年，终于在 20 世纪 50 年代，一位 33 岁的物理学家决心搜寻难以捕捉的中微子，此人就是来自小城新泽西的弗里德里克·莱因斯②。开始在曼哈顿计划的理论部门工作时，他刚勉强完成了博士工作，战后继续在洛斯阿拉莫斯工作。莱因斯在物理方面的兴趣刚好能让政府派上用场，但和很多其他同行一样，战争把他们的专业知识转向了原子武器领域。莱因斯决定，是时候为物理学做一些更具有根本重要性的工作了，在办公室的数周时间，他脑海里一直回响就是寻找中微子。

他怎样造出中微子源呢？如何探测？如果能造出合适的探测器，也许可以证明中微子的存在。快速的计算表明，即便能够想出办法建造探测器，中微子与其发生相互作用的可能性也极小，因此需要极其庞大的探测器。某种液体效果应该最好，但那时最大的液体探测器大小约一升（那是 1951 年，唐纳德·格拉泽的气泡室刚刚出现，虽然这也无法直接

---

① 汉斯·贝特（Hans Bethe，1906—2005），美籍德国物理学家。他提出了“碳循环”的解释，主要由于这一贡献，他获得了 1967 年诺贝尔物理学奖。

② 弗里德里克·莱因斯（Frederick Reines，1918—1998），美国物理学家。因探测到中微子而获得 1995 年诺贝尔物理学奖。

探测到电中性的中微子）。他怎么可能造出一台探测器，体积比当时最先进的探测器还大上 1000 倍？恩里克·费米也不清楚怎样造出这样一台探测器。[1] 如果连费米都做不到，其他人还怎么可能？这看似根本无解，莱因斯暂时把这个想法抛到了脑后。

不久之后，莱因斯要乘坐的飞机由于引擎故障停飞了，他被迫留在堪萨斯城机场，一位洛斯阿拉莫斯的同事克莱德·考恩也被困在了机场。考恩是一名化学工程师，也是美国空军前队长，战时从事雷达方面的工作。莱因斯风趣外向，而考恩更谨慎，没有那么爱交际，但是个才华横溢的实验主义者。他们两人在机场闲逛聊天，莱因斯提出了寻找中微子的想法，考恩则跃跃欲试，他们二人决定追寻中微子，就是因为所有人都说这是不可能的。他们在洛斯阿拉莫斯的主管同意了他们古怪的建议，就这样，一次新的合作诞生了。

1951 年计划启动时，莱因斯和考恩拍了一张五人核心团队的照片，他们站在楼梯井里，旁边有个硬纸板标识，上面有个手绘的凝视的眼睛图案，以及标语“幽灵捕捉计划”，标识后面有个人令人费解地手握一把大扫帚。他们看起来精神不错，也必须如此：他们提议的实验需要建造一个大罐子，装满过滤好的液体，周围有精密的电子元件，期盼着能够捕捉到一个隐形的粒子。

莱因斯与考恩研究了费米的中微子理论，得知中微子发生相互作用的概率极低，所以他们首先要做的是找到某个东西，能提供尽可能多的中微子。虽然中微子可以在物质中穿行很长的距离，但从统计上来讲，只要数量足够多，通过探测器时某个中微子就有可能偶然与原子核相互作用。他们最初的想法是试图捕捉来自原子弹的中微子，但很快发现核裂变反应堆的新技术提供了一个没那么危险的选项。他们推测，核反应堆产生的超大中微子流平均每秒每平方厘米上会有 10^{13} 个中微子，虽然不如核武器产生的多，但总算是个能在相当长时间里提供中微子的稳定源头。

莱因斯和考恩把注意力聚焦于寻找费米理论预言的反应，其中一个质子捕获一个中微子，变为中子并释放一个正电子[2]，在这个过程里，他们预期可以发现中微子的两段式识别标识。首先，正电子会与电子湮灭，产生 γ 射线闪光，这是个警报信号，中微子已经来到了探测器。识别标识的第二部分来自生成的中子，它会被原子核吸收，大约 5 微秒后放出 γ 射线。“幽灵捕捉计划”真正需要的是一个可以捕捉到相距 5 微秒的两个 γ 射线闪光的系统，他们希望这个识别标识可以把中微子与宇宙线或其他背景噪声区分开。

明确了要寻找什么之后，他们设计了一个探测器。两项最新的技术大显身手。第一个是新发现的某种透明有机液体，γ 射线或带电粒子经过时它会发出可见光，这种“液体闪烁计数器”会产生小闪光，进而被另一种聪明的发明——光电倍增管接收，这些真空管外表上看有点像填满电子元件的长长的灯泡，闪光接触真空管前部时转换为电子（通过第三章讨论的光电效应），然后放大为电子元件可测的足够大的电脉冲。光电倍增管堪称实验的眼睛。[3] 如你所见，这个团队需要化学、电子学以及物理学知识。

团队还设计了一种完全电子化的测量方法，无须再像云室或气泡室那样分析数百万张照片。如果中微子与液体闪烁计数器发生了相互作用，光电倍增管会接收到特定次序的闪光，将它们在示波器上用光点显示出来。[4] 脉冲间的时间间隔即可证实中微子的存在。

电子测量的缺点是它们与实验中所发生的情况差了一步，要想直观理解数据会更困难，因为他们需要观察的是一些光点。探测器中出现的任何 γ 射线闪光都造成一种可能：5 微秒后一道巧合出现的闪光可能会欺骗物理学家，让他们以为发现了中微子。他们必须确保不会出现这种情况，但只有一种办法：移除环境中每种可能的辐射源。现在这项艰苦的工作正式开始了。

莱因斯和考恩的工作环境是个仓库式的房屋，偏僻且没有供暖，卡车不断运来实验组件，填满了房屋，周围成堆的盒子有他们两倍高。团队花了数月时间测试不同的闪烁计数器，测定光电倍增管的反应，以确保电子元件正常工作。缺少供暖成为冬季的挑战，因为闪烁计数器的液体需要维持在 16 ℃以上，才能防止它从透明变得模糊从而毁掉实验。他们为此添加了电加热器，却付不起为自己取暖的费用。

探测器的第一个版本是一个名为 El Monstro 的雏形，证明了技术应该协同应用，他们就造了第二个探测器，绰号为 Herr Auge 或 Mr Eye。他们把探测器扩容成 300 升的圆筒，不再是之前的 1 升，周围有 90 个光电倍增管。

有些辐射源会产生零星的 γ 射线，进入探测器，他们又开始了一项艰巨的任务：排除辐射源。有些辐射源很明确，可以预测：来自核反应堆的中子可以被固体石蜡制成的厚屏障挡住，但由于没有钱可以浪费在从专门的公司定制这些东西，团队就自己动手做屏障，在房屋外把积雪清理干净，亲手铸造每一个屏障，准备运往核反应堆。

其他辐射源更难排除，因为 Herr Auge 可以接收到盖革计数器和其他仪器都接收不到的辐射。结果证明 Herr Auge 是有史以来最棒的 γ 射线探测器，它异常灵敏，他们甚至减少了团队成员的数量，想看看它能否探测到来自人体的辐射。他们发现了一个很容易探测到的计数率，来自秘书和同事的少量放射性钾 -40。[5] 这种灵敏度正是他们需要的，他们由此意识到探测器能帮助建造自身。

建造每个部件前，他们都会将其放到 Herr Auge 那里测量一下辐射水平。黄铜和铝比铁和钢更具有放射性，甚至光电倍增管玻璃里的钾都会给探测器带来背景噪声。还有些放射性元素在探测器的物理结构中被找到，他们不得不剔除并替换掉。他们要费力地清除掉各种情况下产生背景噪声的物质。即便看起来已经很完善，但他们必须确认出每个光子闪光的源头，结果还发现不少。

工作几个月后，他们终于做好了准备，把探测器运送到华盛顿汉福德的一个核反应堆附近，调试好，然后就开始等待。他们很清楚，不会有个“啊哈”时刻，只有单个事件逐渐积累，数据收集足够后才能分析。几个月的时间里，团队人员轮流负责实验，等待着，观测着，他们的系统默默待在厚重的屏障里。

他们重聚在一起，分析数据，有些闪光看起来对应着中微子，这可是个令人激动的结果，但还不具有说服力，因为数据中还存在太多背景噪声，无法宣布这项发现。噪声并非来自人造放射源或探测器中的物质，而是来自宇宙线。他们已经如此努力地减少零星的辐射，但现在需要消除最后这个源头，要让实验仪器免受这种来自太空的辐射，可行办法只有一个：将其搬到地下。

幸运的是，在萨瓦纳河南加州的一个核反应装置的场地有个地下室可用，其所有者也愿意让物理学家在下方 12 米处搭设实验仪器。几个洛斯阿拉莫斯的同事也加入莱因斯和考恩的研究，重新设计与建造探测器。

1955 年晚些时候，“幽灵捕捉计划”正式命名为“萨瓦纳河中微子实验”，设备已扩容为三层的闪烁“三明治”，方形罐重达 10 吨。探测器在反应堆下方，由几层屏障遮挡，电缆会将信号传递到外面的工作室。

莱因斯和考恩在萨瓦纳河做了五个月实验，化学与电子元件进展顺利，剩下的就是细心地逐个闪光收集数据。每个小时只有一到两次，只要有间隔 5 微秒的两次闪光带来的典型的哔哔 – 嘟嘟声，似乎喃喃低语着**中微子**，他们就满怀希望。

他们决心验证这并非偶然，已经没有什么偶然因素了。他们用正电子源测试了探测器，以确保来自正电子的闪光发出了正确的哔哔声，然后测试了中子，以确保它发出了预期的嘟嘟声。他们又把闪烁计数器的液体全倒出来，校准混合物，改变第二次闪光的时间，核对想要的效果，确实如此。他们一直在收集数据，反应堆开着的时候 900 个小时，关闭时 250 个小时。

他们做了最后一次努力，以彻底确认看到的不是反应堆的背景中子，他们从当地锯木厂调来了装满沙袋的卡车，把沙袋浸泡在水里，又把沙袋拖到实验仪器周围，筑起了 4 英尺厚的墙。艰巨的努力提供了足够的额外水制屏障，足以挡住反应堆的中子。就算这样，哔哔－嘟嘟声也未消失，中微子的信号千真万确。

他们的发现时刻来得并不匆忙，而是逐渐积累数据，直到毫不存疑。一切全都吻合后，反应堆开启时出现的中微子信号是关闭时的五倍。在反应堆每秒释放的 10^{14} 个中微子里，他们克服重重阻碍，设计出一套系统，每小时捕捉到一点，对它们的相互作用进行测量。泡利预言中微子无法被探测到的二十五年后，莱因斯和考恩以及他们的团队完成了这项不可能完成的任务。

“很高兴地告诉您，我们真的探测到了中微子。”他们在给泡利的电报中这样写道。泡利还中断了正在参加的 CERN 会议，把这条电报大声朗读，发表了小型的即兴演讲。据说后来泡利和朋友喝光了一整瓶香槟，这也许解释了莱因斯和考恩没有收到他回电的原因，这条回电写道：“一切总会垂青懂得等待之人。”

难以捕捉的中微子终于被发现，动量守恒定律即便在最小尺度依然成立，解释了放射性 β 衰变过程。中微子并非理论假想的产物，而是自然界中实在真切的实体：一种难以捕捉的、中性的、质量极小的粒子，有能力穿越至宇宙最深处而不被阻挡。中微子的发现开启了一个全新的研究领域。

从第一次探测起，关于中微子出现了越来越多的疑问：它们有什么性质？中微子只有一种还是更多？它们是稳定的还是寿命有限？和我们所见的很多实验一样，“幽灵捕捉计划”创造了如雪崩般的问题，并且随着时间推移，绝大多数——并非全部——都已解决。难以捕捉的中微子最终表明它们比之前预想的重要得多，不仅帮我们理解了放射性衰变，还带给我们关于太阳、超新星、物质起源的全新视角。

随时间推移，这一研究领域逐渐增长的重要性与丰富性从诺贝尔委员会的认可上也可见一斑，三次诺贝尔奖都颁发给了中微子物理学，都是在最初的实验很久之后。第一次是1995年颁发给了莱因斯，距离他们发现中微子已经过了几十年（遗憾的是考恩已在十三年前去世），第二次在2002年颁发给了雷·戴维斯①和小柴昌俊②，第三次则是2015年颁发给了梶田隆章③与阿瑟·麦克唐纳④。

最初寻找中微子是受到β衰变之谜的驱动，泡利在1933年提出中微子，就在查德威克发现中子一年后。现在我们可以把这些内容放在一起，对β衰变时原子核内部的情况有更好的理解：一个中子转化为一个质子，改变了元素种类，放出一个电子（平衡电荷数）和一个中微子[6]，中微子带走了反应中的能量，与电子共享总能量，这就是电子能量不可预测的原因。电子和中微子在衰变前都不存在。谜题的碎片开始拼凑在

---

① 雷·戴维斯（Ray Davis，1914—2006），美国物理学家、天文学家。由于对天体物理特别是在中微子探测方面做出了杰出的贡献，与小柴昌俊同获2002年诺贝尔物理学奖。

② 小柴昌俊（Masatoshi Koshiba，1926—2020），日本物理学家。与雷·戴维斯同获2002年诺贝尔物理学奖。

③ 梶田隆章（Takaaki Kajita，1959—　），日本物理学家、天文学家。由于发现中微子振荡，证明了中微子具有质量，与阿瑟·麦克唐纳同获2015年诺贝尔物理学奖。

④ 阿瑟·麦克唐纳（Arthur McDonald，1943—　），加拿大粒子物理学家。与梶田隆章同获2015年诺贝尔物理学奖。

一起。但就在这时，另一个竞争的实验又一次击败了物理学家。

20 世纪 50 年代，中微子首次被探测到，物理学家才开始搞清楚太阳是个原子核熔炉，通过名为“p-p 链”的原子核链式反应产生能量，通过几步将质子转变为氦。[7] 如果有关太阳的理论是正确的，那么大量中微子应该以接近光速飞离太阳，大概 8 分钟后抵达地球。[8]

布鲁克海文的放射化学家雷·戴维斯的实验早于莱因斯和考恩的第一个中微子实验 [illegible]年时间，戴维斯没有寻找闪光，而是检验了另一位理论物理学家布鲁诺·庞蒂科夫 ① 提出的假想，预测中微子与氯原子相互作用，生成放射性氩原子。戴维斯的专业是放射化学，如果有人能找到一些单个的放射性氩原子，那么非他莫属。

戴维斯探测中微子的尝试依靠大桶的干洗流体——一种廉价现成的包含氯的液体，他一开始用了 3800 升，并且逐渐增多。虽然他先开始实验，却错失了率先发现中微子的时机，因为核反应堆与 β 衰变产生的实际上是中微子的反物质——反中微子，这才是考恩与莱因斯探测到的中微子类型，[9] 而戴维斯的实验只能探测到“普通”类型的中微子。虽然在中微子的发现中他被考恩和莱因斯击败了，但戴维斯及时转移了注意力，不再探测来自反应堆的中微子，目标转向了太阳，这一决定十分关键：它将中微子物理学从 β 衰变令人好奇的副产物转变为最前沿的粒子物理学研究。

戴维斯与一位名叫约翰·巴考尔 ② 的年轻物理学家合作，巴考尔完成了困难的计算，预测了太阳产生中微子的速率。1964 年，两位合作

---

① 布鲁诺·庞蒂科夫（Bruno Pontecorvo，1913—1993），意大利物理学家。

② 约翰·巴考尔（John Bahcall，1934—2005），美国天体物理学家。巴考尔最为知名的工作是他对太阳以及中微子天体物理学的研究，他与雷·戴维斯合作设计了第一个太阳中微子测量实验。

者把他们的计划发表了论文。对于捕捉到中微子，他们充满信心，也许一周可以捕捉到 10 个或 20 个，但要做到这点，所需的仪器比目前的版本要大 100 倍——这一展望如此野心勃勃，以至于在得到拨款前就登上了《时代》杂志。

1965 年，他们在南达科他州的霍姆斯特克矿挖掘了一个巨大的洞穴，在里面建造了一个 3.8 万升的大罐，其中装满了干洗流体，这足足用了 10 辆有轨电车。凭借超凡的坚持与细致的化学工作，巨大的努力终于有了回报。他们收集到了一些放射性氩原子，戴维斯可以证明探测到了太阳中微子，唯一的问题在于他只找到了巴考尔预测的中微子数量的三分之一。他们又核对了计算结果，但没有发现错误。戴维斯重返工作，继续收集了几乎二十年数据，谜题也一直留存：来自太阳的中微子很奇怪地少了一些。

太阳中微子难题产生了以下问题：计算出现了错误？还是他们并未理解太阳产生能量的原理？中微子有什么奇特之处？太阳已经停止产生能量，而依赖其输出的我们已处于危险之中？这一受人喜爱的理论最终如下：中微子变成了其他东西，或在太阳和地球之间消失了。中微子如此奇特的运作模式在 1957 年[10]由庞蒂科夫提出，但在相当长时间里都未被认真看待，正是这个问题促使阿瑟·麦克唐纳和约 100 位合作者建立了萨德伯里中微子天文台（SNO）。

麦克唐纳来自加拿大新斯科舍，早先对数学感兴趣，后来学习物理，1969 年在加州理工获得核物理学博士学位。1989 年他辞去了普林斯顿的教授职位，回到加拿大指导 SNO。在他的领导下，SNO 建在安大略一个地下逾 1 英里①的镍矿里，他和 100 位同事一起在 1999 至

① 1 英里约为 1.61 千米。

2006 年进行了这项大型实验。梶田隆章在日本的一个锌矿也主导了名为超级神冈探测器的类似实验，这两个实验使他们共享了 2015 年诺贝尔物理学奖。

SNO 实际上是个巨大的地下洁净室。幸运的是，你可以虚拟参观，免于经历实际参观者或科学家的不便[11]，他们必须洗澡、换衣服，然后通过风淋室，出于实验的敏感性而防止灰尘进入矿区。一旦进入，你会发现里面十分简陋，只不过是把矿的骨架变成了实验室。控制室里有五台电脑显示器放在桌上，旁边有些满是仪器的架子，电缆槽和电缆管线顺着墙铺设，高于头顶。如果不是岩石的话，你可能会几乎忘了这个实验是在地下 2000 米，墙上的标识提醒着科学家实验的危险——“在哪儿都别忘了安全与质量”。参观者可以虚拟行走，从控制室穿过走廊，通过放满机械的房间，然后进入探测器。

它几乎悬浮在空探测器中，你感觉就像走进了一个由内而外的镜面球。从每个角度看都有 9600 根金色的光电倍增管。即使通过电脑屏幕，这个直径 12 米的测地线球体的万花筒式的美也令人叹为观止。一名身穿蓝色工作服、头戴橙色安全帽的男子站在看台上另一边，在周围的实验仪器面前显得很渺小。这次虚拟之旅是在探测器空无一物的情况下进行的，但通常情况下，所有这些黄金探测器都将充当实验的眼睛，向内观察从加拿大反应堆舰队借来的 1000 吨重水，价值惊人的 3 亿加元。

最大胆的想法居然成真了，中微子有三种，每种都可以**振荡**：中微子产生时是一种，比如电子中微子，在初始状态和其他两种中微子——μ 子中微子和 τ 子中微子间振荡。戴维斯的实验只对电子中微子灵敏，因此如果太阳中微子振荡为其他种类，就有三分之二探测不到。与此相关的首个证据来自 1998 年梶田隆章的日本超级神冈探测器[12]，在地下 1000 米处的大罐子里面装有 5 万吨超纯水，还有 1.3 万个光电倍增管搜寻着中微子相互作用产生的闪光。梶田隆章的实验结果支持了这一想法：宇宙线产生的大气层中微子在飞行过程中会从一种类型变为另一种，但这仍然没有解决太阳中微子难题，因为他们观测到的并非来自太阳的中微子。最终在 2001 年 6 月 18 日，麦克唐纳与 SNO 联合宣布，他们使用漂亮的金色探测器证实了太阳中微子振荡，解决了雷・戴维斯几乎在五十年前观测到的太阳中微子遗失之谜。

2015 年斯德哥尔摩诺贝尔奖仪式后，麦克唐纳拜访了使这次成功成为可能的很多机构，其中之一是牛津大学，他和很多同事一起在曼斯菲尔德学院镶木板的餐厅里一同庆祝，虽然我并非中微子物理学家，但有幸参加。在主菜与甜点间隙，麦克唐纳起身说道："日常生活中没有人曾偶遇中微子，一生中也许有一个中微子改变过你的一个原子，而你一无所知。"现在我们知道中微子数量巨大——是宇宙中我们所知最常见的粒子，每秒都有数以百亿计的中微子穿过你的拇指指甲，但它们非常非常难以探测。SNO 是粒子物理学家被迫采取的方法的极端案例，为了理解像中微子这样难以捕捉的粒子。

多亏了麦克唐纳和梶田隆章的实验，我们现在才了解中微子可以随着时间与距离改变类型，这个想法十分奇特。也许我听过的最好的类比来自芝加哥大学[13]的埃米莉・康诺弗，她把中微子比作乘坐马车前往舞会的灰姑娘，出发时她乘坐的确实看起来像马车，但接近王宫时，她的马车变成了飞起的南瓜。以量子力学思考的话，我们可以说马车同时是南瓜和马车，它是什么取决于你从哪条轨迹进行观测。如果灰姑娘搭乘电子中微子，那么存在一种可能，她抵达舞会（或探测器）时发现自己坐的是 μ 子或 τ 子中微子。

从数学上讲，这种振荡需要中微子具有很小的质量，然而我们仍然不清楚哪种中微子最重，也不知道它们的具体质量。其他粒子并不会振荡，这看起来是中微子的独有属性。我们只知道如果将三种中微子质量加在一起，仍然是电子质量的 100 万分之一，但我们不知道它们为何如此之轻。

中微子不会感知到强相互作用或电磁相互作用，它们只能感知弱相互作用与万有引力。从中微子的视角看，物质几乎不存在，只有一些电子在空间中盘旋，这让它们极难被探测到，但同时也让它们成了研究弱相互作用的重要工具，因为避免了电磁相互作用与强相互作用的干扰。这条洞见带来了粒子加速器产生的中微子束（质子束产生 π 介子，然后衰变为 μ 子与中微子），1988 年诺贝尔奖授予了利昂·莱德曼[①]、杰克·施泰因贝格尔[②]与梅尔文·施瓦茨[③]，他们首先证实了电子中微子与 μ 子中微子是不同的（第三种 τ 子中微子，最终于 2000 年在费米实验室的专门实验中被探测到）。

如今我们还知道中微子有其他不同寻常的特性，把它们与所有其他粒子区分开来。比如绝大多数粒子是"左手性"或"右手性"，但中微子不是，所有中微子都是"左手性"，所有反中微子都是"右手性"。粒子的手性表示粒子自旋的方向，以及与粒子运动的方向有关。观察下，如果双手握拳，大拇指指向相同的方向（运动方向），左右手四指弯曲的方向刚好相反，这与粒子的手性类似。

为何中微子没有两种手性，我们并不知道，我们知道的是宇宙中存在很多中微子源。1987 年，很多实验探测到一颗超新星爆发的中微子，催生了中微子天文学这一新领域。在恒星中，光子不停相互作用，被原子吸收又释放，光子从恒星中心运动到表面可以花费 10 万年。与此相对，中微子在宇宙中畅行无阻，使我们能以其他粒子无法做到的方式观测到太阳以及超新星中心。在我们的星系之外，极其高能的粒子在

---

① 利昂·莱德曼（Leon Lederman，1922—2018），美国高能物理学家。

② 杰克·施泰因贝格尔（Jack Steinberger，1921—2020），美籍德国高能物理学家。

③ 梅尔文·施瓦茨（Melvin Schwartz，1932—2006），美国高能物理学家。

太空中产生，很有可能某一天中微子会成为信使，教会我们那些宇宙粒子加速器如何工作，也许还会告诉我们一种可以在地球实验室里模仿的方法。

中微子也在离我们家园很近的地方产生。事实上，β 衰变也在地球内部发生，产生反中微子。[14] 设计来寻找**地球中微子**（除太阳中微子外）的 Borexino 探测器位于意大利格兰萨索的大山深处，100 位来自意大利、美国、德国、俄罗斯、波兰的物理学家正努力搞清楚地球的热量中有多少是辐射热——主要由地球内部的钾 -40、钍 -232、铀 -238 的放射性衰变产生。这对地质学家极其重要，因为热量推动了地球上绝大部分的动态过程，从火山到地震，也促成了一个被称为中微子地球物理学的全新领域。

除去有趣的科学新领域和粒子物理学中迷人的问题，在我动笔写有关“幽灵捕捉计划”及其后继者的内容时，我知道在这点上不得不承认，目前日常生活里还没有中微子的直接应用。尽管如此，对粒子物理学的整体故事而言，它们仍然十分重要，把它们排除在外将是不可原谅的疏忽。

中微子是好奇心驱动研究的典型案例，似乎没有任何实际应用。活泼的电子与物质通过电磁力发生相互作用，中子通过强核力与原子核相互作用，与电子和中子相比，不带电也几乎没有质量的中微子就像一种几乎察觉不到的粒子，几乎不与任何东西相互作用。然而如果我们回顾之前的实验，就会知道一个发现有什么特定用途，并不是十分明显的。

我们目前讨论过的很多实验与它们如今的技术相比都显得很不成熟：同步辐射光源最初看起来没有什么用途，电子也如此，光电效应在数十年间都没有完全应用在日常技术中，粒子加速器也不是为了产生医疗同位素或治疗癌症而发明的。除了做出发现的物理学家，并没有其他人热切期盼着这些发现，有些发现也并非刻意为之。中微子有可能永远不会像电子那样有直接用途，但我们从中获取的知识十分重要，并且难以置信的是，在管道中有一些可能的应用。

在英格兰北部的博尔比矿，一个英美合作项目正在推进一项新实验，它被称为巡夜人（WATCHMAN）（WATer CHerenkov Monitor of ANtineutrinos，水切伦科夫反中微子探测器）。[15] 这个项目使用中微子探测器，通过探测核裂变反应堆产生的中微子流来进行监测。这个项目通过可靠的方式检测反应堆是否遵守核不扩散条约，为全球安全做出了独特的贡献。由于中微子极其难以阻挡，因此想在这样的探测器下隐瞒正在运转的核反应堆，完全是不可能的。

中微子也许能够间接帮助我们实现能量来源转型，从化石燃料和核裂变反应堆转变为**核聚变**反应堆：目前我们最好的月球探测器在未来会有充足、安全、低碳的电力。核聚变反应堆再生的核反应类似于给太阳提供能量的核反应，并且不会有任何潜在“危机”，但让其运转需要我们对核物理知识拥有绝对的信心。这些知识一部分来自雷·戴维斯、超级神冈探测器和 SNO 的中微子实验，实验已经证实我们关于太阳中微子的形成模型是正确的。

在遥远的未来，也许会出现中微子以及我们拥有的相关知识的直接应用。由于它们有能力以接近光速的速度毫无阻碍地穿行巨大的宇宙距离，因此有一天中微子甚至可能成为一种宇宙通信系统。如果在我们已发现的数千颗外行星中，有一颗上生活着先进文明，中微子也许是他们与其他文明交流的方式。这听起来也许更像科幻小说而不像科学，但 2012 年的费米实验室进行了名为 MINERvA 的中微子实验，他们使用质子加速器给一束中微子编码了二进制信息，将其发送，使其穿过半英里岩石到达探测器，并成功解码。[16] 这在地球上也可以派上用场，比如潜水艇穿过水进行交流，而无线电波会被障碍物扭曲。有了中微子，他们不仅可以穿透水进行交流，还能以直线直接穿过地心。

公平来讲，将中微子投入使用还没有准备充分，也许永远不会。我们无法预测未来，但有关中微子，我们可以说的是，为理解中微子做出探索的成果已经以间接但意义深远的方式为我们的生活做出了贡献。我们已然看到 SNO 坐落于加拿大地下深处的实验室，现在已经扩建并重新命名为 SNOLAB，当他们谈及“地下深处”时真是如此，在地下 2100 米，这个实验室比大型强子对撞机深了 20 倍。乘坐电梯 6 分钟下到实验室，气压增长了 20%。截至 2021 年一直担任 SNOLAB 执行理事的奈杰尔·史密斯，把这趟电梯之旅描述为感觉有点像坐飞机下落，而周围全是岩石。

地下实验室不仅服务于粒子物理学家，它的建立还开启了很多其他科学领域的可能性。地球如此深度处是个十分独特的环境，因为实验室里来自宇宙线的背景辐射水平相当低。稳定、清洁的地下场所，还有如此低的辐射水平，使得很多研究项目能够观察低辐射水平对细胞和有机体的影响。没有陆生动物曾在不暴露在宇宙线背景辐射的条件下生存与演化，因此在移除辐射的条件下，这些实验正在帮助生物学家理解其影响。这点十分重要，因为也许可以回答这些问题：辐射是否总是对细胞或有机体有坏处，是否会一直造成伤害，辐射水平是否有个阈值可以无害甚至对生命有益。关于进化是否受到辐射引起的随机突变的影响，这些实验也可以给我们带来更多信息。目前来看，实验结果似乎表明，生命实际上需要较低的辐射水平。[17] 如果进一步实验可以证实这一点，它将不仅对人类以及人类与辐射的相互作用有重大影响，还会对宇宙中其他地方存在生命的理解产生重大影响。没有深层地下实验室，我们无法完成这些研究。

SNOLAB 也刚好是地球上（或地球内？）进行量子计算机实验的最佳地点之一。最新出现的证据表明，退相干时间，也就是量子“比特”

在丢失信息前可以储存信息的时间，可能受到地表自然背景辐射的限制。未来也许需要在地下运行量子计算机，至少目前，这些实验室为这项研发工作提供了少有的空间。

中微子被称作幽灵、信使、太空飞船、一缕空无，它诞生于为拯救一条基本物理定律做出的辩护，随着时间推移，在天文学、宇宙学、地质学，以及我们对物质的最根本理解上，它都带来了丰厚的回报。

中微子现在是粒子物理学标准模型的一部分，但有些属性——左手性、具有质量、改变种类——已经向我们表明，肯定存在超越标准模型的物理学，这必然会产生无穷的问题。中微子为何具有质量？中微子是其自身的反物质吗？中微子与反中微子的运作模式相同吗？如果不同，能否对宇宙中我们见到的物质比反物质多做出解释？中微子虽然极其微小，在宇宙中却比组成星体、星系与我们的物质要多10亿倍，它驱使实验人员与理论物理学家达到更高的高度或技术深度，以揭示其奥秘。讽刺的是，为了拯救一条基本物理定律，中微子现在成了物理学知识缺口最丰富的来源之一，确认了宇宙中还有那么多我们尚未发现的粒子与力。

第 十 章

直线加速器：发现夸克

在英国南海岸，一连串巨大的混凝土圆盘面朝大海，最大一个的外壁有 200 英尺。从远处望去，它们看起来很像卫星或无线电设备，但它们早于这些技术。这些精心塑造的建筑建于 1915 至 1930 年间，是声反射镜——当敌人的飞机靠近海岸时，可以提供早期警报的系统。这个想法十分巧妙，利用大型抛物面圆盘反射声波至焦点，操作人员可以听到飞机螺旋桨的噪声。然而它们却没有起到什么作用，因为不久之后一项新技术就把它们淘汰了。

20 世纪 20 年代末，无线电发射器和接收器开始成为主流，1935 年，英国物理学家罗伯特 · 沃森 – 瓦特①发明了一个系统，可以反射像轮船或飞机这样远处移动物体发出的短波无线电信号[1]，用天线探测反射波以确定物体位置。他把这个系统称为“无线电探测”或**雷达**。1939 年第二次世界大战爆发，英国南海岸和东海岸建立了一系列雷达站。

与声反射镜相比，雷达有着巨大的优势，但要发挥其全部潜能，系

① 罗伯特 · 沃森 – 瓦特（Robert Watson-Watt，1892—1973），英国物理学家、雷达技术专家。1935 年，他成功研制出一个实用雷达系统。这个系统协助英国在二战中抵御了纳粹德国的攻击。

统还有三点需要重要改进。第一，它需要使用更短的波长才能探测到像德国 U-boats 这样的小物体，这些经常击沉轮船的潜水艇如果露出水面的话，原则上可以被雷达探测到。第二，系统还需要更强力的无线电发射器，以达到更远区域。第三，雷达系统需要安装在战斗机上，因此要比现存的系统更轻便小巧。在战时应用雷达的驱动力带来了技术的巨大进步，从无线电通信到癌症治疗。与此同时，雷达技术的改进也会被物理学家完善，以便产生最具挑战的发现之一：夸克。

在加州海岸，斯坦福大学物理系研究生拉塞尔·瓦里安[①]和他的弟弟——飞行员西格德·瓦里安生活在名为“翠鸟”的社会主义 - 神智学社区，研究自己关于雷达技术的想法。他们试图在社区里建立实验室，但由于孤立无援而不是很成功。1937 年，兄弟俩决定，如果可以和拉塞尔研究生时期的前室友比尔·汉森合作的话，应该会很有帮助，汉森是斯坦福大学无线电发射技术的专家。他们与大学达成协议，大学不会付给他们工资，但提供 100 美元预算，如果这个项目有任何发明利润，大学都会拿走 50% 股份。

汉森在加州长大，很小就对机械和电子玩具感兴趣。他是个明星一样的学生，尤其在数学上，14 岁高中毕业，两年后进入斯坦福大学，起初学习工程学，随后学习实验物理学，研究生时期研究原子物理，遇见了研究生同学拉塞尔·瓦里安，拉塞尔经常由于阅读障碍而被人低估。那时汉森的兴趣没有完全集中于产生无线电波，他想造一台电子的粒子加速器。

汉森的想法是，设计一个适当尺寸的金属空腔，电磁波可以在里面发生共振，然后向里面发射电子束，用电磁波在其中振荡，加速电子

① 拉塞尔·瓦里安（Russell Varian，1898—1959），美国物理学家。

束。他把这个装置命名为**空腔谐振器**，因为电磁波来回弹射。然而和那些研究雷达的先驱一样，他也遇到了相似的问题：要让装置工作，他需要一种波长比现有任何一种电源都短的射频电源。

汉森和瓦里安兄弟花了 12 个月时间，发明了一种名为**速调管**的装置。按照汉森的设想，在这个易拉罐大小的圆柱体装置里，给穿过一系列空腔的电子束施加低功率无线电信号。这个装置本身不会加速电子，空腔和通过的电子组合在一起，产生共振，发出电磁波。结果是微小的输入信号被电子束能量放大，产生 GHz（吉赫）频率范围的高功率微波。“微波”这个反直觉的名字并不表示波长很短，事实上波长大概 10 厘米，是我们眼睛能感知到的可见光波长的 20 万倍，之所以取这个名字，是因为产生的波长比熟悉的无线电波要短，波长短表明速调管本身小而轻，只有几千克重。

速调管还不足以用作雷达，但代表了向前的一大步——第一个在微波范围工作并且运转高效稳定的装置。[2] 至少是他们所知的首个装置，因为他们还不知道英国的同期发明。

1940 年 9 月 12 日，包括约翰·考克饶夫在内一行六人的绝密代表团抵达华盛顿，带有被美国历史学家称为“带到我们岸上最有价值的货物”。[3] 他们带来了一个铁皮箱，里面装有一个小型铜制装置，还有一系列文件，概述了一些其他的英国发明。美国此时仍是一片中立领土，英国的计划 [4] 仅仅是用这些机密换取发展和生产资源。

铁皮箱里的装置由伯明翰大学物理学家约翰·兰德尔 [①] 和哈里·布特于 1939 年发明，名为**空腔磁控管** [5]，是个铜制圆柱体，有个很大的中心孔，周围有很多像花瓣一样的小孔。在磁场作用下，电子在中心孔内环绕，通过“花瓣”或空腔时发生共振，产生电磁波。装置越小，产

① 约翰·兰德尔（John Randall，1905—1984），英国生物物理学家。

生的电磁波频率越高：这个装置的频率为 3 吉赫，和速调管频率接近。

空腔磁控管和速调管都可以产生高频脉冲，比现行雷达系统的波长小很多，使得雷达可以探测到更小的物体，使用更小的天线，它们的体积和质量也比较小。与速调管不同，空腔磁控管能够以前所未有的功率级产生脉冲，用于定位几英里外的飞机。英国认识到空腔磁控管的前景，因此一直将其视为机密，但他们欠缺制造能力，无法大规模研发技术。随着德国轰炸加剧，英国政府决定与美国共享技术，并寻求帮助。

美国起初不愿加入，但最终他们共享了自己雷达研发的原型，他们也承认走到了死胡同，需要更大的发射功率。约翰·考克饶夫和同事展示了空腔磁控管，很快提供了解决办法：其输出功率比速调管高了 1000 倍。结果美国政府拨款给麻省理工学院的物理学家，秘密创建了拉德实验室[6]，整合了所需的理论与部件进行高频雷达工作——全都应用了空腔磁控管技术。当时唯一有高频技术经验的人就是加速器科学家，因此他们被雇用进行这项工作，把空腔磁控管推进到越来越高的输出功率。比尔·汉森定期访问麻省理工学院，给物理学家讲学。在巅峰时期，拉德实验室雇用了 4000 人，设计的雷达系统占据了战时的半壁江山。

企业开始大规模生产空腔磁控管，麻省理工学院选择了当地电子公司雷神帮忙研发。很快像通用电气、西屋这样的公司也加入生产，也有像利顿工业公司这样小一些的公司，这是一家位于旧金山外工业地区的公司，曾帮助瓦里安兄弟制作他们的第一个速调管。

1945 年，雷神公司每天为国防部生产 17 个空腔磁控管，其中一位工程师珀西·斯宾塞注意到，当他站在空腔磁控管前面时，口袋里的巧克力棒熔化了。他决定用空腔磁控管来烹饪，首先是爆米花——非常成功，然后是其他食物，他发现把它们放在金属盒里加热十分迅速。雷神公司为第一台微波炉和其商业型号——Radarange，注册了专利，它有 8 英寸高，售价 5000 美元。后来，更小、更便宜的微波炉成了如今家喻户晓的家用电器。这是个意想不到的副产品，但可不止这一个。

《周六晚间邮报》[7] 1942 年 2 月 8 日的一篇文章说道："速调管束比发明者设想的还要惊人。"文章热烈讨论了电话工程师使用速调管产生的电磁波在全国同时传输 60 万个通话，电视工程师也将其应用于成像。军事应用不仅限于探测敌军飞机或船只："从班机向下发射，速调管束告知飞行员距离地面多高；向前发射，可以警示隐秘的山体，使飞行员及时改变航线。"

速调管得到斯佩里陀螺仪公司的许可，进行商业应用与包括雷达在内的军事应用，拉塞尔·瓦里安和西格德·瓦里安临时前往长岛执行保密计划。1948 年，瓦里安兄弟意识到电视广播与通信上的商业潜力，于是他们离开斯佩里陀螺仪公司，回到加州创办瓦里安联合公司[8]，为迅速增长的市场生产速调管。

英国军方是用于雷达的空腔磁控管的主要用户，1953 年，他们决定制作一份报告，给欧洲和美国不同生产商的品质做个排名。让通用电气、雷神和西屋感到震惊的是，利顿工业公司居然排名榜首。这些大公司很想知道：这个小公司是怎么超过他们的？利顿开始为雷达系统制造空腔磁控管，是因为他们拥有制造真空管的实际经验，但其他几家公司也有。他们的优势来自哪里？另一种联系给了他们超越大公司的优势：是比尔·汉森，速调管，以及他建造粒子加速器的动力。

没有与利顿工业公司的合作，斯坦福小组不可能造出第一个速调管，利顿给斯坦福小组提供零部件，讨论他们的生产流程。例如，从这些经验里利顿了解到在制造稳定、高功率设备时高真空的重要性。他们了解到要建立品控流程，确保仪器维持高真空，在生产中所有零部件都要保持清洁。开始制造空腔磁控管时，正是这个行业秘密给他们带来了成功。

有了利顿和瓦里安引路，其他高科技公司也开始在斯坦福工业园发展。瓦里安和他们新的本土竞争对手吸引了想要在高精尖技术领域工作的人才。随着十年起步时间，瓦里安联合公司占据了几座大楼，雇用了1300多人，每年销售额达2000万美元。[9]数千人汇集到这一领域，在逐步发展的微波与真空管公司工作，或碰碰运气创办自己的公司，售卖专门材料、高精度机械或其他设备。有个地方最初十分落后，现在却成了全世界最出名的技术中心：硅谷。

硅谷的发展在技术史上是个复杂的故事，但这些公司在这个区域建立的基础工业设施使其成为可能。专注于高科技技术使这里成为一片沃土，半导体工业在20世纪50年代末与60年代发展壮大。[10]沿着斯坦福大学的路继续走下去，还会诞生这个世纪最大的物理学发现之一。

和很多物理学家一样，汉森的工作被战争中断了，他为物理学研究建造一台粒子加速器的梦想被搁置一旁。高功率空腔磁控管与速调管的设计在战后解密，突然间全球的加速器科学家都拥有了这项技术，工业化而且低成本，可以将粒子加速器推进至下一个级别。汉森重拾他最初的想法——建造一台电子加速器，他意识到空腔磁控管和速调管——**射频电源**——可以为新型加速器提供能源，这就可以完全实现维德罗20世纪20年代的设想：直线加速器。

与考克饶夫和瓦尔顿时期那样施加高电压不同，汉森计划让粒子通过射频空腔而获得能量，他把系统设计为一系列精准制造的铜制空腔，中间有个小孔让电子束穿过。这就是加速空腔，由速调管供电，产生电磁波——这样选择的部分原因在于这是他的共同发明。在加速空腔里，这些电磁波以某种模式振荡，电场给粒子向前的推力使其加速。他知道，如果可以重新设计速调管，输出足够高的射频功率，向前的推力与粒子穿过加速空腔时获得的能量将会很大。直线加速器现在已有可能变得小巧高效，多亏了新的射频电源。

汉森在斯坦福召集了一个团队，其中包括埃德·金兹顿与马文·乔多罗，1947年他们造出了第一台6兆电子伏加速器。在给资助机构的报告中只有四个词：We have accelerated electrons（我们加速了电子）。直线加速器（LINAC）比现存的加速器更加小巧轻便。不久前，路易斯·阿尔瓦雷茨在伯克利带领的团队建造了一台频率低一些的质子加速器，自豪地拍了一张团队照片，大约30人排好队，坐在了他们（相对庞大）的机器上。汉森看到了这张照片，找来三个研究生，他们人挨人站在一起，用一只手拿着他们的新型高频电子加速器，长度不足两米：小巧，轻便，高效，这才是未来的方向。汉森和其他人的研究参与了双向革新流动：物理学家发明新仪器——空腔磁控管和速调管——在雷达上得到了大规模实际应用，这些仪器的工业化又帮助物理学家实现了自己在实验上的抱负。

汉森梦想有一台更大的机器：一台10亿伏电子加速器，用于探索原子核内部的力。与此同时Cosmotron和Bevatron正在计划之中，要建造大型加速器的动力已经达到狂热地步。汉森招募了大约30名研究生和35位技术人员，为大型机器而工作。他们建造了一系列样机，从最初的Mark Ⅰ（6兆电子伏）开始，然后是Mark Ⅱ，1949年达到了33兆电子伏。但遗憾的是，汉森没有机会看到计划完成，他的身体健康状况由于慢性肺病而急转直下，最终在1949年离世，就在Mark Ⅱ开始运转前。这让每个人都深感震惊，不仅是他的团队，就像金兹顿所说：“没有他，10亿伏机器怎样完成，还未曾可知。”[11]

20世纪50年代的理论发展使物理学家更深刻地理解了粒子间的相互作用与基本相互作用，所有这些革新都发生于此前。在第八章里，我们已经看到大型实验室怎样形成，怎样来建造大型质子同步回旋加速器，产生并研究π介子与奇异粒子。在那段时期，新的LINAC技术一直为电子而研发，最初看起来与理解强相互作用和发现新粒子毫无关联。然而一切都将改变。

默里·盖尔曼将一长串粒子用八重态排列好后，有一点变得十分明确：奇异粒子更像质子和中子，而不是电子和光子。要真正理解奇异粒子，很有必要先理解强核力。一种办法是用大型质子同步辐射回旋加速器，但问题在于质子本身也通过强核力发生相互作用，几乎无法从质子的强相互作用中把奇异粒子的强相互作用分离出来。

1956 年 4 月 10 日，大约 20 位斯坦福物理学家与工程师被召集到德国－美国物理学家潘诺夫斯基在洛斯阿图斯山的房子，讨论的就是这个关键点。来的时候就被告知，他们是一项没有资金的无名技术的志愿者，这个尚未批准的实验的前景激起了他们的好奇，因此他们无论如何都留了下来。用电子探索质子和中子强核力的属性，这个想法的出现确切来说是因为电子通过电磁力发生相互作用，而不是强核力：他们可以把电子用作探测仪，更好地了解强核力。

人们对电子已经有了比较充分的了解，这点很有帮助。20 世纪 50 年代，理查德·费曼创立了**量子电动力学**（QED）的理论框架，能够基于一套使计算容易处理的方法计算粒子的相互作用，这个方法对光子、电子、μ 子、它们的反粒子，甚至中微子都适用。物理学家指出，如果造出电子加速器，轰击充满质子和中子的材料，他们可以将（用 QED）能计算的相互作用的数据与不能计算的区分开，这样也许就能分离出他们感兴趣的强相互作用。他们计算了所需的能量，结果比汉森的 1 吉电子伏梦想高了 20 倍，[12] 只有一项技术可以提供他们想要的电子束，他们已在为此努力：就是 LINAC。

在 LINAC 里，电子束不会弯曲，因此电子不会因同步辐射（见第七章）而损失能量。产生足够的数据需要尽可能多的电子，LINAC 使这样高强度的电子束成为可能，因为在下一批粒子启程前无须等待这一批粒子的加速。机器可以使用直线加速的持续粒子流，它需要强力射频源——速调管——且一个足够长的加速器才有可能起作用。幸亏这项技术自从汉森的首台 5 兆电子伏版本后继续变得成熟，在 1953 年达到 400 兆电子伏，当时洛斯阿图斯会议提出了 20 吉电子伏的目标，Mark Ⅲ加速器已经逼近最初的 1 吉电子伏目标。

雄心勃勃的新计划需要个名字，当然，考虑到加速器庞大的尺寸，大约 2 英里长，最终取名“M 计划”，严格来讲，“M”并没有明确界定，一般来说物理学家回忆起来都会说 M 表示 monster（怪兽），适合这个斯坦福大学最大的计划。第二年在一系列周会的讨论下，他们敲定了主意，要把 20 吉电子伏直线加速器建在门罗公园的斯坦福校园。他们概述了一份 100 页的文档，向三个联邦机构提交了 1 亿 1400 万美元的经费请求。

埃德·金兹顿是汉森的老同事，他们一同创立了瓦里安公司，在汉森离世后他接管了领导职位，带领团队进行设计。五年时间里，团队克服了一系列复杂冗长的政治阻碍，直到 1961 年终于有了资金，斯坦福直线加速器（SLAC）终于可以启动了。斯坦福大学仍然主导这个项目，但也对来自任何地方的科学家开放，大学捐赠了土地，能源部承担加速器的全部费用，现在终于万事俱备：合适的人选，合适的技术，合适的地点，团结在一起为了共同的目标。

从 1957 年公布设计，到 1966 年电子束启动，理论取得了进一步发展，给 SLAC 实验项目带来了强大的驱动力。1964 年，盖尔曼和茨威格提出了八重态升级后的更为精巧的夸克模型。质子、中子、π 介子、K 介子和其他重粒子并非基本粒子，而是由三种夸克组成——上夸克、下夸克、奇异夸克，每种都具有特定的自旋与电荷量。[13] 理论有个非常令人担忧的结论：夸克的电荷并非整数，而是分数。

自然界中只发现过元电荷的整数倍，这些新粒子怎么可能具有

+2/3 或 −1/3 元电荷？就连盖尔曼也不确定夸克是否为真实实体，或只是个巧妙的刚好奏效的数学技巧。如果这些奇特的非整数电荷夸克真是原子的基本构件，如果原子核的质子和中子内部真存在夸克，那么应该可以创造它们，并测定其性质。寻找夸克成了下一个重要的实验挑战。

CERN 的实验人员很快认识到，带有 1/3 与 2/3 电荷的粒子应该会在气泡室留下独特的轨迹，有可能在早期实验中被遗漏了。两个小组从之前实验中搜寻了 10 万张气泡室照片，但没有找到分数电荷粒子的证据。随后他们使用质子同步回旋加速器和气泡室，但依然一无所获。夸克的质量要么已大到超出他们力所能及的范围，要么根本不存在。否则就是还有其他过程在进行。

拥有大型质子加速器的实验室无法通过直接分裂质子或中子把夸克释放出来，他们必须想出另一种办法来确定夸克是否存在，但怎样做呢？碰巧的是，SLAC 的新设备提供了完成工作的合适条件。

20 吉电子伏加速器诞生于 1966 年，来自斯坦福与其他地方的几千人参与其中，寻找夸克是头等大事。麻省理工学院和 SLAC 项目形成合作关系，人员包括亨利 · 肯德尔[①]、理查德 · 泰勒[②]、杰罗姆 · 弗里德曼[③],SLAC 由肯德尔和泰勒领导。肯德尔是一位来自波士顿、爱好户外运动的物理学家。泰勒因其机敏与幽默闻名，出生于加拿大艾伯塔。弗里德曼是麻省理工学院的参与者，来自芝加哥，是犹太 – 俄罗斯移民的儿子，很有艺术才华，弗里德曼会来到加州与肯德尔和泰勒会面。

他们对实验的想法让人回忆起我们曾见过的景象，盖革和马斯登用

① 亨利 · 肯德尔（Henry Kendall，1926—1999），美国高能物理学家。他和泰勒、弗里德曼对夸克模型理论的发展做出了重要贡献，三人同获 1990 年诺贝尔物理学奖。

② 理查德 · 泰勒（Richard Taylor，1929—2018），加拿大高能物理学家。

③ 杰罗姆 · 弗里德曼（Jerome Friedman，1930— ），美国高能物理学家。

金箔将 α 粒子弹回，发现原子具有原子核。为了搞清楚质子和中子是否也具有内部结构，20 世纪 60 年代末的夸克猎手决定使用几乎相同的方法。20 吉电子伏的电子具有足够能量穿透进入质子和中子内部，如果存在夸克，电子应该由于撞击而散射，散射角度与能量可以用来重建与它们相互作用的粒子。[14]

如果现在沿 280 号州际公路驾车，穿行于旧金山和圣何塞间，刚好在 2 英里长加速器上方。建设之时，容纳加速器的管道是美国最长的建筑。[15] 内部是速调管厅，充满了汉森和瓦里安兄弟发明的高功率射电设备，产生的电能被输送到下方几米构成电子直线加速器的精密加工铜制空腔。电子在其中踏浪而行，最终达到 20 吉电子伏 [16]，以 99.9999999% 光速运动。

20 世纪 60 年代末，夸克猎手们一切准备就绪，在加速器末端，电子束偏转，分成三束进入两个实验大厅，撞击——或更准确地说是被充满质子的液氢靶标散射，散射电子通过一个名为磁谱仪的装置，使电子在磁场中发生偏转，以测量其能量。磁谱仪是当时最大的科学仪器，有 50 米长、3000 吨重，可以装在轨道上移动，能围绕靶标旋转，在不同角度进行测量。

1967 年，肯德尔、泰勒、弗里德曼使用一个大磁谱仪和两个小磁谱仪开始实验，他们期望发现什么呢？尽管他们的目标是发现夸克，但当时绝大多数物理学家认为夸克并非真正的实体，质子和中子具有柔软的内部结构。他们的预期是当磁谱仪的角度增大时，散射的电子会减少，与此不符的任何偏差可以表明内部存在夸克，或其他什么。实验收集数据后建立了概率分布，团队仔细研究实验结果，尝试做出解释。

在预期和实验结果之间出现了大约千分之一的偏差。[17] 一开始并未明确这就是夸克的证据，但似乎可以证明质子内部有某种结构，包括理查德·费曼和詹姆斯·比约肯在内的理论物理学家发明了部分子

（partons）一词来描述这些实体。此刻让人想起了早先的金箔实验，只不过这次的结果穿透到物质核心更深处：质子并非基本粒子，证据似乎表明内部的部分子——推测的一种粒子——是点状的，粒子是“点状”的是什么意思？就像电子，这意味着这种粒子太小了，其大小无法测量。就如杰罗姆·弗里德曼后来回忆的那样：“这种观点非常奇特，与当时的观点截然不同，我们都不愿公开讨论这件事。”[18]

此后几年，弗里德曼、肯德尔、泰勒继续收集磁谱仪不同角度的数据，用液氘靶标进行了第二轮实验，收集中子的对比数据。[19]有了足够的证据，他们开始对实验结果感到自信：部分子真的是夸克，形成质子和中子结构的点状成分。现在我们可以说质子由三种夸克组成，两个上夸克和一个下夸克，中子则是一上两下。谜题的最后一块就是证实夸克具有分数电荷，通过将电子的散射与 CERN 使用（电中性）中微子的类似数据进行比较，他们完成了这点，物理学家得到了这些相互作用过程中的电荷量。夸克真的具有分数电荷。

进一步数据分析所揭示的质子与中子的信息比内部具有夸克还要微妙，每个质子或中子具有大致相等的夸克，还有中性的胶子——无质量的粒子，现在被理解为强核力的载体，将夸克“粘”在一起，就像光子传递电磁力。质子和中子里的三种主要夸克被称为**价夸克**，周围是一片夸克－反夸克对的“海”，也出现于低能量散射的数据。只有将**海夸克**——上夸克、下夸克、奇异夸克－反夸克对，以及价夸克都包含进来，才能充分理解质子和中子的质量与相互作用。

20 世纪 70 年代，物理学家开始理解，将夸克聚合在一起的强核力具有非同寻常的性质，它在短程相对较弱，在长程极强，有点像橡皮筋把夸克聚合在一起。当夸克彼此很近时，可以相对自由地移动，但试图拉开时，强核力就会反抗，这个属性被称为**禁闭**。这将夸克困在质子和中子内部，如果试图将它们拉开的话，投入的能量会产生一个新的夸克－反夸克对，奇特的结果就是在自然界中无法观测到单个夸克。这就是肯德尔、泰勒、弗里德曼取得成功而其他人则不然的原因：他们找到了一种方式，可以观测质子和中子内部禁闭状态的夸克。

强核力也负责以一种微妙的方式将原子核内部的中子和质子聚合在一起，在这更长的距离上，它经常被称作**残余强核力**。夸克间相互作用的具体内容最终由被称为**量子色动力学**（QCD）的理论详细描述，我们可以借此理解原子核是如何聚合的。

QCD 认为夸克具有一种叫作**色荷**的荷（类比电荷），有三种，叫作红、绿、蓝，但与通常意义上的颜色不具有任何相似之处。反夸克的“色”为反红、反绿和反蓝，夸克结合成粒子时整体必须为“无色”。蓝、红、绿组合在一起为无色，因此如果质子内部的夸克为蓝、红、绿，那么这种粒子就是“被允许”的。π 介子由一个夸克和一个反夸克组成，上夸克和下夸克均可，蓝与反蓝、红与反红或绿与反绿。

原子核内的质子和中子整体上无色，但内部夸克会有一些强核力的残余作用，以某种方式不可思议地将它们聚合在一起。诚然，这点看起来像个次要细节，但并非不重要：没有残余强核力，原子核不可能稳定，我们所知的物质也不会存在。

所有这一切需要花些时间确认，但弗里德曼、肯德尔、泰勒的实验后，已经足够清楚的是，夸克真实存在。[20] 质子和中子作为原子基础构件的日子一去不复返。

夸克的发现因直线加速器而得以实现，直线加速器本身需要速调管和磁控管，制造用来提供高功率雷达技术，汉森和瓦里安兄弟从未预料到他们研究的最终成果。基础科学与应用科学、工业与发现之间的内在联系通常是科学家和企业家讲述的分割的故事，我们从物理学家那里听到发现的故事，从企业家那里听到革新与商业成功的故事，却忘记和二者之间的合作关系，这种结合产生了无法预料的结果，夸克也并非这个故事的结束。

上次我们谈到瓦里安兄弟时，他们刚在未来要成为硅谷的地方创办公司，很快会在物理学界以外销售电子直线加速器的应用，这些机器会给医学界、安全部门、工业带来重大转变。如今瓦里安的名字几乎等同于直线加速器技术，最有可能遇到的产品——1/8 的人一生中会用到——就是放射疗法直线加速器。

1954 年，一位名叫亨利・卡普兰的医师听说了斯坦福加速器的发展，来到斯坦福，希望制造一种设备治疗癌症。[21] 卡普兰和金兹顿共进午餐，他们充满热情的合作导致了美国第一台临床直线加速器的研发。这台 6 兆电子伏的电子机器于 1956 年在斯坦福首次使用，成功治疗了一名 2 岁男童的眼部肿瘤，他离开时没有了肿瘤，而且视力完好。卡普兰立刻开始对放射科医生进行这种新型疗法的培训，医院里加速器的需求开始增长。

卡普兰和金兹顿说服瓦里安联合公司生产一台临床加速器，他们将 6 兆电子伏机器缩小，直到小到能够在病人周围旋转 360 度，让医生可以从任何角度治疗病人。从此开始，X 射线放射疗法成了可选择的治疗方法，直线加速器是其传输方法，当时质子和更重的粒子已进入临床应用，这种放射疗法已经成为黄金标准（见第八章）。[22]

如今大约半数的癌症病例在条件允许的情况下接受放射疗法治疗（起于使用手术与化疗），电子与 X 射线的使用远比质子和离子普遍，部分原因在于它们更小也更廉价。现代临床直线加速器放在医院地下室，有个几米厚混凝土墙壁的辐射屏蔽间。对病人而言，这套系统看起来与第九章描述的质子治疗中心几乎相同，不过这次所有仪器都可以放在治疗室里。治疗室中央有一张床，病人躺在上面，上面是个几米长的粒子加速器，将电子加速至 25 兆电子伏，然后将它们导向金属靶标，电子在金属内减速时放出 X 射线，就像第一章中我们遇到的阴极射线管。放射疗法依赖于这些 X 射线，用精妙的**准直系统**使它们成形，吸收 X 射线，根据治疗方案产生阴影图形。一旦塑性合适，就把 X 射线导向病人。

所有电力供应、真空系统、电子元件都安装在机器背后的控制板后面，打开后能看到速调管和导波管，给设备中心用于加速的空腔结构提供射频能量。包含加速器的所谓**旋转臂**也有铅屏蔽和一系列磁铁，用来将电子束导向金属靶标，产生 X 射线。整个加速器在一个塑料围墙里，有成像与控制面板。按下按钮，整个加速器系统可以围绕病床 360 度旋转。

瓦里安是如今主宰医疗加速器市场的两大巨头之一，另一个是医科达，1972 年在瑞典由拉尔斯・雷克塞尔创立，基于精准的放射外科仪器“伽玛刀”。瓦里安的机器主要使用自己发明的速调管，医科达的技术主要应用磁控管。两家公司都与大学有着积极的合作，并且持续创新改进机器，以实现最好的临床效果。

全球有超过 1.2 万台放射治疗直线加速器投入使用，这些机器提醒我们，实验技术不仅被用于粒子物理学，也拯救了数百万人的生命。事实上，1.2 万台的数量还不够，从目前的癌症发病率来看，每 20 万人需要一台机器，高收入国家可以达到这个目标，但在世界银行划定的中低收入国家中，目前仍缺少约 5000 台。在撒哈拉以南的非洲，35 个国家目前根本无法提供放射疗法。

随着人类寿命增长，癌症病例也在全球不断增多，在中低收入国家增长最为迅速。根据预估，到 2035 年，每年约有 3500 万人被诊断为癌症，而 65% 至 70% 的病例将出现在中低收入国家。全球消除其他疾病的巨大努力正在起作用——提升了预期寿命，但诊断癌症的概率随年龄增长而增大。在很多中低收入国家，医疗设备已经足够先进来进行癌症诊断，增长的教育机会表明，人们已经充分了解癌症信号，信号出现时他们会去看医生。

到 2035 年，还需要 12600 台机器，以及数万名肿瘤学家、放射科医生、医疗物理学家和其他医疗专业人员。国际原子能机构为了解决这些问题已经做了大量工作，但设备需求的增速超过了新放射治疗设备生产与调试的速度。

2016 年，CERN 召开会议讨论这些机器，汇聚了国际加速器与全球健康领域的专家、医生，他们来自尼日利亚、博茨瓦纳、加纳、坦桑尼亚、津巴布韦与其他撒哈拉以南非洲国家。技术专家用了三天时间聆听问题与解答，希望了解问题所在与需要改进之处。我就是这些专家之一，一旦我看到如此全球化的挑战，就无法视而不见。

即便医院能买得起一台机器，每年维护合同的开销也大致相当于 25 位全职工程师的工资，备用配件送来需要很久，即便如此也会卡在海关数月。每天都有加速器损坏，大约 50 位病人因此无法接受治疗。这是全球最普遍的粒子加速器，但我们了解到的情况是，它们是为有稳定电力供应的高收入国家设计的，还需要训练有素的工程师团队与强大的医疗体系。

会议与会者一起启动了一项新的合作，STELLA——使用线性加速器来延长生命的智能技术，这项挑战的很多方面都亟待解决，包括教育、全球发展、医疗体系、技术。通过以大科学为基础的合作模式，我们致力于解决这项挑战，第一步——针对这些条件设计出更合适的直线加速器——正在进行中。[23]

除了医疗，直线加速器还有很多用途。数千台小型加速器应用于机场和边境的安全扫描系统，使报关员能够采集卡车与货物集装箱的图像，发现走私物品。直线加速器产生的高能 X 射线可以穿透标准 X 射线无法穿透的大型物体。

电子加速器用于给医疗用品和一些高危邮件灭菌，甚至可以消灭包括药品在内的特定食物的潜在病原体，应用数量一直在增长。在韩国，小型直线加速器可以用来在发电厂清除有害气体，在工厂治理污水废水而无须刺激性的化学用品。看似有些违反直觉，但粒子加速器也许是我们拥有的最环保的工具之一——甚至可以生产更廉价的太阳能电池板。[24] 这类加速器的市场目前大约每年 50 亿美元，还在持续增长。

磁控管、速调管与直线加速器，如今还在工业、大学实验室以及二者间的合作中持续发展，这些设备正变得更小、更廉价、更可靠、更节能。粒子物理学的加速器技术现在通常在医疗与工业应用上协同发展，部分原因在于工业化过程可以帮助削减大型项目的开销，就像夸克研究那样。

加速器物理学家目前正在进行研讨会，聚焦于新型放射疗法，它能够将癌症治疗时间从几分降低至几秒，从 25 个治疗环节减少至一到两个。[25] 与医学同事一起发明下一代技术的物理学家，和设计粒子物理实验的是同一批人，他们热衷于用能力实时对真实世界产生影响，与此同时也不会暂停追寻宇宙重要问题的答案。

但这一切都要很久后才会到来，让我们回到 20 世纪 60 年代末，一个新发现的时代出现了。人类首次踏上火星，也对物质的最小组成部分做出了开创性的尝试。发现夸克后，全世界物理学家继续革新粒子物理学。1974 至 1977 年间，SLAC 使用电子 - 正电子对撞环的实验被称为 SPEAR，它提供证据表明存在 τ 子，即电子和 μ 子的更重版本——表明也许存在第三代物质。如果真是如此，那么可能存在更多夸克。亚原子世界产生的谜题似乎尚未终结。

第　十　一　章

粒子加速器：第三代物质

我们与罗伯特·拉思本（鲍勃）·威尔逊初次见面是在20世纪40年代中期的伯克利，当时他提出了质子疗法的想法。20世纪60年代末，他不再是欧内斯特·劳伦斯的门徒，自己成了领导。威尔逊是位新式物理学家，一位多面手，同时是富有远见之人、工程师、资金筹措人、企业家。他也刚好是位富有天赋的诗人、雕刻家、演说家，他会学习将创造力与科学交织在一起，创办世界领先的实验室，但首先他需要得到建造资金的批准。

1969年4月，威尔逊站在美国国会前，请求2.5亿美金，来建造美国从未尝试过的最具野心的加速器项目。物理学界资金自由流动的繁荣岁月一去不复返，威尔逊的请求需要与很多政府资金的请求项目竞争，从美国宇航局的空间任务到国防轮船、飞机、武器的巨大开销。甚至在威尔逊开始前，参议员约翰·帕斯托就指出，提议的机器是实验性的，他们甚至不清楚能用它做出什么发现，他怎样为这样一项昂贵且充满风险的提案辩护呢？

威尔逊说，设计这台机器是为了找到关于自然界简洁性这一古老问题的答案。他问道：是否有一种可能，只基于一些基本粒子，为一切生命与宇宙的混乱找到一种描述？他从这一视角展示了进展情况，他们了解万有引力、电磁力，以及将质子与中子聚合在一起的核力。夸克的发现正在SLAC进行，正如我们在前面章节看到的，也有第四种力——弱核力的线索。在 β 衰变中，一个中子转变为一个质子，夸克似乎同时参与了强核力和弱核力。他争辩说，这台新机器可以让实验达到这样一种能量范围，物理学家也许能够最终证实这些力，并最终完全理解宇宙的运行机制。从学术角度看来，这项尝试的前景十分可观。

参议员帕斯托点点头，说他了解这台机器的目的是基础高能物理学研究，这是一个有教育意义的学术过程。威尔逊补充道："而且是文化上的，并且技术发展会紧随其后，这点十分肯定。因为我们正在进行极其困难的技术工作，致力于一项特殊的研究，从过往经验来看新技术必将发展，新技术所带来的要远比基础研究花费的多，虽然基础研究并不指向这些发展。"[1]

参议员想要帮助威尔逊，使这台机器看起来对国家而言不可或缺。他问威尔逊，机器是否与国家安全有关，但威尔逊只是回答"没有"。曼哈顿计划后，他通过物理学为国防做出贡献的日子就已经结束了，这个项目纯粹是由对宇宙的好奇心驱动的。参议员进一步问道："一点关系也没有吗？"

威尔逊停顿下，看着参议员，说道："只关乎我们看待彼此、人类的尊严、对文化的热爱。必须与这些有关：我们是出色的画家、雕刻家、伟大的诗人吗？我所指的是一切在这个国家我们真正崇敬的事物，以及对国家的热爱。这与捍卫我们的国家并没有直接关系，除了使它值得捍卫。"[2]

预算被批准了。同年10月，威尔逊在芝加哥外一小时车程的建筑工地挖了一铲，标志着国家加速器实验室（NAL）建筑群的奠基，这里后来被称为费米实验室。

费米实验室与其他实验室真的不同，按照威尔逊的兴趣，这里并非单调乏味的砖块与预制组装房屋，而是充满了雕塑与建筑细节。从镶木板房屋的小村庄进来，来到费米实验室的场所，迎接游客的不是高科技仪器，而是一群野牛——对其草原遗产的一种致敬。靠近主建筑，参观者行驶在长长的反光水池中间，远端是教堂式[3]的威尔逊大厅，因建筑曲线而变得柔和的250英尺高的混凝土建筑。从顶楼观景台可以俯瞰几千米的管道、工艺、加速器、实验仪器，就像麦田怪圈遍布整个场所。

威尔逊的构想是建立一个令人兴奋且实用、美丽的实验室，他相信整个场所的审美对成功至关重要。全职艺术家安吉拉·冈萨雷斯被雇用作为团队的核心成员，设计从实验室标志、会议海报到咖啡厅餐桌的一切。同样的审美也体现在实验仪器上，威尔逊感到科学仪器应该与理论物理学的理念一样优美，作为雕刻家，他坚持认为加速器、实验仪器、大型加速器的其他方面应该具有优美的线条、匀称的体积、内在的审美吸引力。[4]

威尔逊首先草拟出设备的粗线条，就像在画布上勾勒出外形一样。他必须在科学上雄心勃勃，从而把最出色的人才吸引到项目中来，但也需在预算上精打细算。他发现最初已获得资金的目标还不够充满野心，不止于最初200吉电子伏的粒子束能量，他想用名为“主环”的机器达到500吉电子伏，其半径为一千米，选择这样的大小只是为了容易记住。如果这还不够充满挑战，他还加快了建筑日程。他想用五年时间完成项目，而非最初的七年。

商业上最杰出的人才发现了他奇特的想法，开始加入这个项目，他的构想引来了物理学家、工程师和问题解决者，他们极富创造力与驱动力。新的主环甚至不是唯一需要建造的加速器，威尔逊知道需要一整套前加速器链：质子从考克饶夫－瓦尔顿加速器出发，然后送入LINAC，通过被称为booster（助推器）的环，然后质子束才进入主环。

加速器物理学家海伦·爱德华兹和她的丈夫唐在 1970 年加入团队，项目当时刚刚启动。爱德华兹出生于密歇根的底特律，对科学和数学感兴趣，在华盛顿的女子学校上学，虽然一直与阅读障碍做斗争，但仍凭借着极度专注而掌握了课程。她从康奈尔大学获得物理学学士学位，是十几个男性中唯一的女性。她想直接参加博士课程，但当时要求女性先要完成硕士学位，她仍然坚持，并完成了粒子衰变的研究，在实验时操作康纳尔电子加速器让她拥有亲自动手的实践经验。威尔逊在这里遇到她，很明显她聚焦本质的能力使她成为令人敬畏的科学技术难题解决者。威尔逊委托爱德华兹负责调试 booster 同步辐射加速器。

爱德华兹和她的团队很快就让 booster 加速器运转起来，将所需的 8 吉电子伏质子传送到主环。管理考克饶夫－瓦尔顿和 LINAC 的团队完成了目标，使质子加速且运转良好。随着建造以惊人的速度进行，爱德华兹加入了完成部分主环工作的团队。

工作节奏十分狂热，然而条件十分严峻：漏水导致主环管道有时充满泥泞，他们只能蹚过泥水继续安装磁铁。威尔逊承担风险，说道："有些立刻起作用的东西过度设计了，因而花费了太长时间建造，并且开销过大。"[5] 他坚持认为修补失效的部分应该更便宜。

问题必须快速解决，爱德华兹的团队后续会讲述故事，在复杂难题出现之时他们如何立刻做出了细致的计算，她的团队极富发明才能。焊接加速器后，他们发现粒子束管道里有小的金属碎片，可能会使质子脱离轨道，引起辐射或损坏机器。在绝望之中，一名工程师训练了一只名为费利西娅的白鼬，让它拉着一根细绳穿过粒子束管道，细绳上绑了清洁棉签，来回拉动细绳来清理碎片。[6] 这居然奏效了，但又有更糟糕的事出现了。

1971 年，事情来到紧要关头，团队开始给管道里 1014 块磁铁加电，但发现超过 350 块都没有成功，这一"磁铁危机"花了他们至少六个月时间，花费 200 万美元来修理，即便今天也没有完全弄清问题出在哪里，但看起来最可能归咎于薄环氧树脂材料和冷凝问题。排除万难，1972 年 3 月，在这个场所还是个麦田后不到四年时间，质子束终于环绕了主环 6.28 千米长的圆周，不久之后就打破了质子束能量的世界纪录。

下一步，爱德华兹监管把高能质子束**导出**机器的困难过程，她需要保留至少 98% 的质子束，或冒险产生辐射进而毁掉器件。她采用的解决办法[7]涉及精细调整机器，使质子束在三个位置转向后非常贴近管道边缘，她的团队在这些位置安装了静电隔板——高压金属片——提供足够的力将质子束晃动出机器。

1974 年她成功完成任务，三个实验区域可以同时接收质子束。第二年，主环能量增至 200 吉电子伏，1975 年达到 400 吉电子伏，后来达到 500 吉电子伏。环上的每个出口位置又分成三个方向，一个加速器总共提供 9 个质子束。既然机器已经就绪，注意力可以转到下游的实验了。

主要的实验领域分别聚焦于中微子、介子与质子。实验主要由大学科学家设计与执行，并非实验室自己的工作人员，部分原因在于威尔逊的节俭。为了节省开支，他决定让实验人员负责自己的区域，只提供给他们一个“坑”——实际上就是个挖到地下的泥泞的坑，用于屏蔽辐射——最后用瓦楞铁墙和屋顶搭建完成。很明显，威尔逊对这个场所的审美计划没有延伸到使用者的舒适，大学科学家感到没有受到公平对待，因为他们不得不在费米实验室沙砾实验区域工作，与 SLAC 或 CERN 舒适的实验室形成了鲜明对比。[8]

虽然有着实验坑的前沿感受，威尔逊十分清楚，如果他能创造出世界上最高能量的粒子束，物理学家就会纷至沓来，他们确实来了。1976

年，费米实验室受到来自超过120个研究中心的提议，包括来自加拿大、欧洲、亚洲的国际合作者。500个提议实验里，超过半数得到批准，1978年，很多实验已经完成。早期实验的领导之一就是魅力超凡的哥伦比亚大学物理学家利昂·莱德曼。

从费米实验室开创之时，莱德曼就是拥护者和支持者，他符合威尔逊关于完美实验人员的理念——雄心勃勃但愿意改变。如果说威尔逊是个牛仔的话，莱德曼就是个城市老油条，他出生于纽约，父母是乌克兰－犹太移民，大学时之所以选择物理学专业，是因为有天晚上一个朋友和他喝啤酒时，让他相信了物理学的灿烂前景。他有个本领，会选择重要的物理问题，这使他在1962年与别人一同发现了μ子中微子，为他在费米实验室的实验铺平了道路。

莱德曼和其他人知道目前存在的两代物质，可以分为**轻子**，包括电子和更重的μ子，以及电子中微子和μ子中微子，它们构成相似的两组。除此之外有**夸克**：如果上夸克和下夸克是一组，那么合理看来，奇异夸克应该有个对应的夸克，名为**粲夸克**（charm），构成第二代夸克。这点在1970年由理论物理学家提出，最初出于审美考虑，这也帮助他们解决了一些方程中的技术难题。

在费米实验室主环运行时，莱德曼已经错过了粲夸克的发现。它于1974年几乎同时在布鲁克海文和SLAC以J/Ψ粒子的形式被发现，读作“jay-sigh”，根据是希腊字母Ψ“psi”。[9]但自然界并不总是充满惊喜，正如我们在上一章结尾看到的，SLAC的研究人员发现了电子和μ子的更重版本，它被称为τ子。莱德曼有了新的动力：如果存在第三代轻子，为什么不存在第三代更重的夸克呢？

莱德曼申请了空间进行新实验——以提案编号命名为实验288（E288），他希望使用电子探测器寻找μ子对，这应该是一种寿命很短、质量较大粒子的识别标志。他的目标是发现除已发现的上、下、奇异、粲之外更重的夸克。当他的提案被接受，实验准备就绪后，主环的500 吉电子伏质子束在坑里运行，团队收集了发现的每个 μ 子对的数据。为了分析实验结果，他们增加了每个 μ 子对的能量，将它们绘制为柱状图中的点，柱状图的峰值或凸起会是新粒子的证据。

1976 年，质量约 6 吉电子伏处出现了凸起，虽然这样的事件数量很少，但这些事件成为统计学上的意外的概率只有 2%。他们向前迈进，发表了论文，宣布发现了一种新粒子，取名 upsilon（Υ 介子），解释其含义为“高耸的一个”[10]。随后难以置信的事情发生了，随着收集数据增多，表明 Υ 介子的尖端消失了，被随机事件的背景噪声淹没了。6 吉电子伏粒子根本不存在。

这是统计学上冷酷的一课，如今宣布发现新粒子的公认标准被物理学家称为“5-sigma”证据，这就是原因之一，表明因意外而产生结果的概率小于 350 万分之一。[11] 我们几乎不会把这样不可思议的证据标准应用于生活或科学的其他领域。例如，如果有人被诊断为某种疾病，医生说她有 95% 的把握所提供的临床诊断数据并非意外，那么此人就会服药，对吧？但粒子物理学家可不会把这当作证据。在如此大型的项目研究如此长时间尺度，这只是粒子物理学家确认他们没有欺骗自己什么是真与什么是假的方法。

莱德曼以幽默的方式接受了失败，即便他的同事为了向他表示敬意而给这种不存在的粒子重新命名为 Oopsleon①。E288 团队在 1977 年春天重返实验，开始收集新数据。仅七天后，大约 9.5 吉电子伏处又出现了凸起，一位名叫约翰·与的物理学家尖叫道：“到底发生了什么？”但根据传统规定，他还是放了一瓶香槟到冰箱里，贴上标签“9.5”，以防万一。

① 意为“糟糕！利昂”，oops 是表示“糟糕”的拟声词，leon 是莱德曼的名字。

这一次他们没有急于宣布，决定要完全确认这种每1000亿个质子与靶标碰撞时才会产生一个的新粒子不是一个意外。他们倾尽全力收集更多数据。5月20日晚11点，一块磁铁上测量电流设备的布线出现了问题，电缆受热，熔化，使得附近的电缆槽起火。不久之后刺鼻的浓烟充满整个大厅，团队慌乱无比。

消防队赶来，迅速扑灭火情，但很快团队更担忧了：火引起氯气释放到空气中，与水结合形成的酸开始腐蚀实验的电子元件，如果不能阻止腐蚀，他们就无法收据足够证据来宣布新粒子。莱德曼不顾一切要挽救实验仪器，他叫来了荷兰火情救援专家，专家在72小时内赶到，承担了大量秘密的清理任务。E288团队的每个人，质子部门的工作人员，丈夫与妻子，朋友与秘书，全都协助生产线上的物理学家，在专家的仔细观察下一起浸泡、擦拭、清理900个电路板。

随着实验仪器获救，五天以后他们重新运行并采集数据，这一次9.5吉电子伏凸起又出现了，新粒子的质量比质子约大10倍，他们再三核对实验结果，这次结果确实比5-sigma要好。

1977年6月15日，他们在费米实验室礼堂召开研讨会，宣布他们真的做到了。E288发现了一种9.5吉电子伏的全新粒子，是迄今为止发现的最重的粒子，也是在费米实验室发现的首个粒子。他们重新使用了Υ介子这个名字，但这次这个名字与粒子固定了下来。贴着“9.5”标签的香槟在庆功宴上开启，费米实验室也因实验发现而名扬四方。

新实验证据与理论发展相匹配并没有花太长时间，Υ介子是一个b夸克与反b夸克的结合，其中b代表“底”（bottom）或“美妙”（beauty），这取决于你询问谁。新的较重b夸克早在1973年就由日本理论物理学家小林诚和益川敏英预测，“顶”和“底”的名字则由以色列物理学家哈伊姆·哈拉里创造。粒子物理学虽然越来越复杂，但Υ

介子证实了一种潜在的简洁性正在出现，理论表明自然界有一种令人愉悦的对称性。存在 6 种轻子（电子、μ 子、τ 子和它们的中微子）以及 6 种夸克（上、下、奇异、粲、顶、底）。

事后看来，按照莱德曼的说法，Y 介子是“粒子物理学中最可预期的惊喜之一”。[12] 既然他们知道了底夸克的存在，那么对应的顶夸克肯定也存在。虽然他们不清楚它的质量，因为理论没有告诉他们，但费米实验室的下一步是确定的，他们要追寻第六种，也是最后一种夸克。

费米实验室实现了威尔逊的构想，成了国家与国际实验室，但他的工作还没有完成，他的目光远远超过这第一阶段。在他们发现 Y 介子时，费米实验室已不再拥有世界上最大的加速器，这个头衔已经给了 CERN，他们建造了一个长 7 千米的环，它被称为超级质子同步加速器，达到了 450 吉电子伏能量。威尔逊和爱德华兹用略小的主环达到 500 吉电子伏，骄傲地超过了他们，但现在威尔逊展示了他思虑已久的计划。

从一开始威尔逊的目光就不止于主环，他在寻求更大的机遇。他有两个想法。第一，他意识到如果另一台由强力磁铁构成的加速器可以加到建筑群的话，就可以把粒子束的能量翻倍，他们可以使用相同的管道创造出 1000 吉电子伏或 1 太电子伏能量的粒子束，达到“万亿级”，有可能开启全新领域的发现。第二，他想造一台机器，能够让粒子直接互相碰撞，而非撞向一个固定靶标：一台粒子对撞机，而不仅是一台**加速器**。

新的环名为“能量倍增器（Energy Doubler）”，但后来被称为“Tevatron”（太电子伏级加速器），就在目前主环的下方，威尔逊已经确保预留了足够空间。计划是先在主环加速质子，然后将粒子束转移至新的 Tevatron 环，达到 1 太电子伏。要把这样高能的粒子维持在轨道上，需要一种全新类型的磁铁技术，产生的磁场超过主环的 2 倍。由铁和铜制成的传统磁铁无法做到这一点，因此威尔逊计划使用超导磁铁，叫“超导”是因为制成它们的材料可以维持巨大电流，又不产生热量。

超导材料在某个温度下电阻会变为零，通常大约在零下 270 ℃，这个效应首次发现是在 1911 年，50 年后首个可以制成导线的超导材料[13]被发现，这种导线理论上可以产生强力磁场，问题在于还没有人用这种磁铁建造加速器。像往常一样，威尔逊总是超前一步，1972 年已经启动了项目，研究怎样制造超导磁铁，可谓惊人之举，这比莱德曼和 E288 团队发现 Y 介子早了五年。

威尔逊大胆构想的第二方面涉及将两个粒子束对撞，这也极具挑战。让粒子正面相撞是个几乎不可能完成的任务，因为每个粒子很小，与另一个正面相撞的概率极低，但威尔逊仍然奋力争取，因为这会带来不可思议的发现机遇。以前的加速器都是高能粒子束撞向固定靶标，能量守恒定律表明，粒子束的大部分能量都用来从靶标中粉碎粒子，并且被带走了，在粒子物理学里我们称之为**质心能量**（centre-of-mass energy），如果 1 太电子伏粒子束撞击靶标，粒子产生的能量中只有 43.3 吉电子伏可用，无法创造出质量比 43.3 吉电子伏大的粒子。

威尔逊想要提升的就是个数量。在对撞中，所有入射能量都会变成质心能量，因此两个对撞的 1 太电子伏粒子束具有的质心能量为 2 太电子伏，这个能级在传统的靶标固定实验中，需要加速器的周长达到几百千米。无论多么困难，对撞机的优势都很明显。

最初的主环建造已经极具挑战，但这个新想法已接近疯狂，每个方面都有风险，没有任何一个部分有成品可以购买。新环需要 774 块铌－钛超导偶极磁体在液氦中冷却，使粒子束弯曲为圆环，还需要 216 块四极磁铁使其聚焦。当然还需要一些备用品，以防不可避免的损坏出现。没有公司知道怎样制造这些磁铁，费米实验室也不清楚。一位主设计师阿尔文·托尔斯特拉普把这个想法讲给了 CERN 的欧洲同事，他后来回忆说："一大屋子人坐在那里哈哈大笑，他们认为我们是傻瓜。"[14]CERN 的物理学家知道，世界上没有人能造出 Tevatron 需要的磁体，更不可能造出需要的那么多。一个从来没有造出来的东西，数量近乎荒谬，没有一家公司能够生产，你怎样做到这一点呢？

第一步是找到磁体的原材料。1974 年，只有几家专业公司出售铌－钛超导材料给高科技用户，大多数订购者只需要几克或最多几千克，费米实验室却询问买一吨要花多少钱。当年晚些时候，他们下了订单，购买的铌－钛数量令人惊愕，相当于已经产出材料的 95%。

有了原材料在路上，下一步就是搞清楚如何制成电缆。很多人尝试却失败了，但英国卢瑟福阿普尔顿实验室的一个团队想出了一种办法，把宝贵的铌－钛材料拉伸成非常细的细丝，再把数千根细丝嵌入铜质型片，形成一股导线，最终成为一根电缆。一旦知晓原理，就感觉很简单，但费米实验室必须磨炼这项技术。

搞清了原理，实验室决定把生产外包给生产商，提供原材料，以及告诉他们制成合适长度的导线的方法。他们并没有为制造导线的流程申请专利，费米实验室决定让其免费被使用，让生产商开放竞争，为大项目提供成品电缆。电缆做好就可以制成线圈，通电制造磁体。

这一切小心谨慎十分必要，为确保超导材料不会**淬火**，微小的热效应都会使磁体失去超导状态，突然升温。一次淬火可不是个小阻碍，它会释放巨大能量，如果无法妥善处理，磁体与电源会爆炸。超导磁体是个极其精细的设备。

如今我们有了几十年的研究经验，但在 20 世纪 70 年代，无人知晓如何制造这类磁体，对此涉及的复杂事物也几乎没有理论解释。威尔逊是个务实且技术出众的手艺人，他意识到面临的挑战，决定建立一个"超导磁体工厂"，让托尔斯特拉普负责研发。磁体对变化十分敏感，托尔斯特拉普决定每次尝试只改变一个变量，除了反复尝试，没有其他办法。

1975 至 1978 年间，他们制造了 100 英尺（约 30.5 米）长的磁体，每一个都有一点不同的设计，每一步都尝试发现哪种奏效。如果短样式的有成功的希望，他们就做个长一点的样式，直到最终达到磁铁的完整长度 22 英尺（约 6.7 米）。经验表明，建造方法上任何微小的变化都可能带来灾难，磁铁在较短时运转良好，并不能保证在更长时也如此。[15]

费米实验室研究与开发的方法在当时很不寻常，他们创造了专门的生产技术来扩大生产规模，从单个磁铁一直到近一千个，全都内部完成，以确保控制细节，达到必要的质量与稳定性。最终他们还要确保每块磁体完全相同，避免瑕疵或差异，这些都有可能给质子束带来灾难性的后果。在这样几年高强度的努力后，磁体终于可以安装起来成为环，成为一台粒子加速器。

磁体研发进行之时，Y 介子被发现，又从记录上抹去，后又被发现。威尔逊划分了加速器工作人员，让一些人只专注于主环，其他人致力于 Tevatron。海伦 · 爱德华兹变得愈发沮丧，和一些人一样，她担忧 Tevatron，因此他们一起成立了一个名为“地下参数委员会”的非官方小组，研究困扰他们的设计问题。威尔逊发现了，决定支持他们的工作，但保持一定距离。

但技术问题并不是唯一让人担忧的，费米实验室资金短缺，政府还没有给 Tevatron 批准资金。1978 年，资金短缺，Tevatron 的构想尚未实现，威尔逊对自己作为主任的身份感到愈发沮丧，他最终决定离开，把领导费米实验室的职位交给利昂 · 莱德曼，而莱德曼必须迅速做出决定，是继续新环，还是减少损失，把主环本身改造为对撞机。来自 CERN 的竞争从未停息，他们已将超级质子同步加速器改造为每个粒子束 270 吉电子伏的对撞机，有 540 吉电子伏质心质量来寻找更重的粒子。

莱德曼在 1978 年 11 月组织了一次工作总结会，它被称为“点球决胜”辩论。建造 Tevatron 的支持者与反对者陈述论据，其他实验室的专家当裁判。他们最终确信，用主环建造对撞机，无法与 CERN 竞争。他们也逐步确信，虽然有各种风险，但 Tevatron 是可行的。在辩论过程中，超导磁体的第二项优势变得十分明显，当时油价飞涨，电力不足严重，费米实验室的电费达到每年 1000 万美元，占据了实验室运转支出的一大部分。超导磁铁能够在提供能量后自主运行，可以给实验室每年节省 500 万美元的能源费用。

两天充实的辩论结束后，莱德曼做出决定：他们会继续建造 Tevatron。新成立的能源部同意计划分阶段实施，费米实验室需要首先证明磁体能在测试大厅里正常运转，然后再在主管道里正常运转，之后项目才能继续进行。

领导设计建造 Tevatron 加速器的工作是个巨大挑战，莱德曼让海伦·爱德华兹和里奇·奥尔一同负责。奥尔是一位出生于艾奥瓦州的物理学家，以行为冷静著称，他帮助建立了介子实验室，和爱德华兹一样，因把人们团结在一起并激励他们取得成功而闻名。他们是令人敬畏的二人组，知道如何为团队制定首要事项，在 Tevatron 这样体量的项目里，这点显得尤为重要。

磁体测试进展顺利，十分成功，他们决定充分利用磁体，将电流提升至 4000 安，尝试引起淬火，淬火保护系统开始生效，放出沸腾的氦，保护了磁体。他们尝试引发电弧，但里奇·奥尔后来回忆说：“我们无法中断。”磁体已为运行准备就绪。产能提升，磁体工厂进入全力生产模式，工作人员夜以继日地在管道中工作，修理管道，进行连通，进行电力工作，安装一个又一个磁体。

1983 年 6 月中旬，粒子束在 Tevetron 中运转起来。两周以后，7

月 3 日，粒子束能量达到 512 吉电子伏，一项新的世界纪录。他们从欧洲对手那里夺回了领先位置，报纸也宣传他们的成功。但对爱德华兹和奥尔而言，一项更严峻的挑战还在后面，他们要尝试将机器改造为对撞机，让质子束与反质子束对撞。[16]

对撞机的想法至少从 20 世纪五六十年代就有了，1961 年意大利弗拉斯卡蒂建造了第一台对撞机，是一台名为 AdA（Anello Di Accumulazione）的小型电子对撞机。CERN 在 1971 年建造了第一台名为交叉储存环（ISR）的质子对撞机，达到了 60 吉电子伏质心能量。Tevatron 的能量几乎是 ISR 的 40 倍，要将质子和反质子在前所未有的规模上进行对撞。

要让对撞机正常运转需要很多技术创新，粒子束的密度比固体或液体靶标要低，因此粒子束必须穿过很多次，每一束必须包含尽可能多的粒子。质子和反质子在环里，需要 20 秒的时间将粒子束加速到 1 太电子伏，它们将由磁铁引导，在两个地方交叉。终于，一切准备就绪，1986 年 11 月 30 日[17]，第一个质子与反质子束互相碰撞，加速器物理学家成功完成了不可能的任务：建成世界上最大的超导加速器。他们的工作结束了，实验粒子物理学家的工作开始了。

20 世纪 70 年代早期，我们见到的很多发现在数学上聚合在一起，形成了一套被称为粒子物理标准模型的支配一切的理论。标准模型包含我们发现的所有粒子，从电子、μ 子、τ 子和中微子到夸克以及它们组成的粒子：质子、中子、π 介子、K 介子、共振态粒子等。然而，还有个夸克需要发现：顶夸克，按预期很重，因此要找到它需要尽量多能量的碰撞，正是这点激励着实验物理学家建造 Tevatron。

国际物理学家团队开始工作，进行两项主要实验，在 Tevatron 粒子束碰撞的位置建造两个大型探测器。第一个实验团队在费米实验室建造碰撞探测器（CDF），选举阿尔文·托尔斯特拉普和罗伊·施维特斯为联合发言人。CDF 合作迅速展开，意大利比萨大学和日本筑波大学的物理学家团体中加入了美国十个机构的同事。CDF 是个巨大的 4500 吨重分层圆柱探测器，嵌入超导螺线管里，将粒子弯曲，测定其动量。不同的探测器分层对不同粒子灵敏，使 87 位科学家能测量粒子的能量、电荷量、类型，对粒子碰撞的碎片进行数字重建。所有分层都已完成电子化，数据获取与计算成为实验不可或缺的一部分。为了建造探测器，每个合作机构负责探测器的一部分，负责建造的财政与技术方面，以及交付使用。1986 年，一切都准备就绪，开始收集数据。

在 CDF 之后，第二台探测器 DZero（由它在环里的位置命名）开始建造，DZero 团队还有其他工作要做，但最终合作团队的规模与 CDF 差不多，都有几百人。要确保任何新物理学的独立证明，两个实验都有必要。DZero 比 CDF 更笨重一点，有 5500 吨重，超过四层楼高，与 CDF 类似有几层探测器，从 1992 年开始收集数据。

这两个不可思议的设备构成了一种新型粒子探测器，包围着粒子束。探测器十分复杂，花费巨大，实验结束后无法像之前加速器实验那样拆卸，因此它们必须成为多功能探测器，因为它们只能留在原地。物理学家计划在新对撞机中进行的实验规模是前所未有的，所花时间比获得博士学位或终身教职工作还要长。甚至实验的领导都只能掌控一段时间，然后移交给另一位同事。这已经不只是大科学，这是巨科学。费米实验室从国家实验室转变为真正的国际实验室，来自全球很多地方的研究人员都参与到项目中。

为了确保独立证明任何新物理学，两个实验都很必要。1993 年末，Tevatron 运行，两个实验开始谨慎谈论第六种夸克——顶夸克的证据，但他们需要更多时间和更多数据来达到关键的 5-sigma 证据等级。最终在 1995 年，两个团队宣布发现了顶夸克，他们发现了标准模型最后的物质粒子，是迄今为止发现的最重的基本粒子。顶夸克比金原子还要重，虽然只是像电子一样的点状粒子。它持续 5×10^{-25} 秒，衰变为第二重的夸克——底夸克。[18] 顶夸克寿命极其短暂，没有时间与其他夸克结合，因此不像其他经常结合在一起的夸克，顶夸克独自度过极其短暂的一生。从 20 世纪 70 年代在 Y 介子中发现底夸克，到它配对粒子顶夸克的重大发现，一共花了二十年时间，这项成就成为全世界的头条新闻。

发现像顶夸克这样的粒子有多么困难，很难过高评估，因为 Tevatron 碰撞碎片中产生顶夸克都极其罕见。为了完成这一点，实验物理学家不仅要亲自动手实验，还需要精通统计学与计算方法，这需要的技术才能与二十年前的同行可不一样，很大原因在于自然界中粒子的相互作用是概率性的，由量子力学支配。并非关于实验的一切都可以计算出来，如果建造的实验仪器无法发现顶夸克或他们寻找的其他粒子或过程，那将毫无意义，因此准备工作是必要的，那么他们怎样做呢？通过计算机模拟，物理学家输入所有已知的理论信息与涉及的概率，然后使用名为蒙特卡洛模拟，得到实验统计结果的概述。

这项技术的名字来自著名的“蒙特卡洛谬误”，或赌徒谬误，触及了这个理念的核心，即虽然单一事件也许是无法预测的，很多事件的结果却是明确的。故事就像这样。

1913 年在摩纳哥的蒙特卡洛赌场，轮盘赌球连续 26 次落入黑色，发生的概率为 6600 万分之一，但每次转盘小球落在黑色的概率总是相同的，均为 50%。每次转盘时，赌徒都相信下一次肯定会落在红色里，随着落在黑色次数增多，从 8 次、9 次、10 次，到更多，他们非常肯定下次肯定会落在红色，投注了几百万法郎，最后全输光了。在这种统计游戏里赌博时，唯一有保障的方法是每次输的时候增加赌注，这样赢的时候才能收回损失。这不仅在心理学上十分困难，通常在赌场里也不允许，他们会限制你投放的赌注，这样他们总能赢。

回到 1946 年，轮盘赌可预测的结果给了斯塔尼斯拉夫·乌拉姆和约翰·冯·诺依曼等数学家灵感，乌拉姆当时正在洛斯阿拉莫斯工作，他的团队碰到一项挑战，需要计算中子在某种材料中的传播。他们知道中子与原子核碰撞前运动的距离，也知道碰撞中涉及的能量，但除此之外，就是无法从数学上算出答案。乌拉姆当时正在医院，处于手术康复期，玩单人跳棋时试图找出成功的机会，突然有了主意。为何不进行大量试验——就像轮盘赌、掷硬币或纸牌手，并搞清楚每种情况都发生了什么。通过追踪大量中子的结果——每个中子都经历了一系列已知概率的碰撞，中子总体的传播可以确定。乌拉姆的一位同事把这种方法称为蒙特卡洛方法。

随着时间的推移，计算能力的进步，这些方法变得越来越有威力。总体思想是避免做非常长或甚至不可能的徒手计算，用大量随机试验取而代之。粒子物理学处在这些发展的最前沿，因此 Tevatron 建造之时，物理学家已经使用复杂精妙的计算机生成的蒙特卡洛模拟来设计探测器，模拟实验结果，等等。

实验粒子物理学家可以借此得到数据集，看起来与实验中预期出现的很相似。他们甚至可以在建造实验仪器前开发算法，分析预期数据，从而检验其中的不确定因素，看看实验是否有可能产生统计上有意义的结果（并且知道我们对统计意义有多么认真对待，这值得努力！）如果存在粒子或相互作用的理论模型，他们甚至可以产生正在寻找的“信号”，将它隐藏在背景里，检验分析算法是否能成功发现它。

这一努力准备阶段表明，物理学家只要有了真实的实验数据，就可以进行分析算法，看看是否与模拟存在出入。如果有出入，则是我们发现新物理学的重要标志。做实验时如果发现了像产生顶夸克这样罕见的相互作用，这就是我们拥有的最好方法，确保我们在所有已知物理效应中发现微小信号。在 Tevatron 中发生的无数粒子碰撞中，物理学家由此成功识别每年产生的几十个顶夸克。

物理学家接受这样高级的统计训练可以产生不同寻常的结果。有一次在费米实验室研讨会的酒会上，一些美国同事和我分享了一个故事，有关 1986 年美国物理学会研讨会，那是美国最大的物理会议。接到临时通知，研讨会必须找到一个能容纳 4000 名物理学家的新场所，他们很自然选择了每年承办超过 2.1 万场研讨会的城市——拉斯维加斯。和赌博相比，物理学家更喜欢聚在桌旁，享受免费饮品，交谈时用纸笔写草稿或计算。他们没有经过协商，共同进行了唯一一项保证能赢的赌博活动：不赌博。结果宾馆遭遇了有记录以来财务最糟糕的一周，研讨会对宾馆来说简直是个灾难，这周结束时，拉斯维加斯正式请求他们不要再来了。据我所知，这个故事是真的。

除了民间传说，蒙特卡洛模拟技术的统计能力表明，粒子物理学家很善于构建物理学以外的过程与系统模型，并且一直这样追求。蒙特卡洛模拟可以用于任何事物，从天气预报到金融模型、远程通信与工程、计算生物学，甚至法律。我学生时代的很多同龄人从事的工作涉及顾问、银行、气候变化模型与流行病学。我记得很多从物理学转行的朋友都表示十分惊讶——他们新同事受到的计算与统计学训练居然只有基本的电子制表。

Tevatron 在很多方面都是个宏大的项目，但最令人印象深刻的额外效果之一是在超导磁体技术领域。早在 20 世纪 40 年代，其他物理学家就发现，强磁体可以让人体内的氢原子排列整齐，使用特定磁场与无线电波，能够测定体内的不同材料，包括单个氢原子的位置。这项技术最初被称为“核磁共振”或 NMR，后来又命名为“磁共振成像”或

MRI。最初发明时，这项技术没有办法使磁场强到可用的程度，在商业上也不可行。Tevatron 改变了这一切。

费米实验室雄心勃勃的项目创造了工业生产大量高质量超导导线的需求和知识。两个主要生产商参与其中：IGC（Intermagnetics General Corporation）提供 80% 的导线，余下部分由 MCA（Magnetic Corporation of America）提供。随着高能物理共同体更广泛地采用这项技术，其他供应商也出现了。CERN 正在研发应用超导磁体的大型气泡室，在核能领域，名为托卡马克斯的大型磁约束设备也使用超导导线。[19] 市场突然成功，超导磁体有着广泛用途。

如今，商业上可用的 MRI 扫描仪用于人体内部成像，特别是软组织，作为我们已经讲过的 CT 扫描的补充技术，但 MRI 的独特之处在于成像时没有电离辐射。现在可以在发达国家大部分大医院里找到它们，它们被用于多种癌症的早期发现，以及给脊柱、心脏、肺部和其他器官成像。过去五年间，MRI 扫描仪甚至与放射疗法加速器（见第十章）相结合，这项技术被称为“MR-Linac”，运用图像引导治疗，根据肿瘤形状、大小、位置的每日变化而调整治疗剂量。[20]

除了医院里的医疗用途，研究实验室里也可以发现很多 MRI 扫描仪。功能核磁共振技术能显示脑部血流，表明脑活动区域，这革新了我们对大脑、意识本质、记忆形成的理解。它还导致了睡眠时从大脑排出的神经毒素的发现，可以了解如何帮助老年痴呆症患者。

目前 MRI 扫描仪每年全球有 100 亿美元市场[21]，而且还在增长。仅 MRI 应用一项就充分证明了鲍勃·威尔逊在国会最初的论据，即 Tevatron 将会长期产生副产品，虽然在此之前需要几十年的研究，但现在看来这项投入还是非常合理的。当然，费米实验室的物理学家不能宣称是他们发明了 MRI 技术。但没有建造 Tevatron 所需的磁体创新，医院所用的超导技术也许永远不能成为现实。

超导磁体技术也应用于除粒子加速器与 MRI 的其他领域。布鲁克海文的物理学家已经在 1968 年磁悬浮概念的专利上取得成功，这是一项实用超导磁悬浮的运输技术，目前已应用在一些国家最快的列车上。超导磁体也应用于发电与电能输送、实验核聚变反应堆、储能系统。正如目前世界上最大的超导合金供应商列达因华昌公司的罗伯特·马什所说："现今超导的每个计划都多多少少应归功于费米实验室建造并成功运行了 Tevatron。"[22]

Tevatron 发现顶夸克的时候，美国物理学家要吞下苦果了，尽管取得了成功，政府还是迫使他们将世界上高能物理的重要地位交接给欧洲。

20 世纪 70 年代中期，威尔逊与爱德华兹发明了 Tevatron，一些蕴含新思想的理论开始涌现，它们有着夺人眼球的名字，比如超对称、艺彩（technicolour）、弦理论，它们都预测在 Tevatron 能级之上肯定还有东西存在。而且作为过去几十年高能物理研究的巅峰，标准模型仍然缺失了最后一块拼图。标准模型有一个需要证实或否定的预言，即希格斯玻色子，一种传递力的质量未知的粒子（自旋为 0）。利昂·莱德曼努力使人理解丢失的这部分谜题的重要性，把它取名为"上帝粒子"。

高能物理学的发展方向很容易预见，一切想法都需要比 Tevatron 能量更高的级别上对撞粒子，但美国政府愿意提供的资金是固定的，甚至有所削减。美国观察到欧洲国家联合起来建造了 CERN，他们刚刚开始挖掘 27 千米长的隧道，穿过法国与瑞士，装载下一台机器。下一步合理的措施应是联合全球力量超越 CERN，建造所谓的"世界实验室"。

利昂·莱德曼就是这样一位坚定的拥护者，支持联合全球合作伙伴一起投资建造新机器，早在 1976 年，他就设想建造一台威力达 Tevatron 20 倍的机器。他们草拟了由超导磁体组成的长达 87.1 千米的环，让两个 20 太电子伏粒子束撞击，称其为超导超级对撞机（SSC）。他们向政府保证，这个项目肯定会使美国重回高能物理学的领先地位。这样规模的项目肯定会带来威信，甚至刺激当地经济，预估带来 1.3 万个工作岗位。费米实验室想在伊利诺伊州建造机器，但得克萨斯州赢得了投标，最终选址达拉斯南 48 千米的沃克西哈奇。1983 年项目得到批准，80 年代中期挖掘队开始挖隧道。来自奥斯汀得克萨斯大学的物理学家罗伊·施威特斯曾带领过 CDF 实验，成为项目主任。

然后问题开始出现，要应对这样的大项目，能源部强制推行了军工模式的工作，让科学家很不满，科学家被指责疏忽管理，没有控制预算与日程，出现了信任危机。1987 年，项目受到审查，关于项目的高额支出引起热烈争论，预估达 44 亿美元，他们争辩说这与美国宇航局给国际空间站的捐款一样多，然而与空间站不同，SSC 并没有实现世界实验室的愿景。引领高能物理学的美国民族主义言论得到了其政府的支持，却让全球合作伙伴不满，包括加拿大、日本、印度、欧洲。事态严重时，没有伙伴国家承诺为项目出资，除了印度的 5000 万美元抵押。

1992 年，美国经济衰退，预算上涨为 120 亿美元。苏联解体，几乎没有理由能证明美国在超级项目上的优势，国会想要终止这个计划。此时已经修建了 22.5 千米隧道，花费 30 亿美元，容纳科学家和工作间的建筑已经建造；雇用了 2000 人，其中几百名科学家追随大项目的设想，从日本、印度、俄罗斯举家搬来。他们认为这个项目如此庞大、持续如此之久，不可能取消。在最后一刻，比尔·克林顿试图挽救，向国会辩论说此举将终结美国三十多年来在基础科学领域的领先地位。

最后一切无济于事，国会决定终止项目，1993 年 10 月 1 日，克林顿很遗憾地签署法案，终结了梦想，超导超级对撞机项目只部分完成了地下隧道。从 SSC 的衰败中可以学到很多教训，但于我而言，最重要的一条就是，大科学不再是民族主义主宰世界舞台的工具。在这样巨大的付出下，合作国家希望被当作伙伴，而非小兄弟。如果 SSC 能够成为最初设想的那样真正的国际世界实验室，也许事情会有所不同。这些建筑后来被化学生产商 Magnablend 买走，如今地下隧道用来收集雨水，有传言说一些企业家把它当作昏暗潮湿的场所，用来种有机蘑菇。

尽管其继任者失败了，Tevatron 本身还是个非凡的项目，为全世界超导加速器的发展铺平了道路，作为结果，发现了标准模型的最后一个夸克——顶夸克。这一切发生之时，CERN 的物理学家发现了传递力的重粒子，名为 W 玻色子和 Z 玻色子，加强了对弱核力的理解，巩固了粒子物理的标准模型。最终在 2000 年，Tevatron 发现了 τ 子中微子，完成了标准模型的物质粒子清单。然而谜题还有最后一块拼图未被发现：一种传递力的粒子，名为希格斯玻色子。

除了这块缺失的拼图，理论物理学家与实验物理学家已经来到了悬崖边：理论物理学家已经指向了**超越**标准模型的物理学，而实验物理学家拥有工具和信心，用大型强子对撞机寻找最难发现的粒子。万有理论最终可以实现吗？他们只需要合适的对撞机。2001 年，Tevatron 实验物理学家启动项目，开始用 Tevatron“Run Ⅱ”寻找希格斯玻色子，但对很多其他人而言，他们的注意力已经跨越海洋来到欧洲，在 CERN 建造了 Tevatron 超导遗产之上的机器。大型强子对撞机即将诞生。

第　十　二　章

大型强子对撞机：希格斯玻色子及更远处

2008 年 9 月 10 日，全世界物理学家热切期盼着地球上最大机器的启动——大型强子对撞机（Large Hadron Collider，简称 LHC）。LHC 建于日内瓦附近的 CERN，是全长 27 千米的环形质子 – 质子对撞机，在法国与瑞士边境线下方 100 米处。有关机器的最初想法诞生于 1984 年，1994 年 CERN 委员会批准建造，历经二十五年时间，终于要首次加速质子。对威尔士物理学家林登·埃文斯而言——自 1994 年项目破土动工时他就作为项目主任监管——这是他职业生涯建造粒子加速器的巅峰。

埃文斯给人的印象是谦逊、友善、务实。[1] 这种谦逊使他在接受采访时很少提及自己的职业生涯，但他的昵称还是出卖了他，"原子埃文斯"是 LHC 背后的重要人物。埃文斯从 1969 年就开始在 CERN 工作，但哪里需要他的专业知识，他就去哪里，追随着越来越高能量的对撞机：从 CERN 的 300 吉电子伏超级质子同步加速器，到费米实验室的 Tevatron，再到得克萨斯超导超级对撞机。当这个项目终止时，LHC 成为粒子物理学家的未来，将这个计划实现就是埃文斯自己存在的目的："这是一名科学家希望实现的最重要的事。"他这样说道。[2]

埃文斯也意识到他工作的重要性，每次进入 LHC 隧道，他都心怀敬畏。[3] 他的工作涉及监管约 2500 名工作人员，以及另外 300 名科学家和工程师，他们来自俄罗斯、中国、美国和其他为加速器建造部件的国家。埃文斯回忆起他见到中华人民共和国主席的场景，当时他对自己说："对一个来自阿伯德尔小镇的小伙子来说，这简直太棒了！"[4]

令人遗憾的是，对于 LHC 启动，并非所有人都像埃文斯和他的同事那样激动不已。建造至启动期间，总有新闻占据头条，比如"科学家不会毁灭地球"，忙于传播这样一种观点：LHC 也许会产生黑洞，把我们全都毁灭。这样不了解情况的合法理由用刺激性语言试图阻止机器启动。每次一台新的大型加速器启动时，都有这种阴谋论。1999 年的新闻头条写道，"大爆炸机器可以毁灭地球"，当时一台名为"相对论重离子对撞机"的加速器正在美国启动。当然，它运转良好。

宇宙线一直从太空中以更高能量轰击地球，比大型强子对撞机粒子束的能量高数千倍，并且在地球存在的五十亿年间一直如此，毫无问题。区别在于 LHC 产生这些高能碰撞是有目的、有需求的，比宇宙线更为频繁。整个粒子物理共同体寄希望于这些碰撞带来的发现：他们不仅在寻找希格斯玻色子——标准模型缺失的一块——还在寻找自然界可能显露的任何超越目前对物理学理解的事物。

LHC 圆周附近有四项主要实验：ATLAS（A Toroidal LHC ApparatuS，环形设备），CMS（Compact Muon Solenoid，密集 μ 介子螺线管），ALICE（A Large Ion Collider Experiment，大型离子对撞机实验）and LHCb（Large Hadron Collider beauty experiment，大型强子对撞机实验）。它们的目标涵盖了粒子物理学中几乎所有的重要问题，从暗物质的存在到我们看到的物质比反物质多的原因。LHC 和其实验仪器的建立有着截然不同的历程，LHC 的 80% 由 CERN 建造，剩下 20% 来自合作伙伴，由大型粒子探测器组成的实验仪器则刚好相反。实验仪器的建造来自全球科学家有自主权的募捐，大家在一起形成国际合作，

CERN 贡献 20%——包括地下洞穴和基础设施。

ATLAS 是距离梅林 CERN 主场所最近的实验仪器，参观者如果足够幸运的话可以游览。入口是个不起眼的仓库门，参观者穿过教堂大小的大厅，就会看到地上一个大圆洞，在这个障碍物里只能看到一片漆黑，上方有一台大型金属起重机，其坚固的钢材用来将整辆卡车运送至地球深处。ATLAS 的每个零部件都通过这样的升降机井运送，再拼装在一起，像一艘巨大的装在瓶子里的大型液氦冷却船。

参观者穿过工业风的蓝色金属笼，来到银色电梯门前，所有人必须戴上标有“CERN”的蓝色安全帽，然后乘电梯下降 100 米。走出电梯，踏上脚下发出叮当声的金属通道，人会感到很兴奋，拐角处有一面墙，延伸至上下好几个楼层。不过那真不是一堵墙，它由电缆与电子元件覆盖，很快你会发现它是一系列同心层探测器技术，这就是 ATLAS 探测器。它长 46 米，直径 25 米，经常与教堂大小对比，然而这组数字无法让你体会到它到底有多大。参观者尝试理解其多个层面，从中间给出粒子精确轨迹的像素探测器，到边缘的 μ 子室，捕捉穿过第一层未探测到的粒子。

参观者继续下楼，跟着束流管，穿过一堵混凝土屏蔽墙，向远处走去。来到直径 3.8 米的隧道，参观者见到其中一个 10 米长的涂成蓝色的超导磁体，注意力被这个磁体的长度吸引，下方有 1500 个这样的巨兽在 27 千米长的环形隧道里，也就是大型强子对撞机。圆环的弯曲非常平缓，机器似乎在无限远处才消失，近距离观察使其看起来更加不真实，为它的复杂性感到惊叹。

我第一次看到 ATLAS 和 LHC 时，还是个 CERN 的本科暑期工，工作于“ATLAS 内部探测器冷却系统加热器控制系统”，真是名副其实。这与我想象中的伟大物理学挑战相去甚远，但我很快明白，即使这个项目不重要也不要紧，真正重要的是我在这里，有机会参与迄今为止最伟大的实验之一。此时机器和探测器仍在建造，因此我们参观时直接见到了实验的所有地下部分，这可比我参与的项目让人兴奋得多，直到我意识到我写的可怜代码是个报警信息，可以传送到指挥系统，关掉整个 ATLAS 探测器。在直接见到实验仪器后，我的项目突然间显得更为重要了。

截至 2005 年，二十年间，很多暑期工、实习生、临时工与数千名物理学家、工程师、专业人员一起做出了贡献。如果像我这样的新手被允许发送能够关闭整个机器的信号，如果我的失误或可怜的编程能摧毁整个企业，那么统计定律肯定会表明整件事甚至可能无法启动。

三年以后，2008 年，我在 CERN 控制室里观察着专家们，在启动的这一天，CERN 做到了任何公开透明的组织应该做到的：邀请记者来观看机器启动。埃文斯最后讲述了有史以来最大最复杂的机器的启动，举世瞩目。隔离带将记者与一排排电脑屏幕分开，控制着大型实验的不同方面。只有几名团队的专业人员允许操控，负责将世界最大的加速器开始运转。埃文斯和这些专家在一起，他们看起来有点紧张，这可以理解。

一开始他们也有些忧虑。夜间有些低温系统从中作梗，到了早上终于一切就绪，启动亮起了绿灯。埃文斯监管的过程被称为“粒子束穿行”，不停通过注入的微量粒子束，通过一个区域的几千块磁铁，尝试修正轨道，让持续的质子保持在束流管中央。英国时间上午 8 点 56 分，摄像机对准了计算机屏幕上显示的来自粒子束位置监控器的光点，粒子束晃动的轨迹通过距离操作人员几英里外的磁铁发出的微弱电信号。记者说质子束已经通过 6 千米多，几个焦急的面庞转为微笑，两分钟后，随着细微调整，另一束质子走了一半。

二十分钟后，在四分之三处，质子束到达 ATLAS 探测器，人群爆发出自发的欢呼声。在背景中，摄像机无意中听到一个团队说道：“我想我赌赢了：一小时。”上午 9 点 24 分，粒子束绕行一周，掌声热烈，他们做到了。

对加速器团队来说，这是一场胜利。CERN 加速器部门负责人、英国物理学家保罗·科利尔总结了这种如释重负与筋疲力尽，他说：“我感觉就像推着粒子绕自己走。”比预期进展得顺利与快速得多。我对此表示敬畏，尽管有各种困难，这些专家还是成功完成和创造了一台完美运行的机器，就像设计的那样。

如果质子束在你脑海中的形象就如一束激光那样的状态，我向你保证并非如此，实际上它更接近于星系早期阶段凌乱、复杂的构成。粒子束中的粒子既不是相对论性的驾车兜风时的被动参与者，也不处于最终灾难性的终结。每个质子都与其他粒子和周围环境相互作用，LHC 中的每个质子都在其 27 米长的宇宙中以电磁相互作用盘旋、推拉，形成 2808 束之一，只有 25 纳秒间隔。精准的电场和磁场创造了这些极小的粒子星系，使它们在一次好几天时间里每秒绕环 10 万次，直到最终相撞。达到最大能量的粒子束如果偏离轨道，可以将 600 千克固体铜变为一摊液体。和你想象的一样，要让这一切正常运转需要最睿智的头脑、最先进的计算机模拟和地球上现存的最棒的工程。

启动日结束时，埃文斯和 LHC 团队使粒子束在两个方向上环绕，包括 CMS 和 ATLAS 在内的实验开始发现粒子束的飞溅事件——并非来自粒子束碰撞，而是来自高能粒子撞上粒子束室残留气体微粒。探测器一个接一个活跃起来，通过点亮粒子轨迹做出反应。各个实验的发言人从控制室飞奔到主控中心（约 20 分钟车程），带来很多瓶香槟，用匆忙打印出的纸包裹着，上面是来自他们美丽探测器的首批电子信号。

接下来几天，摄像人员离开，轨道稳定下来，设计用来挤压粒子束碰撞的聚焦系统上线，一切都在正轨上。下一步在第一次碰撞前要将粒子束加速至几太电子伏。然后，首次启动后 9 天，LHC 爆炸了。

专家说发生了“严重的事故”。他们增强磁铁强度时，本来是个很普通的步骤，两块磁铁间的超导接合处发生了短路。这可不正常，超导导线失去了超导状态，在约100万安电流下产生电阻，释放大量热量，将6吨液氦蒸发为气体，气体急剧膨胀，为此专门设计的排气阀无法处理这种状况。爆炸撕裂了几乎30块磁铁，每块重达35吨，都离开了地板。从隧道的景象来看，那简直是一场残杀。绝缘材料爆炸，碎片破坏了几千米束流管。好在没有人受伤，但几千人的自我价值受到了伤害。

他们花了九个月时间修复机器，用备用品代替损坏的磁铁，扩大接口，扩充排气阀，避免再次出现类似事故。他们从法律角度深挖细节，了解到底发生了什么，在会议上公开和大家分享。即便以前建造过超导同步回旋加速器，这场事故真正让人们认识到了建造这样大型仪器所面临的难题之一：LHC是自己的原型。

修复工作很成功，机器在2009年重新启动，通过了试运行阶段，最终将粒子束加速至7太电子伏能量。运行期间机器证明了自己是一个精美的猛兽，但操作起来与第一天相比，挑战一点也不少。让粒子束保持在轨道上是一项繁重的工作，涉及电子与人工反馈系统，操作人员需要频繁修正非常小的影响，包括太阳和月亮引起的地壳运动，日内瓦湖的水量，TGV（法国高速铁路系统）快速列车通过的时间，这些都会影响质子的轨道。尽管如此，超过十年时间里都没有再出现其他大型事故。

建造LHC的过程中，CERN和每个实验背后的国际合作机构需要建立出色的质量控制系统，以确保进入地下隧道时一切运转顺利。写这本书时我才了解到，我在学生时代所贡献的编码被送到专业人士那里，经过审核与完善达到严格标准后，才有机会被使用。LHC整个企业绝对是项目管理、工程与合作的胜利。

LHC此后平稳运行，一周7天24小时不间断运转，也包括其注射器链——一系列给LHC提供粒子束的加速器。这个大型系统使两束数千亿个质子达到光速的 99.999999%，将它们聚焦至小于一根头发的宽度，然后对撞。那么下一步是什么？当然是物理学。

LHC 开始运行时，粒子物理的标准模型——“除去引力几乎包罗万象”的综合性理论完成了其理论细节。就像我们看到的，标准模型包含了物质粒子：包括电子、μ 子、τ 子及它们的中微子在内的轻子，以及六种夸克（上、下、奇异、粲、底、顶）。物质粒子似乎有三代，除了质量增大外，每一代几乎相同，实验已发现并证实，第三代物质粒子填补了空白。如我们在上一章所见，1995 年发现了顶夸克，2000 年费米实验室发现了 τ 子中微子——要发现的最后一种物质粒子。

除了物质粒子，标准模型还包括了玻色子或“力的传递者”，现在我们需要忽略引力，因为尚未被包括进标准模型，但其他三种力——弱核力、强核力和电磁力都已被包括进来。电磁力由光子作为媒介，将夸克、质子、中子聚合在一起的强核力由胶子作为媒介。弱核力有点不同，与无质量的光子和胶子不同，LHC 之前的几十年，CERN 发现的 W 玻色子和 Z 玻色子实际上质量极大。[5] 弱核力也有一些其他细微差别。

在高能范围（现在我们知道超过 246 吉电子伏）[6]，电磁力与弱核力实际上是某种被称为电弱力的一部分。虽然这两种力在日常能量范围里看起来截然不同，在非常高的能量下，比如大爆炸短暂过后（甚至在夸克形成前），两种力彼此混合，无法分开。这点已在 CERN 由 LHC 的前辈大型正负电子对撞机（LEP）证实，使标准模型经历了前所未有的检验。物理学家有时把粒子对撞机称为能重现大爆炸情况的时间机器，这就是原因之一，它们可以产生极早期宇宙那样高能量的相互作用。实验还表明中微子只有三种，因此物质只有三代，至少就我们目前所知而言。标准模型的正确性似乎达到了难以置信的精准程度。然而还有一块丢失的拼图：理论上给重 W 和 Z 玻色子赋予质量的粒子，即希格斯玻色子。

1964年，三篇论文分别预言了新粒子，其中一篇出自苏格兰理论物理学家彼得·希格斯①。理论假定整个空间存在一种场(希格斯场)。在高能量（电弱力是一种力）条件下，所有粒子没有质量。在某个宇宙冷却时达到的重要能量范围内，希格斯场增强，粒子开始与其相互作用，进而获得质量。这个不可逆过程即“自发对称性破缺”，其结果是不同粒子具有不同质量，因为它们与希格斯场具有不同级别的相互作用。

宇宙充满希格斯场是什么含义？会怎样呢？一个获奖的解释[7]是，想象一场鸡尾酒派对，房间里满是社交名流，如果一名普通人走进房间，将在鸡尾酒派对里畅行无阻。但设想如果有位名人进入房间，这些社交名流（希格斯场）会把名人（一个粒子）包围起来，减慢其穿过房间的过程。名人减速就像粒子被希格斯场赋予了很大质量。

要证明自然界真的遵循希格斯机制，需要物理学家创造与探测理论所预言的具有这样特征的粒子，希格斯玻色子——希格斯场的激发态。这就像有个流言在鸡尾酒派对中传播，引起社会名流聚到一起，传递激发态。在对撞机里，超高能量粒子碰撞可以振动希格斯场，使粒子从场中出现，这些粒子就是希格斯玻色子。唯一的问题在于，标准模型并没有给出提示，一个希格斯玻色子的质量是多少。希格斯玻色子将非常难以被发现。

CERN从LEP对撞机就开始寻找希格斯粒子，其他科学目标已经完成，希格斯粒子是标准模型唯一待发现的一块，LEP探测器合作伙伴把注意力转向这个最难以捕捉的粒子。2001年它被关闭前，四个实验都在约114吉电子伏处找到了希格斯粒子的迹象，但他们尚未收集到

① 彼得·希格斯（Peter Higgs，1929— ），英国理论物理学家。2013年，希格斯与恩格勒特因在理论上预言希格斯玻色子存在而同获诺贝尔物理学奖。

足够证据，以得出任何结论。看起来 LEP 不具备产生希格斯玻色子的足够能量，如果它真的存在的话。他们不得不让费米实验室的 Tevatron 团队主导寻找希格斯粒子，但只是暂时的。CERN 的长期战略一直是使用 LEP 隧道确保实验室进入 21 世纪的未来。1984 年，LEP 运行五年前，CERN 已经开始设计下一步，高能质子－质子对撞机，这个用来发现的机器将使他们远超 Tevatron 的 2 太电子伏，达到中心质量 14 太电子伏，这就是大型强子对撞机。

要找到希格斯玻色子，需要的远不只是加速器和探测器这些硬件。在 LEP 和 LHC 时代，这些项目花了很长时间研发，因此我们可以说它们是“时代”——粒子物理学与早期有很大不同。探测器由很多层专门的亚探测器组成，功能就像大型分层数码相机，有几百万个信息通道。由于碰撞次数比以往任何时候都多，探测碰撞碎片的分辨率也变得更高，实验的数据量一直在攀升。1989 年 LEP 开始运行时，校准数据很快达到千兆字节，实验数据达到兆兆字节。[8] 这在今天来看没有很多，但在 1989 年，一个标准磁盘驱动器容量只有几十兆字节，这些数据要存到哪里呢？人们如何接触它们？

“计算机难题”变成了真正的危险，亟待解决。CERN 总是超前一步，他们将电脑与主机联网，开始用邮件交流（是的，甚至在 20 世纪 90 年代以前！），但还是没有协作与访问数据的可靠办法。正在此时，牛津大学研究生蒂姆·伯纳斯－李正在 CERN 从事科学计算机工作，提议将新技术应用于计算机，将网络与超文本放入系统，可以帮助解决这项挑战。他写了一篇短论文，概述了他的想法，称其为“信息管理：一个建议”，他的 CERN 老板在上面潦草地写道：“不够详细，但令人兴奋。”

伯纳斯－李发明的就是万维网（World Wide Web），是的，万维网。伯纳斯－李想出了巩固互联网的三个重要发明，也许你每天都能见到：

HTML，即超文本标记语言，互联网的格式化语言；URL，统一资源定位系统，用于访问每个互联网资源的独特地址；以及 HTTP，超文本传输协议，用于连接服务器与发送信息的交流协议。1990 年，伯纳斯－李发布了第一个网站，制作了第一个网络浏览器。其余的，按照他们所说，就人尽皆知了。

如今全球有超过 16 亿个网站和 43.3 亿活跃用户，占到世界总人口的 57%。每个用户每天平均花费 6 个半小时在网上。[9] 虽然网络（物理网络部分）早于互联网，但当我们谈论“使用网络”时指的真的是互联网。

要衡量互联网的价值几乎不可能做到，回到没有互联网的时代几乎难以想象。随着时间推移，社会已经适应了其无处不在，但有个例子也许会帮助我们把它放到背景中。2019 年印度政府为了减少公众抗议，切断了克什米尔的互联网，即便在这样的贫困地区，影响依然巨大。要参加线上考试的学生无法获得国际考试资格，电子商务被摧毁，工厂卖货中断，因为他们无法与买家取得联系，医院与药店无法订购药品治疗病人。由于实施管制，在接下来的九个月里经济损失估计达 53 亿美元[10]，而总 GDP 约 170 亿美元。2020 年由于新冠病毒流行，禁令撤销，但在写这本书的时候仍没有完全恢复。

伯纳斯－李很早就意识到，要想让互联网蓬勃发展，需要让它免费。如他所说：“你不能指望既把某样东西称为共同空间，但同时又控制它。”1993 年 4 月，全球总共只有约 600 个网站，CERN 决定把万维网软件投入公共领域，而没有任何使用费或专利。

互联网完全是物理学意想不到的副产物，粒子物理学家的需求和他们解决难题的合作方式表明，他们需要以远远领先于其他社会领域的方式共享数据。作为结果，创造出现代世界最重要的发明之一，只需要在合适的支持环境中做出创造性的一次飞跃。如今，伯纳斯－李是万维网联盟的董事，继续监管互联网的发展。2012 年伦敦举办奥运会，开幕式上伯纳斯－李坐在一张小桌旁，现场打出“THIS IS FOR EVERYONE”（这是为了每个人），点亮体育馆座位，就像一个巨大的LED屏。讽刺的是，美国评论员居然不知道他是谁，还鼓励电视观众用他发明的技术搜索他。

有了LHC，CERN的数据挑战呈指数级增长，虽然计算能力与连通性有所增长，实验产生的数据量也大幅增长，需要不断革新。LCH探测器每年数据输出预计约90拍字节，相当于5600万张CD——可以堆到地球和月球之间。即便拥有计算能力，以及能够在CERN存储与处理数据，问题仍然没有解决——仅电费就高到令人望而却步。CERN的计算专家清楚，数据集太过庞大，无法整体转移或处理，因为构成网络的铜电缆不足够快。

为解决问题，他们创立了国际协作，形成全球分布的光纤网络，超快连接与大型计算中心，将全球科学家联结在一起。这个系统就是Worldwide LHC Computing Grid（WLCG），但一般被称为“the Grid”（网格），在全球合作国家拥有超过20万个服务器，可以用于存储与处理数据，促成了CERN成功必不可少的国际合作。

成功应对了计算与工程挑战，大型强子对撞机于2009年重新上线，对撞粒子束，从各个实验收集数据，网格的高效使分析能力快速提升。每天接力棒从一个时区传到下一时区，有的地方分析工作一天24小时不停歇。澳大利亚同事可以与欧洲、美国、其他地区的物理学家接触与分析相同的LHC数据，但正在追寻希格斯玻色子的可不止他们。

此时Tevatron顺利进入Run Ⅱ——2001年启动——并且已为希格斯粒子而升级。费米实验室的物理学家知道他们无法达到LHC那样的能量，但他们希望能率先发现希格斯粒子——如果其质量刚好是某种“金发女孩希格斯”，既不太重（>180吉电子伏），因为他们无法创造出来，也不太轻（<140 吉电子伏），因为它会衰变为底夸克，消失于背景噪声中。由于 LHC 获得能量，碰撞率提升，他们发现希格斯粒子的能力要比 Tevatron 更强。

Tevatron 团队狂热工作，分析数据。2011 年初，他们有 95% 的把握排除 103 吉电子伏以下及 147 吉电子伏至 180 吉电子伏之间的质量，他们祈求数据再多一点，也许就能在这之间发现希格斯粒子。[11] 然而预算即将削减，Tevatron 因此于 2001 年 9 月关闭。截至 7 月，LHC 实验已经排除了 149 吉电子伏至 190 吉电子伏，但在 9 月，费米实验室无法筹措到维持继续运转的每年 3500 万美元的资金，Tevatron 被关闭。结束之时，海伦・爱德华兹观看了仪式，这台她已为之奋斗三十年、与她的生活融为一体的庞大机器安然入睡。现在，所有目光都转移到了 LHC。

截至 12 月，希格斯粒子的范围已经缩小至 115 吉电子伏至 130 吉电子伏，聚焦于 125 吉电子伏区域，ATLAS 和 CMS 都在此发现了令人兴奋的线索。它只有 2-sigma 级别，并且他们永远不会忘记 Oopsleon，但这次有两个实验独立完成。人们都能感受到物理学共同体的兴奋之情。

2012 年 7 月，LHC 运行三年，全球的粒子物理共同体在澳大利亚墨尔本举办的高能物理学国际会议（ICHEP）上共聚一堂。CERN 在他们日内瓦附近的场所召开新闻发布会，现场直播——当然是通过互联网——给墨尔本的观众，大多数物理学家都在这里。我在离牛津大学不远的卢瑟福阿普尔顿实验室的办公室里看电视，同时全球还有数百万人在线观看。

两个实验的发言人，CMS 的发言人是来自美国的物理学家约瑟夫・因坎代拉，ATLAS 的代言人是来自意大利的法比奥拉・贾诺蒂[12]，代表数千位科学家发表演讲。尽管有媒体在，我仍然对他们提供的科学细节的高度印象深刻。他们都展示了不同希格斯粒子衰变途径的重建，我则震惊于展示的每个图像与数字背后要进行多少工作。

观看时，我想到了我的同事，这一天是他们数十年工作的巅峰时刻。有些人的办公室就在走廊那头，有人则在世界另一端的墨尔本。这项工作由个体组成 10 至 15 人的小团队完成，他们全心投入自己的谜题。这些团队随后形成更大的团队或与其他机构形成工作组，然后组合为每个实验约 2000 位科学家的合作。他们一起在自组织管理系统里工作，这是 CERN 合作风格的特点。不同寻常的是，他们曾发誓那一天要保密，但我们都知道要发生什么。

物理学家演讲结束后，德国粒子物理学家罗尔夫－迪特尔·霍耶尔以 CERN 总负责人的身份登台，在几句开场白后，他深呼吸，宣布“我们有了一项发现”。欢呼爆发，物理学家拥抱，彼此祝贺。他们举家来到异国他乡，在非交际时间奋战无数小时，就是想要搞清楚是否还会有什么发现。现在，他们做到了，他们发现了希格斯玻色子。摄像机镜头拉近 82 岁的彼得·希格斯，一行泪珠滑落他的脸颊。

当我们客观看待那个时刻，总结 CERN 实现的一切，仅国际合作本身就已足够让人惊讶。LHC 实验有 110 个国家参与，包括 CERN 的 23 个成员国和 8 个准成员国，观察员国，以及有合作协议的国家（像澳大利亚）。在全球 1.3 万名粒子物理学家里，半数参与其中。即便作为知名科学家，经常与不同时区的地区展开合作，对我而言仍然很难彻底理解这样庞大的全球团队的工作。从刚起步，到第一个粒子束，再到第一次对撞，这是个非凡的壮举，更不必说成功做出重大发现。

正如互联网案例所表明，CERN 和其他大型组织做事方式不同。CERN 由纳税人的钱资助，因此几乎做的每件事都是开放资源，他们是开放科学、开放数据、开放硬件理念的倡导者。甚至礼品店也要遵守这条规则：不能盈利。互联网出自这些共享与开放原则，并不清楚最终如何发展。CERN 工作模式的独特性并没有被政策制定者和国际组织视而不见。

2014 年，CERN 与联合国一起庆祝和平科学六十周年，CERN 是国家之间为全球公众福祉而合作的典范。跟随 CERN 模式，一些其他项目已开始建立类似合作，将一些有严重政治分歧的国家联合在一起。约旦的 The SESAME（Synchrotron Light for Experimental Science and Applications in the Middle East）中心将巴林岛、塞浦路斯、埃及、伊朗、以色列、约旦、巴基斯坦、巴勒斯坦权力机构、土耳其联合在一起。在欧洲东部，SEEIST（东南欧国际可持续技术研究所）[13] 是个知识经济建设项目，专注于建设一个新的质子和碳离子治疗与研究设施。CERN 也帮助建立了我的合作伙伴之一——STELLA（Smart Technologies for Extending Lives with Linear Accelerators），与撒哈拉以南非洲的合作者一起，我们的目标是通过找到放射疗法设备严重不足的技术解决方案，在全球范围内提高获得高质量癌症护理的机会。

这类倡议与合作对全球的未来必不可少。CERN 模式创造的国际合作机制，具有解决全球挑战无与伦比的潜力。如今，联合国与 CERN 一同研究如何建立合作，推进可持续发展目标，许多都需要科学技术解决方案，包括应对气候变化、医疗保健、获得食物与水。

如果 CERN 是单个国家的智囊团或设计创造技术专利的企业，它肯定不会产生现在所具有的影响。与创造互联网相同的理念也产生了鼓励科学研究的巨大驱动力，使其成果对公众更为开放。

互联网当然不是 CERN 唯一的技术副产品，对于那些具有商业潜质的技术，有专门的知识转移团队负责研发。所有人都能在网上看到 CERN 目前的技术系列产品 [14]，一些例子包括协同软件系统、应用于医药的抗辐射探测器、切割大管道的小型轨道切割机。CERN 大型实验的独特要求一直推动着工业革新，以提供最先进的元部件。在一项调查中，75% 的 CERN 供应商表示，通过与 CERN 的合作而提升了创新能力。他们也谈到了“CERN 效应”，一家公司每签订 1 美元的 CERN 供应合同，其营业额就会增加 4 美元。[15]

我不可能把粒子物理学最近发展的所有技术都囊括进来，但要提及一个很重要的技术，因为它完善了医疗诊断技术。除了 CT 扫描仪（第一章）和 MRI（第十一章），粒子物理学也在研发正电子发射断层扫描（PET）的过程中起到了重要作用。PET 不仅直接使用了正电子（反物质），其探测器技术来自锗铋氧化物晶体的发展，用于探测粒子雨。用这些晶体已制造了超过 1500 台 PET 扫描仪，每台扫描仪花费 25 万到 60 万美元。LHC 时代，新晶体需要承受住来自高碰撞率的辐射损坏，从而带来了一种新晶体，名为 LYSO 晶体，它有更快的响应时间，比 BGO 晶体产生的光多 3 倍，现在是 PET 扫描仪的工业标准。甚至在 LHC 应用这项技术前，CERN 的知识转移团队就已促成此事，它现在才被纳入升级的大型强子对撞机项目的探测器中。

CERN 系列产品中现有的技术会具有像互联网这样的影响力吗？这个问题无法回答。LHC 计算网格在日常生活中还没有这样的影响力，但已经广泛应用于粒子物理学之外，它已在其他科学领域比以往提供了更强的计算能力的机会。即便在最早期，网格也考虑到新抗疟药物的设计，分析了 1.4 亿种化合物——标准计算机要完成这项任务需要 420 年。CERN 的基础设施与开放分享知识的基础正在帮助其他科学家进入大数据领域，创造了其他领域全新的工作方式。

向共享资源转变已经成为日常现象，全球的企业已经采用相同的方式，建立大数据或云，在远程服务器上存储与访问数据，而非储存在你的本地电脑上。如果你使用像 Google Docs、Dropbox 或其他的云服务，它们的创建方式类似。商业云系统与 Grid 系统的区别在于数据存储位置，网格计算意味着数据存储与计算能力分布在很多不同的电脑上，而非存储于大公司所有的云服务数据库里。由于用户越来越不满他们的数据被锁定在个别公司，比如微软的专利 .docx 或 .xlxs 格式，或苹果的 iTunes 音乐作品集——网格技术的各个方面正越来越多地被用作云计算挑战的解决方案。此处的重要目标是**互操作性**：系统间开放端口的能力。[16] 这非常具有 CERN 和伯纳斯 – 李创造互联网的精神。一种优化的云网格系统也许最终会帮助粒子物理学家：它能够克服云系统的大小限制，使物理学家使用维护完善的公共基础设施。

大型强子对撞机影响世界的各个方面，我们还没有讲完，因为还没讨论这个实验最重大的影响：培训高水平人才。LHC 和其探测器是国际化、鼓舞人心的超科学，全球很多最杰出的年轻人才从事物理学，就是因为像这样的大项目，他们中有几千人继续在这一领域完成了博士学位。“那之后怎样呢？”如果不问这个问题，就是我的疏忽大意了。他们的前途似乎应该清晰明朗，但并非如此。

在某些物理学领域，每个博士后工作有超过 100 个申请人，大型实验室的学术职位或固定职位甚至更少。随着时间推移，这些受过高级培训与技术精湛的人才面临着非常艰难的抉择：留下还是离开。高度专业性带来独特的挑战，最终得到短期合同的研究人员通常别无选择，只能去其他国家申请更稀缺的职位，或者换个行业。对那些有其他谋生手段的人而言，等待下一个合适的岗位出现也许还能接受，但对包括我在内的很多人，这是不可能的。

我个人在职业生涯里曾面临过不止一次这种险境，我也从朋友、同事、同行那里知道，情感上非常痛苦的不只我一个人，被迫考虑放弃我深爱的被好奇心驱动的宏大物理学研究，然而这也迫使我思考我所拥有的可以申请其他地方的才能。我在数据科学、问题解决、公众演讲与写作上都有才能，我拥有可以在工业中使用的实验技能，并具有完成长期项目的能力。我开始重新调整简历，在网上找工作。我认为我可能会在初创公司、政策或咨询行业有所发展，事实上，我意识到自己可以胜任这些工作，乐在其中，并对世界产生影响。我接受成千上万个其他我擅长的、待遇更好的职位。

大多数拥有物理学博士学位的人最终会离开学术研究，这是个事实，一项调研了 2700 名前 CERN 研究人员的报告显示，其中有 63% 任职于私营部门，例如先进技术、金融或 IT 领域。他们带来的技能在这些部门十分受欢迎，比如问题解决、编程、大数据分析、科学交流与国际合作。仅在英国，所谓 STEM（科学、技术、工程、数学）技能人才缺口就达 17.3 万人，虽然英国具有科学技术全球领导者的声誉。[17] 对这种技能人才的需求与日俱增。

在我搜寻粒子物理学家在其他领域发挥才干的故事时，并未太费周折就能找到一些出色的创新者。以物理学家依琳娜·伯格伦德博士为例，她参与了 CERN 寻找希格斯玻色子的工作。她发现女性生殖周期有着巨大的知识空白，于是开始追踪包括体温在内的身体数据，不久之后她发现可以把才能应用在统计学与数据分析上，帮助了解她何时可生育，这个想法也许可以帮助其他想要自然管理激素周期的女性。成果就是 Natural Cycles（自然周期）这个 app（应用程序）——现在全球有超过 150 万用户。2020 年这是唯一一款经过 FDA 认证的用于避孕的 app，这是一项改变了很多女性的生活的技术。

现在，从粒子物理学和其他好奇心驱动的物理学研究领域到高科技创业公司，尤其是硅谷，已经有了一条示范性的道路。这些工作吸引物理学家的不只是高薪，一旦他们的眼界超越了最初专业领域的界限，能解决的问题种类几乎无限多。尤其在美国，从物理学博士到硅谷的途径非常通畅，与学术研究相比其资金充足，物理学很难留住最好的毕业生。

在我完成博士学位几年后，当我自己的去留时刻到来时，我决定，唯一能让我留在物理学领域的办法就是靠自己。我无法改变短期合同、薪资、资金的外部问题，但我可以掌控自己的环境。我花时间建立了一个志趣相同的物理学家社群，特别是女性，我可以在周围看到像我这样的人，从而感到不那么孤单。我学着对自己的需求提出申请，更勇敢地走入领导办公室，请求他们支持我的研究——有一次我甚至请求创造自己的工作，真的得偿所愿。我决定从事我所热衷的事情，比如公众活动与改进研究文化，包括我的研究，即使这意味着反对一个说我不应该在这些事情上“浪费时间”的系统。我并没有在完成一项一个女人改变物理学的任务，那只是徒劳，我致力于创造一个感到充满创造力、受欢迎、满意的环境。我清楚如果我没有做到的话，也很乐意离开。

最后，我留了下来。我和同事一起为一个小实验从零开始建立新实验室，用离子阱模拟粒子加速器，我试图了解在未来的对撞机中粒子束会如何表现。我招收了自己的第一个博士生，一起调试设备，以前我从没有从零开始建造过实验仪器，这是个巨大的学习曲线。我无法相信多少事情出现了问题，或者某些部件花了多久才起作用。在我决定留下来两年后的一个下午，我们正在修理一些电子噪声和接地问题，我们第一次看到一个小光点出现在示波器屏幕上的杂音上方，我们正在捕获并提取离子：第一个重要的里程碑。那天下午我得到了在实验室开香槟的特别许可，我们用塑料杯畅饮。这当然不是希格斯玻色子级别的成就，但我仍然几乎不敢相信，我们的实验成功了。

回想起这段时光，最让我触动的是我非常幸运，在我周围有这么多优秀的人，不只职业生涯的艰难时期，而是整个历程，从我最早的老师，到路途中的导师，到博士导师对我的坚定支持，再到同事，以及后知后觉发现的支持我的人。我所研究的物理学，远不止于追寻宇宙与万物运作的方式，这就是我们共同关注的大问题，物理学是关于人的，当我这样说时似乎再明显不过了，不是吗？

在 LHC 不可思议的故事里，这点是最为明显的，其中超过 1 万名科学家学习如何在一起工作，为了基于纯粹好奇心的共同目标，光是这项功绩就已让投资物超所值。但当然，希格斯玻色子并不是故事的结尾，LHC 物理学家仍然每天都在勤奋工作——我们都是如此——因为有了新数据、新想法、新的或大或小的实验，我们可以回答新问题，比答案略进一步，在我们力求理解万事万物的路上继续进步。

目前为止，LHC 已经产生了很多有趣的、引人思考的成果，尽管没有发现希格斯玻色子那么重要。每天都有新的实验结果：过去十年间，LHC 已经发现超过 50 种新强子——由夸克组成的粒子——进一步检验我们的强核力知识，这些强子中甚至有些在盖尔曼的理论中已有预言，但直到现在才发现。LHC 物理学家已经发现很多粒子由 4 个夸克或 5 个夸克结合在一起，仍在研究它们运作方式的细节。自然界不断提供大量新粒子，但都包含在粒子物理的标准模型里。

虽然这些新粒子的奇特性质正帮助我们完善标准模型，但目前为止，我们在 LHC 的能量范围内发现奇特的新粒子的宏大愿望尚未实现。从某种角度来说，这是好事：我们排除理论的速度在物理学史上也许是前所未有的，这为创造性的新想法与新的关注领域创造了可能。当我问实验粒子物理同事，他们是否对此感到失望——因为很多人都非常希望发现理论物理学家预测的标准模型以外的奇特新粒子——他们大多数人非常乐观。毕竟不论他们最喜爱的理论如何，他们在寻找的是真实存在的东西。他们正致力于筛选 LHC 产生的大量数据，看看自然界还藏着哪些秘密。

然而，别以为我们正在填满细节，物理学旅程已近乎完成，所有重要的东西都已发现。肯定还没有。我们必须再看看那些空白，虽然标准模型取得了不可思议的成功，我们的方程仍无法将引力与其他力调和。我们不知道是否只有一个宇宙，或者我们生活在所谓“多宇宙”里。我们知道中微子具有质量，可以改变形式，但其原因无人知晓。[18]我们不知道为何被物质而非反物质环绕。我们不知道弥漫于整个宇宙的暗物质的本质。从很多层面来说，希格斯玻色子只是个开始。

第 十 三 章

未来的实验

每年约有 1500 位物理学家和工程师参加国际粒子加速器会议，分享他们的工作成果，他们的项目从计划的 100 千米长对撞机，到最小型的工业加速器。会议每年改变地点，选在亚洲、美国和欧洲，2019 年 5 月首次在澳大利亚墨尔本举行，我很荣幸受邀发表开幕全体演讲。

会议开始前，对于要讲些什么我感到十分纠结，倒不是由于观众的数量，我在更多人面前演讲过，知道如何处理这些紧张情绪，让我感到不安的是观众的专业性。这是目前为止我被邀请在自己领域发表的最重要的演讲。我可以遵循前人的做法，提供我们领域现状的专业综述，以及粒子加速器的大量技术细节。然而当我开始写演讲稿时，却有了一些不同的想法。

最初我开始书写时，只是想把脑海中的想法呈现出来。我写的不是物理学的内容，而是我们领域更人性的侧面，关于在一起工作，我们是怎样走到今天的，以及我学到的经验。我写了研究文化，我们怎样一起团结协作应对未来面临的挑战。随着思绪的推进，我逐渐意识到我不会重写这个演讲稿了，这是个巨大的职业冒险。物理学家在会议上讨论物理学，而不是人。如果把我的专业置于一旁，却讲这个故事，失去我的共同体的尊重，这可如何是好？作为新成员，我对此寄予了很大期望。

演讲当天，我很紧张地来到报告厅前面，向当地政府部长问好，等待着会议主席介绍我。幻灯片已经加载，我闭上眼睛，把注意力放在呼吸上。当开始时刻来临，我迈上台阶登上讲台，面向观众。在耀眼的灯光下，我可以看到来自欧洲、日本、美国、澳大利亚的合作者，从久仰大名的实验室主任，到夜间工作时一起吃比萨的同事。我在墨尔本大学的新学生也在那里，他们从未听过我的演讲。我深吸一口气，开始演讲。

我讲述了在我们领域的十二个实验中我所学到的东西，组织者让我回顾过往的实验，也谈谈未来的实验将把我们带向何处。所以我开始思考我们现在在这个鼓舞人心的、宏大的、跨越宇宙的旅程中所处的位置，以了解我们的世界。

我忍不住要把 19 世纪晚期我们开始这趟旅程的情况，与进入 21 世纪的第三个十年时我们在粒子物理学中的位置进行一个对比。也许我们即将迎来巨大的变革时期，就像发现原子核、电子、整个亚原子和量子世界那样。伦琴在实验室屏幕上看到绿色亮光，卢瑟福对粒子被金箔薄片直接弹回深感震惊，我们正试图在 21 世纪找到类似的发现，它肯定会出现在电脑上的一堆复杂数据中，而非屏幕的闪光，但本质相同。我们寻找的都是让我们发出“嗯……好奇特”这样感叹的东西，但我们不能只是等待这些东西自行出现。

发现从来不是完全偶然的，人们**做出**发现：只有支持那些想要做出发现并且进行实验检验自然的人，我们才能在理解上达到一个新的层面。幸运的是，这趟旅程已经出发，全世界成千上万的科学家——包括很多听我演讲的听众——已经在计划、筹备、升级或大或小的实验。好奇心已经将他们带到技术的边界，甚至已然超越。

很多计划中的下一代实验需要广泛协作，这有着充分理由。我们正在探寻的重要问题——暗物质的本质是什么？宇宙中物质与暗物质为何不对称？物理学中是否存在描述一切的大统一理论？这些问题不可能由个人或单打独斗的小团队来解决，问题已经太过庞杂，结果就是回答这些问题所需的实验几乎肯定庞大而复杂。

牛津大学粒子物理学院主任丹妮拉·博尔托莱托教授简洁地描述了该领域的现状："标准模型粒子只占整个宇宙中质－能物质的 5%，剩下 95% 由我们未知的事物构成：暗物质与暗能量。由于没有任何实验证据告诉我们黑暗区域的起源，我相信有所进展的最佳方式是细致地研究希格斯玻色子。"

通过尝试发现希格斯玻色子的本质，博尔托莱托和她的同事努力研究希格斯玻色子是否打破了已知的物理学定律。也许存在很多不同的表现奇特的希格斯粒子，如果真的存在，如果希格斯粒子以未知的方式衰变或发生相互作用，我们就会发现标准模型核心部分的缺陷或知识空白。

物理学家不再追问"暗物质存在吗？"（我们认为存在），而是问"暗物质的本质是什么？"。进展既需要理论也需要实验，暗物质展现出独特的实验挑战。描述暗物质的理论层出不穷，但我们唯一确定的是，暗物质不会相互作用。在 LHC 或未来的对撞机里，通过将其不会相互作用视作"丢失的能量"，也许我们可以发现暗物质，这个想法让人想起 β 衰变的奥秘，它让我们发现了中微子，但中微子理论帮助实验物理学家找到了它们，我们却还没有暗物质理论：我们被实验数据引导着。宇宙中 95% 的物质还未被探测到，赌注不可能再高了。

研究这些问题需要一个"希格斯工厂"——能产生千千万万希格斯玻色子的新型粒子对撞机，以及发明新一代精准的粒子探测器，这就是博尔托莱托研究的方面。对于希格斯粒子的真正本质，LCH 无法提供全部答案，因此该领域里几乎所有人都同意希格斯工厂应该是个高能正负电子对撞机，碰撞能量接近 1 太电子伏。目前达成一致的是机器的类型：是直线加速器，还是环形加速器，或者它所基于的技术。在希格斯工厂，也许只能建造一个正负电子对撞机，因此我们必须做出选择。

30 千米长的国际直线对撞机（ILC）现在已经准备在日本建造，如果当地政府允许继续进行的话——2021 年，“预备实验室”阶段已获得批准。CERN 已经研究了二十年的紧凑型直线对撞机（Compact Linear Collider）是另一个选择。[1] 两个项目已在直线对撞机协作下展开合作，现在由 LHC 项目主管林恩·埃文斯领导。作为选择，下一个大型机器可能是周长 100 千米的环形加速器，在考虑中的有 CERN（未来环形对撞机，FCC）和中国（环形正负电子对撞机，CEPC），除了高能正负电子对撞，高能粒子束会放出不必要的 50 兆瓦同步辐射——就像我们在第七章看到的——整天，每一天，在它们围绕圆环运动时。我们必须现在就开始设计与准备这些对撞机，2036 年左右 LHC 结束运行时，其中一个可以做好准备。

约翰·亚当斯加速器科学研究机构的主任，菲利普·伯罗斯教授相信直线对撞机，尤其 ILC 是最成熟的设计，最有可能让我们最快建成希格斯工厂。和环形对撞机不同，直线对撞机未来可以通过延长长度进行升级，这可以提升其能量上限，如果暗物质粒子、超对称粒子——一个理论预测所有物质粒子都有一个更重的“超对称”对——或其他标准模型以外的粒子出现的话。与此同时博尔托莱托指出，直线对撞机后续无法升级为质子 - 质子对撞机，然而投资环形隧道意味着可以重复使用，就像 LHC 重复使用 LEP 隧道。决定最终取决于政治、开销、合作以及物理学。不论建造哪一个，博尔托莱托与伯罗斯（或者可能是他们的学生）都会随时准备好。

尽管超导磁体与射频技术都有进步，但从长远来看，达到更高能量取决于更大的粒子加速器。一些研究人员提议在月球或太空中建造实验仪器的时候，等离子体物理学领域的一项突破也许能让我们至少将加速器的体积缩小到之前的千分之一。我们制造粒子加速器射频洞穴的材料——铜与超导材料——在起火或发生故障前只能承受一定强度的磁场，这就给我们推进的粒子设定了物理上限，进而决定了加速器的总长度。我在牛津同事的团队与帝国理工学院，以及世界上很多其他人，都在尝试制造**等离子体加速器**。

这个想法是使用高功率激光，或者甚至是另一粒子束[2]，产生等离子体，这是物质的一种状态，其中原子已经电离。等离子体可以承受很强的电场强度，电子或其他粒子可以运动并获得能量，这已在实验室得到证实，并成功加速粒子，但还没有准备好融入粒子物理实验之中。要得到所需的高能粒子束以及控制它们，还需要几年时间。

虽然目前只是等离子体物理学的早期阶段，仍然着实让人兴奋。我经常告诉我的学生，一旦等离子体加速器足够先进，我就会很高兴地跳槽，开始进行设计。我相信它们马上就能与我们的传统技术协作，而非取代传统技术，因此我开始思考将二者融合的方式。

当我们发明这些未来的对撞机时，发现绝不会被搁置。LHC 一直在升级，提供越来越多的数据。我们已经知道标准模型具有内在缺陷：它不包含引力，无法解释宇宙中为何物质比反物质多，不包含暗物质或暗能量，也无法解释为何中微子具有质量。**肯定**还有更多。

认为这些问题的答案肯定会来自粒子对撞机，这种想法会很不成熟。物理学的另一领域也许会产生带给我们下一个重大发现的成果。聚焦于特定问题的更小型实验也许会先一步完成，它们的实验结果可以由对撞机继续完成。一个例子是全球正在建造的寻找暗物质的探测器，在澳大利亚，第一个南半球暗物质实验仪器正在斯托尔地下物理实验室被建造，位于地下 1 千米的一个之前的金矿里。

我在国际粒子加速器会议的同事对这些项目十分了解，这就是为何我决定讨论我们的领域不仅增加了粒子物理的知识，而且导致了社会变革。我们在这本书里见到的 12 个实验为我们提供了如何继续的经验。布鲁克海文、费米实验室、CERN 的故事，以及对物质与力的隐形实在知识的探索，可以带给我们如何处理现在与未来面临的未知的洞见。

当我问同事，他们认为社会可以从粒子物理学之旅学到什么时，我以为会有一系列不同答案，但我错了——他们都做出了相同的回答：我们可以学习如何合作。像粒子物理学这样复杂的任务引导我们创新、尝试——就像人类一直以来那样——创造秩序，理解，拥有知识与寻求智慧。这归结于我们似乎有种冲动，想要持续迈向未知。我们努力争取更多、更好，虽然物质资源有限，但我们人类产生新想法的能力几乎是无限的。通过合作与新的工作方式，我们可以实现这种能力，并且前所未有地鼓励创造性。

当我思考是什么让我们的世界变得“现代”时，我脑海里有一种全球意识。我想到社会在几乎每一个方面都取得了巨大进步，新发明带来生产力的提升，物质不再那么匮乏，增长带来了正和经济。地球上人口增长，过着比以往任何时候都要好的生活，越来越多的人接受教育，能够识字。1930 年，15 岁以上的人里只有 30% 能够读写，现在这一数字在全球为 86%。1990 年起，即便人口持续增加，每天平均有 13 万人摆脱极端贫困。尽管 20 世纪取得了巨大进步，10 个人里仍有超过 9 个人认为我们的世界没有变得更好。[3] 也许他们是正确的。

我们正面临前所未有的挑战：气候变化、濒危的生物多样性、水资源匮乏、能源需求、人口老龄化，当然还有流行病与传染病。我们的生存面临着如此持续不断的具有新闻价值的威胁，却没有媒体每天提醒我们，事实上从长期趋势来看人类寿命更长，生活得更好了，因为我们把这个事实视作理所当然。这点十分奇怪，因为不存在任何保证，可以让我们比我们的祖先活得更长、生活得更好。

我十分乐观，我相信，作为一个物种，我们将通过创新的解决方案来克服我们面临的挑战，这就是为何我认为理解创造新知识和新想法的过程至关重要。如果像粒子物理学这样听起来很神秘的学科已经如此深远地改变了我们的世界，那么肯定还有很多研究领域——不仅在科学上，而且在所有探索领域——我们也已经忽视了。这种好奇心驱动的研究就是这种追求，可以以我们无法设想的方式改变我们的未来。现在比以往任何时候都更需要我们培养面对未知的技能，为全人类的福祉而共同努力。

回顾这 12 个实验，我发现除了学习如何协作，面对未来的挑战还需要三个要素：问好问题的能力、好奇心的文化、坚持的自由。我们需要在正确的语境与合适的时间问出正确的问题，关键是问一些问题，让我们相信自己可能是错的，抛开自己的偏见。不管一个想法对我们多么有用，我们的问题必须以一种可以改变想法的方式来构建。汤姆孙问的不是“电子存在吗？”，然后当最初的实验结果与他的假设不符时，就得出结论说“电子不存在”。好问题必须挖掘深入至未知的核心，像“阴极射线的真正本质是什么？”这样的好问题易于随后产生很多小问题，比如“阴极射线会在电场中弯曲吗？”。提出这些小问题十分必要，事实上，正是这些小问题引导汤姆孙发现了不一致性，揭示了前方的道路。只有当所有小问题得以解决后，他才能找到大问题的答案，结果就是电子的发现。

另外很重要的一点是，我们不必回答提出的所有问题，有些问题可能几个世纪都无法回答，然而好问题是强大的激励因素：努力理解物质与力的本质时，对我们取得的所有惊人成就而言，一直让我们前进的并非答案，而是问题。

我们提出这些问题的环境同样重要。我们已经看到好奇心怎样带来了不可思议的突破，但支持好奇心的文化是什么样的？看起来就像我的一个朋友在头脑风暴会议上允许提出一个想法，但没有受到批评。就像我的一名博士生看了一个使用人工智能设计过山车的视频，受此启发他也想这样设计粒子加速器，我全力支持他。新兴的想法首先需要滋养，威尔逊没有尝试发明粒子探测器，伦琴没有尝试发明医疗技术，CERN的任务不是发明万维网。因为他们工作的文化支持人类的好奇心，所以他们的想法才得以茁壮成长。

要产生这种文化十分**困难**，我们要有目标、计划、投资人、报告、截止日期，谁有时间为这种文化付出？但这真的值得。当我们心中没有目的地时，寻求知识的行为会展现出更壮丽的风景。

最后，我们需要给予自己——我指的是个体、团队、社会、全人类——坚持我们努力的自由。没有失败的开始、大量的困惑、经年累月异常缓慢的知识积累，我们不可能逐渐拼凑出粒子物理的标准模型。初次做某件事极其困难，初次做只有少数人理解的事甚至更难。当我说我们需要培养坚持的自由时，我指的不只是毅力与顽强，而是可感知的事物，比如时间、空间、资源。

我们需要鼓励这样的环境，让人们能够追随自己的好奇心，承担学术上的风险，并茁壮成长。我们正处于巨大的机遇期，如果我们能够学习重视科学的创造性本质，培养好奇心，向我们自身与周围年轻人提倡学术的深度与广度，我很确信我们能够面对未来。然而，在一个关键方面，我们并没有这样做。

在本书中，我们看到了一个又一个例子——说明我们对物理学的一些最基本部分的理解是如何产生切实结果的，知道了这一点，就很容易根据所谓潜在影响来决定资助研究。很多政府已经这样做了，至少在一定程度上，但他们通常关心快速产生的成果。像粒子物理学这样的领域，已经为社会以无法预知的方式带来了如此巨大的影响，时间跨度对大多数政治家而言无法理解，对这样的短期思维我们有何可说呢？

如果专注于快速产生成果是典范的话，卢瑟福的实验室就不会存在，罗伯特·威尔逊建造 Tevatron 的提议国会也不会通过。彼得·希格斯有次谈到，在目前的学术体系里，他甚至没有工作[4]，因为他没有写出足够多的论文。在如今的体系里他会被加倍排斥，因为他无法宣称能够对真实世界在短期内产生影响。如今我们期待超级生产力、责任心、物有所值。虽然把好奇心和金钱放在一起谈论会让人觉得不礼貌，但如果我们想在未来取得重大突破，我们确实需要金钱。

创造坚持的自由需要我们承认好奇心驱动的研究在社会中发挥的作用，这是我们对科学价值思考方式的深刻转变，实际上我想把这个论点扩展到我们对研究的一般价值的看法上。像汉娜·阿伦特所说，人类是会问问题的存在。就像我们反复看到的那样，最不应该向做出发现的人询问，这个发现有什么用处，能够从中得到什么。我们必须支持提问题与好奇心，因为它提升了我们作为人类的繁荣，这并不是因为它可能会让我们的国家处于更好的经济地位，或设法提升太阳能电池板 1% 的效率——虽然也许能够完成这些。让我们不要因为在发现之前没有看到它们的价值而错过。

我们还需要学习怎样共同完成这些，没有什么比人类齐心协力更有力量。如果没有几十年间个人承担风险与团结协作，这个故事后期的少数几个实验永远不会出现。想象一下，如果前几代人没有这样做，我们现在的生活将会是什么样子？

当我那天在墨尔本演讲时，谈到了很多这些内容，坦白讲，我不记得走下讲台，或是后面几位演讲者讲了什么。茶歇时间，我努力来到咖啡台，但每隔几米就有人笑容满面地出现，阐释我的演讲的不同内容。有些人我认识，大多数根本不认识。发言人委员会主席那天后来找到我，高兴地回忆起我的演讲在社群里激发的讨论。

经过多年研究，我学到了一些比物理学更为宏大的东西，我学会了如何追随自己的好奇心，迈入未知，提出好问题，在很多阻碍中坚持下去。当我把这些体验反馈给我的团队，我发现领域的其他人与我同在，为我加油打气。这是一种我甚至没有意识到的我已缺失的东西：归属感。

因为会议使我感到疲惫至极，我决定在会议最后一个周五晚上离开人群，来到我的院系。地下室的宁静向我问好，当我走过一幅大爆炸的壁画和一连串木门时，我的脚步声回响在混凝土走廊里。我把全新的大学身份卡放在读卡器上，推开门，走了进去。

穿过凌乱的桌子和纸板箱，我站在新实验室里。这些墙用混凝土块砌成，足够保护外部世界不受之前使用的，以及未来将在这里创造出的粒子束的伤害。对这个实验室，我有很大的目标，我要重新构想这个空间：白墙，闪烁的安全灯，黄色的危险标志，黑色的电缆，铜制加速结构。我看到学生、工作人员、合作伙伴——我的大家庭成员——正忙于工作。

我正在询问的问题是对粒子加速器物理学的探索，物理学家的需求与医疗和工业的需求，将我带回到绘图板，来到物理学与发明冲突的地方。我的脑海里满是粒子束物理学的问题，还有它们的旋转、振动的非线性舞蹈、电磁相互作用。然后我们遇到工程、开销、执行的问题，但现在我的好奇心起始于微小、不可见的粒子世界的相互作用，并将此与使我们的生活更美好、即便在遥远未来的想法联系在一起。这就是巨大的物理学、科学、人类的研究与知识之旅中，属于我的理想工作。

设计来理解物质与力的实验可以回溯至几百年以前，我们目前的理解仰赖于上千个，也许上万个实验。在这趟旅程中，我们已经研究了其中很少一部分。这些实验塑造了我们思考宇宙本质的方式，创造了很多日常使用的技术，共同创造了我们互相连接的现代世界。

在我的新实验室里，我即将与未知对话，很感激有这样的时间与空间让这样的对话发生。我知道在这间实验室里，成功必然伴随失败与沮丧，要将这片空间从混凝土砖变为新知的源泉，需要能量、好奇心、创造力的涌现，但我也很清楚，我不想把这份能量投入到其他地方。

我无法承诺我们必将改变世界，但至少我清楚该如何前进。一次，一个实验。

致　谢

ACKNOWLEDGEMENTS

虽然我的名字出现在封面上，但这本书——就像其中的实验一样——因其他很多人才成为可能。我衷心感谢：

同意接受访问的很多同事、研究人员、专家，他们带我参观实验室，帮我完成这个故事：罗伯·艾波比、伊丽莎白·巴贝里奥、艾伦·巴尔、丹妮拉·博尔托莱托、菲利普·布罗斯、哈利·克里夫、弗兰克·克洛斯、索尼娅·康特拉、莱斯·加梅尔、罗伯·乔治、大卫·贾米森、斯尼哈·马尔德、史蒂夫·迈尔斯、约翰·帕特森、拉里·平斯基、哈里·奎尼、谢尔盖·罗曼诺夫、维尔纳·鲁姆、马丁·塞维尔、马可·希普斯、伊恩·希普西、杰夫·泰勒和雷切尔·韦伯斯特。特别感谢雷·沃尔卡斯，他是我一直能够寻求帮助的理论物理学家与支持者。然而我应该明确的是，任何物理学上的错误都完全归咎于我本人。

感谢很多帮我实现物理学旅程的导师：罗杰·拉苏尔，是您让我相信我可以从事这门学科；肯·皮奇，我的哲学博士导师，一直支持我的科学交流以及我的研究，一直比我自己都能更多地了解我。

克里斯·韦尔贝洛夫，我的经纪人，感谢你的创造力、勤奋与耐心。在我的写作之旅中，我找不到比他更有见地的向导了。

我出色的编辑们，亚历克西斯与爱德华，以及 Bloomsbury 和 Knopf 团队，你们对这本书的看法在各个方面都帮助我成长，感谢你们帮助我讲述这个故事。

绝妙的牛津写作圈为我创造了一个空间，让我用颤抖的双手分享这个故事的第一个字，伦敦作家沙龙让我在神圣的虚拟写作空间度过了很多“独自一人却在一起”的时光。

当我经常为撰写这本书消失许久时，我的很多同事、合作者、工作人员和学生都十分善解人意，特别感谢我睿智的研究生们，你们是我持续的灵感来源。我迫不及待要回到实验室，或者像 Lucy 所说：“让我们开始物理学吧！”

亚历克斯・德・H，伊恩・R，简・M 和莎拉・R，感谢你们整个过程中坚定的友谊。基皮与罗斯，我的父母，感谢你们如此重视对我的教育。感谢我的祖母伊妮德，100 岁的她生活过这个故事的大部分时间。杰森与格蕾丝，感谢你们的信任与支持。最后，感谢我的双胞胎姐姐梅根，无法用语言表达我的感激之情，你真的是我生命中最不可思议的女性，并将一直如是。

注 释

NOTES

引言

1. 你可能注意到了，在这里我并没有把万有引力包含在内，虽然我们每天都在体验它。引力并未被包含在标准模型里，而且与其他三种力相比它微弱得让人难以置信，至于为何如此，以及如何整合这些理论，构成了 21 世纪物理学最大的挑战之一。

第一章

1. 通常被称为阴极射线管。严格来说，我在这里描述的是克鲁克斯管，但这些管都是相似的。这些实验必须在接近真空的条件下完成，否则阴极射线会与气体分子发生碰撞，被散射或消失。碰撞间的平均距离被称为“平均自由程”，适用于所有分子、原子以及穿过气体的其他粒子。阴极射线在空气中的平均自由程极小，因此阴极射线管只能在真空里工作。
2. *Nobel Lectures*，*Physics 1901–1921*，Elsevier，Amsterdam，1967.
3. 见 Otto Glasser，*Wilhelm Röntgen and the Early History of the Roentgen Rays*，Norman Publishing，San Francisco，1993。伦琴

族谱中的远房亲戚以制作机械功能奇特的精致家具出名，有人想这是否对伦琴有所影响。想了解更多，请见 Wolfram Koeppe，*Extravagant Inventions*：*The Princely Furniture of the Roentgens*，Yale University Press，New Haven CT，2012.

4. Glasser，Röntgen。
5. 其中有个玻璃管是一位名为伊凡·普鲁（Ivan Puluj）的乌克兰物理学家给他的，普鲁在 1889 年曾经宣称照相底片暴露于阴极射线时会变黑。伦琴和普鲁曾在斯特拉斯堡共事，伦琴定期参加普鲁的讲座，普鲁研发了一种名为“普鲁灯”的特殊阴极射线管，一度大规模生产，普鲁用它得到了老鼠骨架和胎儿的影像。那么，普鲁在发现 X 射线上击败伦琴了吗？恐怕没有，因为普鲁并未意识到他所看到的光线与玻璃管内的从本质上是不同的，而正是这一关键洞察使人们相信做出发现的人是伦琴。
6. Glasser，Röntgen。
7. 一开始“伦琴射线”这个名字被人们牢牢记住了，尤其在德国，但世界其他地方却没有，随着时间推移，更容易记住的“X 射线”延续下来。人们为了纪念他，把他的名字用作辐射的单位，虽然在有些医疗部门，你看到的仍是“伦琴”科而非 X 射线科。
8. 关于阴极射线的本质，此时存在基于地理的不同观点，绝大多数德国物理学家认为阴极射线是一种光，而大部分英国科学家倾向于认为它是一种粒子。
9. Lord Rayleigh（J. W. Strutt），*The Life of Sir J.J.Thomson OM*，Cambridge University Press，Cambridge，1943，p. 9.
10. J.J.Thomson，‘XL. Cathode Rays’，*Philosophical Magazine Series 5*，vol.44，1897，pp. 293-316.
11. J.J.Thomson，*Recollections and Reflections*，G.Bell，London，1936.

12. Thomson，‘XL.Cathode Rays’.
13. 皇家学会所在地伦敦的阿尔伯马尔街，被规定为世界上第一条单向街，就是为了管理来参加周五晚间演讲的听众的马车。
14. “粒子”和“光 / 以太”两派都接受了电子的存在，因为它被认定为电的单元，在后续理论中被视为以太中的干扰。
15. *Proceedings of the Royal Institution of Great Britain*，vol. 35，1951，p. 251.
16. Lewis H.Latimer，‘Process of manufacturing carbons’，*US Patent* 252，386，filed 19 February 1881.
17. P.A.Redhead，‘The birth of electronics：Thermionic emission and vacuum’，*Journal of Vacuum Science and Technology*，vol. 16，1998.
18. 与此同时，他设计制造了无线电发射机，在 1901 年 12 月让第一个无线电传输穿过大西洋。按照与马可尼公司的协议，名誉归于马可尼，虽然发明是弗莱明做出的。后来他觉得马可尼对他太吝啬了。
19. 公司成立于一场关于电灯设计的官司之后。除了灯丝，他们生产的灯泡完全是斯旺的设计。
20. 1906 年，李·德福雷斯特发明了三极管，一种早期的音频放大器。参见 Lee De Forest，‘The Audion：A new receiver for wireless telegraphy’，*Transactions of the American Institute of Electrical and Electronic Engineers*，vol. 25，1906，pp. 735-763.
21. 早在 20 世纪 20 年代，有些人就有了移动 X 射线源与探测器，从不同角度接收 X 射线的想法。装置中间的物体会被聚焦，外面的东西比较模糊，可以忽略。这个想法被称为“体层摄影”，大约有十个人独立工作，在 1921 至 1934 年间生产了一系列专利。他们都可以声称这是自己的发明，但第一个真正有效的版本来自 30 年代末德国的古斯塔夫·格罗斯曼，通过他的公司 Siemens-Reiniger-Veifa GmbH 实现。但这个方法仍然很笨拙，很难应用，仍然无法很好显示不同人体组织的密度差异。

22. 普通牛的大脑是不行的，当时在屠宰场宰杀会损坏牛的大脑，因此他不得不去符合犹太教规定的场所，那里牛的大脑的损坏较小，适合 CT 实验。
23. S.Bates et al.，*Godfrey Hounsfield*：*Intuitive Genius of CT*，British Institute of Radiology，London，2012.
24. 出处同上。

第二章

1. 完成牛津大学的学业后，索迪移民到加拿大，希望在多伦多获得教授职位，但没有成功，最后成为麦吉尔大学的化学助教。
2. Muriel Howorth，Pioneer Research on the Atom：*The Life Story of Frederick Soddy*，New World Publications，London，1958.
3. 出处同上。
4. Richard P. Brennan，*Heisenberg Probably Slept Here*：*The Lives*，*Times and Ideas of the Great Physicists of the 20th Century*，J.Wiley，Hoboken NJ，1997.
5. 以玛丽·居里的祖国波兰命名。
6. Ernest Rutherford，'Uranium radiation and the electrical conduction produced by it'，*Philosophical Magazine*，vol. 57，1899，pp. 109-163.
7. M.F.Rayner-Canham and G.W.Rayner-Canham，*Harriet Brooks*：*Pioneer Nuclear Scientist*，*McGill-Queen's University Press*，Montreal，1992.

8. T.J.Trenn，*The Self Splitting Atom*：*A History of the Rutherford-Soddy Collaboration*，Taylor and Francis，London，1977.
9. Howorth，Pioneer Research.
10. A.S.Eve，*Rutherford*：*Being the Life and Letters of the Rt.Hon. Lord Rutherford*，Cambridge University Press，Cambridge，1939，p. 88.
11. 出处同上。
12. 出处同上，p.188。
13. 这个名为“结婚关限”的传统对绝大多数职业的女性都存在，直到 20 世纪 50 年代才在加拿大终结，在美国和其他国家一直延续到 20 世纪 70 年代中期。
14. Rayner-Canham，*Harriet Brooks*.
15. John Campbell，*Rutherford*：*Scientist Supreme*，AAS Publications，Washington DC，1999.
16. 时至今日，物理学家通常承认他们在思想上将原子和其他粒子与小彩球联系起来，这幅图景非常不恰当，很多人都希望年轻时没有被这样教授过。
17. H. Nagaoka，‘Kinetics of a system of particles illustrating the line and the band spectrum and the phenomena of radioactivity’，*Philosophical Magazine*，vol. 7（41），1904.
18. C.A.Fleming，‘Ernest Marsden 1889-1970’，*Biographical Memoirs of Fellows of the Royal Society*，vol. 17，1971，pp. 462-496.
19. Arthur Eddington，*The Nature of the Physical World*，Macmillan，London，1928.
20. United States Environmental Protection Agency，‘Mail irradiation’. Available online at https：//www.epa.gov/radtown/mail-irradiation. Accessed 29 March 2021.

21. P.E.Damon et al.，‘Radiocarbon dating the Shroud of Turin’，*Nature*，vol. 337，1989，pp. 611-615. https：//doi.org/10.1038/337611a0.

22. C.J.Bae，K. Doouka and M. D. Petraglia，‘On the origin of modern humans：Asian perspectives’，*Science*，vol. 358 6368，2017. 10.1126/science.aai9067.

23. Sarah Zielinski，‘Showing their age：Dating the fossils and artifacts that mark the great human migration’，*Smithsonian Magazine*，July 2008. Available online at https：//www.smithsonianmag.com/hist ory/showing-their-age-62874/. Accessed 29 March 2021.

24. C.Buizert et al.，‘Radiometric 81Kr dating identifies 120,000-year-old ice at Taylor Glacier，Antarctica’，*Proceedings of the National Academy of Sciences*，vol. 111，2014，pp. 6，876-881. https：//doi.org/10.1073/pnas.1320329111.

25. 小行星假说最初由物理学家路易斯·阿尔瓦雷茨（见第八章）和他的儿子提出。从那时起就有一场争论，认为那只是火山作用，而非小行星。但在2020年，对这些猜测的建模重新确认了小行星模型是最有可能的，详见 Chiarenza et al.，‘Asteroid impact and not volcanism caused the end-Cretaceous dinosaur extinction event，*Proceedings of the National Academy of Sciences*，vol. 117，2020，pp. 17，84-93. https：//doi.org/10.1073/pnas.2006087117。

26. Adam C. Maloof et al.，‘Possible animal-body fossils in pre-Marinoan limestones from South Australia’，*Nature Geoscience*，3，2010，pp. 653-659. https：//doi.org/10.1038%2Fngeo 934.

第三章

1. 当时使用的是“微粒”一词，这使牛顿成为“微粒说”的拥护者。

2. 以太的观念一直持续至19世纪，直到1887年，迈克尔逊－莫雷实验证明传导光的以太并不存在，这使物理学陷入困境，为人们接受爱因斯坦的狭义相对论开辟了道路。
3. 在栅栏的情境中，衍射确实会发生，但与微弱的衍射效应相比，通过缺失板条的光起主导作用。当狭缝与光的波长（只有几百纳米）相当时，衍射效应会更明显。
4. 如果你没有时间，或者池塘结冰了，你可以从Veritasium找到漂亮的图案，包括这个版本。网址为https：//www.youtube.com/watch?v=Iuv6 hY6z sd0。
5. 当时他们用“电荷”来描述这个效应，因为还要再过十年才发现电子。
6. 莱纳德因对光电效应的贡献而获得1905年诺贝尔奖。他公开反对犹太主义，称爱因斯坦在相对论方面的工作为“犹太骗局”。他后来成了希特勒领导下的“雅利安物理学”的负责人。
7. B.R.Wheaton，‘Philipp Lenard and the Photoelectric Effect，1889-1911’ *Historical Studies in the Physical Sciences*，vol. 9，1978，pp. 299-322.
8. 他完成的真空度达到了百万分之一毫米水银柱，按现在的单位，大约10^{-6}毫巴，属于现在的“高真空”范围，堪称用玻璃管达到的令人震惊的技艺。
9. J.J.Thomson，*Conduction of Electricity Through Gases*，Cambridge University Press，Cambridge，1903.
10. R.A.Millikan and G.Winchester，‘The influence of temperature upon photo-electric effects in a very high vacuum’，*Philosophical Magazine*，vol.14，1907，pp. 188-210. https：//doi.org/10.1080/14786440709463670.

11. 出处同上。
12. R.A.Millikan，*The Autobiography of R.A.Millikan*，Prentice-Hall，Inc.，Englewood Cliffs，1950.
13. 一些证据表明，爱因斯坦的主要成果至少有一部分是米列娃的成果，详见 Pauline Gagnon，‘The forgotten life of Einstein’s first wife’*Scientific American*，2016. Available online at https：//blogs.scientificamerican.com/guest-blog/the-forgotten-life-of-einsteinsfirst-wife/。
14. G.Holton，‘Of love，physics and other passions：The letters of Albert and Mileva’（part 2），*Physics Today*，vol.47，1994，p.37.
15. 天体可以发出 X 射线。我们用不同的频率范围观测宇宙，从射电天文学一直到 γ 射线，X 射线天文学只不过是另一种方式。可以搜索一些来自钱德拉 X 射线天文台的图片，真的很令人惊叹！
16. 这是一种理论上的物体，虽然在实验上可以模拟。
17. 我们对紫光远没有蓝光敏感，因此即便光谱中的紫色部分更亮，我们的眼睛也会把蓝色感知为最明亮的。
18. 物理学家经常讲这样一个故事：普朗克开始研究黑体辐射，是因为一些德国专家请他计算下如何使电灯泡更高效，但这个传闻几乎没什么真实性。
19. 普朗克认为，黑体发出的光肯定源于名为谐振器的振荡——产生电磁辐射的振荡电荷。每个谐振器能够以任何频率振荡，这点来源于热物理学的统计力学观点。
20. 想查阅对普朗克的关键论文做出的冗长但深刻的解释，详见 A P.Lightman，*The Discoveries*：*Great Breakthroughs in Twentieth-Century Science*，Pantheon，New York，2005。
21. h 的数值约为 6.626×10^{-34} 焦・秒（国际单位制为 $kg\cdot m^2/s$），关键在于这个数非常小。焦・秒这个单位是能量与时间的乘积，表示波的能量除以波的频率（以 Hz 为单位）。

22. A.Hermann，*The Genesis of Quantum Theory*，MIT Press，Cambridge MA，1971.
23. Helge Kragh，'Max Planck：The reluctant revolutionary'，*Physics World*，vol. 13（12），2000. Available online at https：//doi.org/10.1080/ 14786440709463670.
24. Abraham Pais，*Subtle is the Lord：The Science and Life of Albert Einstein*，Oxford University Press，Oxford，2005，p.382.
25. 1909 年 10 月，他暂时停止了光电效应的研究，开始一系列重要实验，这也会让他青史留名。他的想法十分精妙，只要你学过物理，密立根的名字就不会陌生。密立根从汤姆孙 1897 年的工作中了解到电子是粒子，但他提出了测量电子电荷最精确的方法。这项工作使人们不再怀疑流经导线的电流就是电子。即便今天，大学生也经常重做这一著名的"油滴"实验。但于我而言，他较不为人所知却更为艰辛的光电效应实验才最令人印象深刻。
26. 加州理工学院已将密立根的名字从其建筑、荣誉、资产中移除，原因在于他似乎难以接受"种族平等"的理念。密立根允许一项道德上备受谴责的优生学运动借用自己的名字，这项运动当时在科学上就已声名狼藉。参见 https://www.caltech.edu/about/news/caltech-to-remove-the-names-of-robert-a-millikan-and-five-other-eugenics-proponents。
27. 发光二极管（LED）运用了相反的过程，用电发光。
28. 这个方法被称为光电容积脉搏波（PPG），也用于脉搏血氧仪。
29. 严格来说，在这些轨道上发现电子的概率约 90%：基于海森堡的测不准原理，电子的位置是不确定的。
30. V.Kandinsky，"Reminiscences"（1913），in V. Kandinsky，

Kandinsky：Complete Writings on Art. Edited by Kenneth C. Lindsay and Peter Vergo. 2 vols. Boston：G. K. Hall and Co.；London：Faber and Faber，1982，p. 370.

31. 人具有波长意味着什么？真的没什么影响；任何具有质量和能量的物体可以说都具有波长，走路时我们的波长约 10^{-37} 米，比我们能进行的最小测量还要小。很抱歉让人失望了。

32. 网上资料可见 https：//medium.com/the-phys ics-arxiv-blog/physicists-smash-rec ord-for-wave-particle-duality-462c39db8e7b which refers to Sandra Eibenberger et al.，'Matter-wave interference with particles selected from a molecular library with masses exceeding 10000 amu，*Physical Chemistry Chemical Physics*，vol.15，2013，pp.14，696-700. https：//doi.org/10.1039/C3CP51500A。

33. A.Tonomura et al.，'Demonstration of single-electron buildup of an interference pattern'，*American Journal of Physics*，vol. 57，1989. https：//doi.org/10.1007/s00016-011-0079-0.

34. R.Rosa，'The Merli-Missiroli-Pozzitwo-slitelectron-interference experiment'，*Physics in Perspective*，vol. 14，2012，pp. 178-195. https：//doi.org/10.1119/1.16104.

35. 关于固体中能带的详细但易懂的解释，可见'Why do solids have energy bands?，*Forbes*，2015. Available online at https：//www.forbes.com/sites/chadorzel/2015/07/13/why-dosolids-have-energy-bands/#2acb0b9d1080。

第四章

1. 弗朗茨·林策在博士期间进行过十二次气球飞行，阿尔弗雷德·高克尔和卡尔·伯格维茨也在维克托·赫斯之前使用了热气球。

2. 不要与 1965 年彭齐亚斯和威尔逊发现的宇宙微波背景辐射混淆，那是宇宙形成早期阶段留下的微弱电磁辐射。

3. C.T.R.Wilson，‘XI. Condensation of water vapour in the presence of dust-free air and other gases’，*Philosophical Transactions of the Royal Society of London*，Series A，vol. 189，1897，pp. 265-307. https：//doi.org/10.1098/rsta.1897.0011.

4. C.T.R.Wilson，‘On the ionization of atmospheric air’，*Proceedings of the Royal Society*，vol. 68，1901. https：//doi.org/10.1098/rspl.1901.0032.

5. Sue Bowler，‘C.T. R.Wilson，A great Scottish physicist：His life，work and legacy’（conference paper），*Royal Society of Edinburgh*，2012.

6. 在现代玻璃吹制实验室里，使用的是派莱克斯耐高温玻璃——和你家里厨房用的一样。这是一种广泛使用的标准方法，因此如今的科学吹玻璃工人几乎不需要专门技术，就可以把来自日本、美国或欧洲的部件轻易拼接起来。但威尔逊用的是钠玻璃，更易碎且很难成形。

7. C.T.R Wilson，Nobel Lecture，12 December 1927.

8. 出处同上。

9. G.Zatsepin and G.Khristiansen，‘Dmitri V. Skobeltsyn’，*Physics Today*，vol. 45（5），1992. https：//doi.org/10.1098/rspl.1901.0032.

10. Harriet Lyle，interview with Carl Anderson，January 1979. Available at http：//resolver.caltech.edu/CaltechOH：OH_Anderson_C. Accessed 6 April 2021.

11. C.D.Anderson，‘The Positive Electron’，*Physical Review*，vol. 43，1933，p. 491. https：//doi.org/10.1103/PhysRev.43.491.

12. “反物质”这个术语并非由狄拉克发明的，而是由亚瑟·舒斯特在 1898 年提出的（A.Schuster，‘Potential matter：A holiday dream，

Nature，vol. 58，1898）。然而他的想法完全是猜测性的，并且会引起反重力，而现代的反物质概念不会如此。

13. John Hendry，*Cambridge Physics in the Thirties*，Adam Hilger，London，1984.
14. E.Cowan，'The picture that was not reversed'，*Engineering and Science*，vol. 46（2），1982，pp. 6-28. Available online at：https：//resolver.caltech.edu/CaltechES：46.2.Cowan. Last accessed 18 January 2022.
15. Werner Heisenberg，letter to Wolfgang Pauli，31 July 1928. In W. Pauli，*Scientific Correspondence*，vol.1，Springer Verlag，Berlin，1979.
16. A.Pais，*Inward Bound*，Oxford University Press，Oxford，1986，p. 352.
17. 布莱克特要等到 1948 年做出另一项重要发现才获奖，而奥基亚利尼错失了这个机会。
18. 它们是真正的基本粒子，因此并非由电子组成，在这个衰变里，还有两个被称为中微子的幽灵般的粒子，很久之后才被发现。我们会在第九章见到它们。
19. 这位是匈牙利－美国物理学家 I. I. 拉比。
20. 后续我们会看到，介子这个词赋予了由一个夸克和一个反夸克构成的不稳定亚原子粒子，但那是未来很久以后的事了。
21. Lyle，Anderson interview.
22. Ruth Lewin Sime，'Marietta Blau：Pioneer of photographic nuclear emulsions'，*Physics in Perspective*，vol. 15，pp. 3-32. https：//doi.org/10.1007/s00016-012-0097-6.
23. https：//www.nobelprize.org/prizes/physics/1950/summary/.

24. Rajinder Singh and Suprakash C.Roy，*A Jewel Unearthed*：*Bibha Chowdhuri*，Shaker Verlag，Düren，2018.
25. C.M.G.Lattes et al.，'Processes involving charged mesons'，*Nature*，vol. 159，1947. https：//doi.org/10.1038/159694a0.
26. Singh and Roy，*A Jewel Unearthed*，p.11. 然而有趣的是，鲍威尔的诺贝尔奖演讲中却并没有提及布劳或乔杜里的工作。
27. Sime，'Marietta Blau'.
28. M.W.Rossiter，'The Matthew Matilda effect'，*Social Studies in Science*，vol. 23（2），1993. https：//doi.org/10.1177/030631293023002004.
29. μ 子衰变为电子和中微子。见第九章。
30. http：//www.scanpyramids.org/index-en.html and the paper of the finding，K. Morishima et al.，'Discovery of a big void in Khufu's Pyramid by observation of cosmic-ray muons'，*Nature*，vol. 552，2017，pp. 386-390. https：//doi.org/10.1038/nature24647.
31. 如果你能想出一种使用这种技术的新方法，就可以通过与"Muographix"合作获得资金，帮助产生新的产业，Muographix 向获得探测器技术的企业家发出公开邀请。

第五章

1. 奖学金由英国皇家专门调查委员会为 1851 年万国工业博览会而颁发。
2. E.Rutherford，'1928 Address of the President at the anniversary meeting'，*Proceedings of the Royal Society*，vol. 117，1928，pp. 300-316.
3. M.L.E.Oliphant and W.G.Penney，'John Douglas Cockcroft 1897-1967'，*Biographical Memoirs of Fellows of the Royal Society*，vol.

14，1968.Available online at https：//royalsocietypublish ing.org/doi/pdf/10.1098/rsbm.1968.0007.

4. E.Rutherford，'Structure of the radioactive atom and the origin of the α-rays'，*Philosophical Magazine*，Series 7（4），1927，pp. 580-605. https：//doi.org/10.1080/14786440908564361.
5. George Gamow，*My World Line：An Informal Autobiography*，Viking，New York，1970.
6. 出处同上。
7. 出处同上。
8. 指的是只带一个电荷的粒子。$E=qU$ 的含义是，粒子的电荷量 q 乘以粒子通过的电压 U，等于获得的能量 E。
9. Brian Cathcart，*The Fly in the Cathedral：How a Small Group of Cambridge Scientists Won the Race to Split the Atom*，Penguin，Harmondsworth，2004.
10. 当导体周围的电场没有强到引起故障或火花时，就会出现电晕效应，使得周围空气导电，通常在空气中发出蓝光。
11. 每一步都由二极管（使电流只能从一个方向通过，就像电的单行道）和电容器（储存电荷，就像电的停车场）组成。后来当他想注册专利时，却发现发明已经由海因里希·格莱纳赫注册了。
12. J.D.Cockcroft and E.T.S.Walton，'Disintegration of lithium by swift protons'，*Nature*，vol.129，1932，p. 649. https：//doi.org/10.1038/129649a0.
13. Cathcart，*The Fly in the Cathedral.*
14. 考克饶夫和瓦尔顿把电压降低到这个数量，发现实验仍然可以成功。
15. 考克饶夫研究所是英国的两大加速器研究所之一，以考克饶夫的名字命名，他来自托德莫登，距离柴郡达斯伯里的研究所大概一小时车程。另一个是牛津的约翰·亚当斯加速器科学研究所，写这本书时，我就在这里接受训练与工作，研究所以 CERN 的前研究室主任的名字命名，而非美国前总统。

16. ISIS 中子与 μ 子源。
17. J.Thomason，‘The ISIS spallation neutron and muonsource’，*Nuclear Instruments and Methods in Physics Research A*，vol.917，2019，pp. 61-67. https：//doi.org/10.1016/j.nima.2018.11.129.
18. Harry E.Gove，From Hiroshima to the Iceman：*The Development and Applications of Accelerator Mass Spectroscopy*，Institute of Physics Publishing，Bristol，1999.
19. 在美国，之前就有工作使用了回旋加速器，可参考 Richard Muller，‘Radioisotope Dating with a Cyclotron，*Science*，vol.196，1977，pp. 489-494，虽然这篇文章并没有论证运用 AMS 的碳定年法。戈夫的团队是第一个完成的，在实验中使用了串联式加速器，时至今日仍是首选的技术。
20. 不确定戈夫和本内特是否检测过这把小提琴，但即便它是真品，他们也很有可能只能确定一个模糊的日期。斯特拉迪瓦里小提琴被制作时，正赶上为期三十年的太阳活动微弱期，名为“蒙德极小期”。这段时期太阳 UV 的较低水平使地球大气层中的臭氧增多，进而使宇宙线在大气中产生了过量的放射性碳 -14。蒙德极小期的木材都含有过量的碳 -14，这使其看起来像是最近才形成的，像来自 20 世纪 50 年代。不进行更传统的历史调查，想避免这种年代的模糊性是不可能的。在现代碳年代测定技术中，这样的时期是已知且得到解释的。
21. Available online at https：//inis.iaea.org/search/search.aspx?orig_q=RN：47061416.

第六章

1. 这段时期元素周期表的一个版本可参考 https：//www.meta-synthesis.com/webbook/35_pt/pt_database.php?PT_id=1017。
2. Herbert Childs，*An American Genius*：*The Life of Ernest Orlando Lawrence*，*Father of the Cyclotron*，E.P.Dutton，Boston，1968.
3. 在金属管这样的导体内部，外部电压不会进入内部。
4. Childs，An American Genius.
5. 出处同上。
6. M.S.Livingston and E. M. McMillan，'History of the Cyclotron'，*Physics Today*，vol.12（10），1959. https：//doi.org/10.1063/1.3060517.
7. L.Alvarez，*Ernest Orlando Lawrence*：*A Biographical Memoir*，National Academy of Sciences，Washington DC，1970.
8. Childs，An American Genius.
9. E.O.Lawrence，'Radioactive sodium produced by deuton bombardment'，*Physical Review*，vol.46，1934，p. 746. https：//doi.org/10.1103/PhysRev.46.746.
10. 从那时起，动物实验的伦理也经历了重大改革。
11. 钴 -60 在医疗领域的使用已经被认定为具有核扩散风险，如果辐射源处理不当的话，也会造成不必要的辐射暴露的危险。随着加速器成为现在更受青睐的辐射源，钴 -60 的使用预计将减少，就像在第十章讨论的那样。
12. 如今，恒星光谱中锝的存在为恒星中产生重元素提供了证据，这一过程被称为“恒星核合成”，但直到 20 世纪 50 年代末才为人所知。
13. D.C.Hoff man，A.Ghiorso and G.T.Seaborg，'Chapter 1.2：Early Days at the Berkeley Radiation Laboratory' in *The Transuranium*

People: *The Inside Story*, University of California, Berkeley and Lawrence Berkeley National Laboratory, 2000.

第七章

1. https://www.nytimes.com/1998/06/09/nyregion/commemorating-a-discovery-in-radio-astronomy.html.
2. 贝尔-伯内尔如今是一位著名教授，倡导科学的多样性。2018 年，她捐赠了从科学突破奖赢得的 300 万美元奖金，用于资助奖学金，以增加物理学的多样性。
3. 伊利诺伊大学物理学院为这项命名举办了一场比赛，参赛作品中有一个 85 个字母的德语名字，幸好它没有胜出：Ausserordentlichehochgeschwindigkeitselektronenentwickelndesschwerarbeitsbeigollitron，意为“产生超高速电子的努力工作的不可思议的机器”。
4. 罗尔夫·维德罗也有相似的想法。
5. 专家们真的把真空室称为“多纳圈”。
6. 即便今天，我们仍将加速器中粒子的这种典型振荡称为“电子感应加速器振荡”。
7. 早在 1897 年，理论物理学家就已指出这点，在早期的尝试中，它应用于卢瑟福的原子模型，用来描述电子如何失去能量并螺旋式坠入原子核。在玻尔运用量子力学解释了原子的稳定性，使这一问题与理解原子不再相干后，绝大多数物理学家就不再考虑它了。20 世纪 40 年代，随着电子感应加速器的出现，电子被加速到的能量已足以让这一效应成为问题。
8. 几年以后，麦克米伦发表了同步回旋加速器的完整理论，尽管他了解奥利芬特的想法，却只字未提或引用奥利芬特的著作。
9. 逆风冲浪者的类比由我在 RAL 的前同事史蒂芬·布鲁克斯博士提

供，他目前在布鲁克海文国家实验室任职。

10. 磁铁是由许多扁平的薄片或“薄板”连接而成的，就像一块被切成薄片的金属蛋糕。当施加在磁铁上的电压迅速变化时，这种分割磁铁的办法有很大作用，因为电“涡流”不会流经整个磁铁。
11. 两名英国物理学家 F. K. 高厄德和 D. E. 巴恩斯比他们早了一个月，他们在伍尔维奇兵工厂把一台小型电子感应加速器改造为 8 兆电子伏的电子同步辐射回旋加速器。
12. H.Pollock，‘The discovery of synchrotron radiation’，*American Journal of Physics*，vol.51，1983. https：//doi.org/10.1119/1.13289.
13. 如果你想辨别你的太阳镜是不是偏光的，可以让它与商店里的偏光太阳镜成 90 度角，透过镜片去看：如果全黑，那就是偏光的。旋转回 0 度，它又会让光通过。
14. M.L.Perlman et al.，‘Synchrotron radiation：Light fantastic’，*Physics Today*，vol.27，1974. https：//doi.org/10.1063/1.3128691.
15. 1915 年，仅仅两年后，他们就因此被授予诺贝尔奖。
16. 电子束的寿命有限，因为很多效应会使电子逐渐消失：真空中残留的少量气体对电子的散射，电子彼此间的散射，以及量子激发。要知道，电子以光量子的形式发光——在同步回旋加速器中，每个电子每一圈发射大概 100 个光子。这种量子效应会引起突然的“碰撞”，影响电子，使电子束分散，限制其在储存环中的寿命。
17. 发射的辐射功率与粒子质量的四次方成正比，即质量平方的平方。

第八章

1. 与阿尔瓦雷茨在一起的还有另外两位物理学家——哈罗德·阿格纽和劳伦斯·约翰逊。
2. https：//www.manhattanprojectvoices.org/oral-histories/carl-

dandersons-interview.

3. 与她的侄子奥托·弗里希一起。
4. https：//www.manhattanprojectvoices.org/oral-histories/evelyne-litzsinterview.
5. Winston S.Churchill，*Victory*，Rosetta Books，New York，2013.
6. 告知欧内斯特·劳伦斯这项突破的人是阿尔瓦雷茨。
7. 又过了八年时间，物理学家才识别出这些粒子实际上都是 K 介子的变体。
8. R.Armenteros et al.，‘LVI.The properties of charged V-particles’，*The London，Edinburgh，and Dublin Philosophical Magazine and Journal of Science*，vol.43，1952，pp. 597-611. https：//doi.org/10.1080/14786440608520216.
9. π 介子有三种：正电、负电与中性。
10. 这是一项巨大的挑战，就像之前提过的，质子比电子重约 2000 倍，要维持高速需要更强的磁铁，但它们的作用是迫不得已的，因为电子书会由于同步辐射而失去大部分能量，就像我们在上一章所见。
11. Luis W.Alvarez，*Alvarez：Adventures of a Physicist*，Basic Books，New York，1987.
12. Eric Vettel，*Donald Glaser：An Oral History*，University of California，Berkeley，2006.
13. 出处同上。
14. 在物理学家之间有个很流行的说法，格拉泽是在盯着一杯啤酒时发明的气泡室。遗憾的是，事实并非如此，真实的故事是这样的：有一次，格拉泽和一些同事在当地一家名为 Pretzel Bell 的酒吧，同事们开始取笑他的实验，有个同事指着啤酒里的气泡说：“哎呀，格拉泽，这事应该很简单，你在任何地方都能看到痕迹！”后来，这家酒吧把他的照片挂到墙上，宣称他是在这里做出的发明，那个说法就从那里流传开来。

15. Vettel，*Glaser.*
16. L.M.Brown，M.Dresden and L.Hoddeson，*Pions to Quarks：Particle Physics in the 1950s*，Cambridge University Press，Cambridge，1989，p. 299.
17. Vettel，*Glaser.*
18. 至少从 20 世纪 20 年代起，女性就已经开始分析粒子数据，包括第五章提到的在维也纳记录闪光的人们。在 20 世纪 40 年代，女性也受雇于分析核乳胶数据，特别是在位于布里斯托尔的塞西尔·鲍威尔的实验室。战争期间，男性去前线战斗，很多女性找到了新的工作机会，包括作为“computer”，进行细致的计算，解决很多项目中出现的微分方程。当第一台电子计算机问世时，计算机得到了“computer”的名字，女性自然而然接管了计算机程序员的角色，虽然她们经常不被承认，她们的故事在很长一段时间内都被忽略。因此当需要分析气泡室里的粒子轨迹时，按照刻板的性别划分的劳动分工几乎没有什么可讨论的，这很明显是“女性的工作”。
19. M.Gell-Mann，‘Isotopic spin and new unstable particles’，*Physical Review*，vol.92，1953，p. 833. https：//doi.org/10.1103/PhysRev.92.833 and M. Gell-Mann，‘The interpretation of the new particles as displaced charged multiplets’，*Il Nuovo Cimento*，vol. 4（S2），1956，pp. 848-866.https：//doi.org/10.1007/BF02748000.
20. “交变梯度”是一种新的聚焦概念，来自 Cosmotron 加速器物理学做出的突破，人们发现，每隔一个磁铁互换极性，粒子束就会被限制在一个窄得多的束流管里（不是你能在里面开车的那个）。这使得建造机器时可以用小得多也更廉价的磁铁，而粒子束甚至可以达到更高的能量。

21. 夸克的概念也由乔治·茨威格（George Zweig）独立提出，他称之为“艾斯”（aces）。
22. V.E.Barnes et al.，‘Observation of a Hyperon with Strangeness Minus Three’，*Physical Review Letters*，vol.12（8），1964，pp. 204-206. https://doi.org/10.1103/PhysRevLett.12.204.
23. Vettel，*Glaser*.
24. Mary Palevsky，*Atomic Fragments-A Daughter's Questions*，University of California Press，2000，p. 128.
25. 这是我自己的研究领域之一，不可否认，威尔逊是我心中的英雄。我自己的博士论文就是关于新型加速器的设计的，类似于回旋加速器，我们的设计专门用来改善现代的粒子疗法。这些机器被称为“固定场交变梯度加速器”（FFA 加速器），20 世纪五六十年代在美国由中西部大学研究协会（MURA）首先发明。
26. 以澳大利亚－英国物理学家威廉·亨利·布拉格的名字命名，他早在 1904 年就第一个做出了预言。
27. U.Amaldi，‘History of hadrontherapy in the world and Italian developments’，*Rivista Medica*，vol.14（1），2008.
28. L Hoddeson，‘Establishing KEK in Japan and Fermilab in the US：Internationalism，nationalism and high energy accelerators’，*Social Studies in Science*，vol. 13（1），1983. https://doi.org/10.1177/030631283013001003.

第九章

1. 来自弗雷德·莱因斯的诺贝尔奖演讲，可参考网址 https://www.nobelprize.org/uploads/2018/06/reines-lecture.pdf。

2. 严格来说，这个过程捕获的是中微子的反物质——反中微子，但莱因斯和考恩并不清楚这点，对我们而言暂时也几乎没什么区别。这是迈特纳和哈恩早期实验的放射性 β 衰变的相反过程，被称为“逆 β 衰变”。
3. 光电倍增管在何处发明很难确定，但人们认为是在俄罗斯或美国。现在其研发与销售主要来自日本的滨松公司。
4. 这是阴极射线示波器，见第一章。
5. 这种全身辐射计数器的想法后来被应用于医学，用于了解放射性物质（无论是天然的还是人造的）被人体吸收、循环和利用的程度。
6. 严格来讲这是一个反中微子，中微子的反物质，之所以需要反中微子，是因为衰变必须使“轻子数”守恒：电子的轻子数为 +1，反中微子为 −1，彼此相互抵消。
7. 这可不容易发生，因为你无法直接将质子熔合在一起。首先，4 个质子需要熔合为 2 个氘核，然后再添加质子，得到两个氦 -3 原子核，最后将这些熔合为一个氦 -4。在这个链条的不同步骤中，中微子、γ 射线、正电子都会释放出来。
8. 另一方面，γ 射线会由于电磁相互作用而弹来弹去，花费几十万年到达地球表面，最终以可见光的形式呈现。
9. 现在对物理学家来说，我们首先探测到的新粒子是物质还是反物质已经无关紧要了，但从这种意义而言，中微子十分有趣。我们通过与其他粒子相互作用的方式来定义中微子与反中微子，通过所谓的“轻子数”，但人们仍然不知道实际上它们是否不同，或者中微子是不是它们自己的反粒子。
10. Pontecorvo’s life is a fascinating story；see Frank Close’s books *Neutrino*，OUP，Oxford，2010 and *Half Life*，Oneworld，London，2015.
11. 你可以点此进行虚拟旅游：https：//www.snolab.ca/facility/vr-tour。

12. 神冈核子衰变实验最初被设计来测定质子的衰变，可以为质子的寿命设定上限，事实证明，它也适用于中微子，并随着时间的推移而改进。中微子在水中的相互作用可以产生电子或正电子，其运动比光速还要快（指水中的光速，比真空中的光速要慢），这个效应相当于喷气式飞机的音爆，由此产生的光锥被称为切伦科夫辐射，也就是超级神冈探测器设计测定的。
13. https：//www.symmetrymagazine.org/article/june-2013/cinderellasconvertible-carriage.
14. https：//www.techexplorist.com/scientists-measured-neutrinosoriginating-interior-earth/29364/.
15. https：//www.sheffield.ac.uk/news/nr/nuclear-particle-physicsresearch-study-watchman-uk-us-boulby-1.828008.
16. https：//www.popsci.com/science/article/2012-03/first-timeneutrinos-send-message-through-bedrock/.
17. C.Thome et al.，'The REPAIR project：Examining the biological impacts of sub-background radiation exposure within SNOLAB，a deep underground laboratory'，*Radiation Research*，vol.88（4.2），2017，pp. 470-474. doi：10.1667/RR14654.1.

第十章

1. 通常工作在 20～50 MHz（兆赫）。
2. 速调管在吉赫频段产生毫瓦量级的功率。加速器领域的工程师和物理学家往往把“微波”（超过 1 吉赫）和“无线电”（兆赫至吉赫）频率称为“射频”。
3. James P. Baxter，*Scientists Against Time*，Atlantic-Little Brown，Boston，1947，p. 142.

4. 被称为“蒂泽德计划”，以发起者、英国化学家亨利·蒂泽德的名字命名。
5. 他们不知道的是，伊藤洋二（Yoji Ito）1939 年在日本独立研发了磁控管。
6. 不要与劳伦斯在伯克利的拉德实验室搞混，MIT 的拉德实验室故意取了这个让人混淆的名字，这样人们认为他们只是在做基础物理的研究工作，而非与军事相关的雷达研究工作。
7. Frank J.Taylor，‘The Klystron Boys：Radio’s Miracle Makers’，*Saturday Evening Post*，8 February 1942，p. 16.
8. 兄弟俩后来在 1956 年将公司上市。
9. John Edwards，‘Russell and Sigurd Varian：Inventing the klystron and saving civilization’，available at https：//www.electronicdesign.com/technologies/communications/article/21795573/russell-and-sigurd-varian-inventingthe-klystron-and-saving-civilization. Accessed online 29 June 2021.
10. Christophe L é cuyer，*Making Silicon Valley*：*Innovation and the Growth of High Tech*，1930-1970，MIT Press，Cambridge MA，2006.
11. E.Ginzton，‘An informal history of SLAC：Early accelerator work at Stanford’，*SLAC Beam Line*，special issue 2，1983.
12. 计算基于这样一个假设：需要解析到质子或中子半径的百分之一，使用电子的德布罗意波长，给出 20 吉电子伏的电子能量。
13. 在夸克模型中，所有重粒子与奇异粒子可以描述为具有夸克和反夸克的组合。也就是说，质子具有一个上夸克和两个下夸克，中子具有一个上夸克和两个下夸克。介子，比如 π 介子与 K 介子，由两个夸克，或一个夸克和一个反夸克组成。奇异粒子，被视为重子，有三种夸克或反夸克。在这个过程中的某个时刻，所有通过强力进行相互作用的粒子都被称为强子。

14. 然而这一实验与金箔实验还是有点小区别。在这种情况下，电子在碰撞中会失去一些能量，因而这种碰撞被称为非弹性碰撞，而非金箔实验中的弹性碰撞。这个实验被视为深度非弹性散射。
15. 直到 1999 年，另一个物理学项目，引力波干涉仪（LIGO）接过了这一头衔。
16. 如今已升级至 50 吉电子伏。
17. Michael Riordan，‘The discovery of quarks’，Science，vol. 256，pp. 1，287-293.https：//doi.org/10.1126/science.256.5061.1287.
18. 可参考网址：https：//hueuni.edu.vn/portal/en/index.php/News/the-road-to-the-nobel-prize.html，2020 年 10 月 5 日访问。
19. 氢原子具有一个质子和一个电子，氘核具有一个质子和一个中子。
20. 弗里德曼、肯德尔、泰勒后来因他们的发现而荣获 1990 年诺贝尔物理学奖。
21. 用电离辐射治疗皮肤损害的历史可以一直追溯至 1897 年，在发现 X 射线之后，但可用的能量较低，射线无法穿透进入人体，因此对肿瘤没有效果。直到加速器登场，给电子与 X 射线提供“巨电压”范围的能量，粒子束才具有足够的穿透力。
22. 在 LINAC 出现以前，放射疗法有几个竞争技术，从范德格拉夫与考克饶夫 - 瓦尔顿的机器到电子感应加速器。绝大多数机器要么太大了，要么无法为高质量治疗提供足够高的辐射剂量率。在英国，一台 3 米长、8 兆电子伏的 X 射线机是世界上第一台治疗患者的 LINAC，但这台机器太大了，无法四处移动，从很多角度传输粒子束。与此同时，英国也制造了一些小一些的 4 兆电子伏机器，不久之后，机器被安装在澳大利亚、新西兰、日本、俄罗斯。随着放射疗法的发展，瓦里安的新机器很快取代了这些早期设备。
23. https：//www.iceccancer.org/cern-courier-article-developing-medical-

linacs-challenging-regions/.

24. https：//www.computerworld.com/article/3173166/bill-nye-backed-startup-uses-particle-accelerator-to-make-solar-panels-60-cheaper.html.
25. 高能电子治疗与快速剂量输送相结合，以达到所谓“闪电”效果，是当下这一领域很热的主题。

第十一章

1. ‘R. R. Wilson’s congressional testimony，1969，*Fermilab*. Available online at https：//history.fnal.gov/historical/people/wilsontestimony.html. Accessed 31 May 2021.
2. 出处同上。
3. 威尔逊大厅按照法国博韦的教堂的风格修建而成。
4. https：//history.fnal.gov/goldenbooks/gb_wilson.html.
5. L.Hoddeson，A.W.Kolb and C.Westfall，*Fermilab*：*Physics*，*the Frontier*，*and Megascience*，University of Chicago Press，2009，p. 101.
6. 关于白鼬的清洁方法是否有效，报道褒贬不一，但无论如何，机器人系统后来取代了费利西娅。
7. 被称为“慢共振提取”。
8. Hoddeson，Kolb and Westfall，*Fermilab*.
9. J/ Ψ 粒子是个结合体，或一个粲夸克和一个反粲夸克的“束缚态”，因为夸克无法被单独“发现”。SLAC 伯顿 · 里克特的小组把新粒子命名为 Ψ，在布鲁克海文，丁肇中的小组把它命名为 J，两个小组在发现时间上十分接近，因此粒子就以二者的组合 J/ Ψ 而得名。
10. D.C.Hom，L.M. Lederman et al.，‘Observation of high mass dilepton pairs in hadron collision at 400 GeV’，*Physical Review Letters* vol. 36（21），1976，pp.1，236. https：//doi.org/10.1103/

PhysRevLett.36.1236.

11. 严格来讲，其含义是如果新粒子不存在，从数据上来看，它存在的概率就只有 350 万分之一。那样陈述有点让人讨厌，但没有办法绕过条件 “if” 语句，因为这就是统计数据的工作方式。但我更喜欢这样表述：“这些数据是意外的可能性不到 350 万分之一。”
12. ‘Revisiting the b revolution’，CERN Courier，2017. Available online at https：//cerncourier.com/a/revisiting-the-b-revolution/.
13. 首个超导材料为铌－锆和铌－钛。
14. J.Jackson，‘Down to the Wire’，*SLAC Beam Line*，vol. 73（9），spring 1993，p. 14.
15. 在布鲁克海文，这一教训是惨痛的，他们正为名为 ISABELLE 的稍小些的超导加速器制造磁铁。布鲁克海文制造的样机更少，当在较短长度奏效的磁铁无法在全尺寸正常工作时，他们感到很震惊，这个问题对 1982 年取消 ISABELLE 项目起到了很大作用。
16. 对撞机的第一个想法似乎是由罗尔夫·维德罗在 1953 年提出的，后续想法来自俄罗斯的新西伯利亚、中西部大学研究协会（MURA）、布鲁克海文、SLAC、剑桥电子加速器（CEA）。
17. 1985 年 10 月 13 日，首次进行了 1.6 太电子伏的对撞。
18. 这个衰变也会产生一个 W 玻色子，弱相互作用的带电载体。
19. https：//cerncourier.com/a/superconductors-and-particle-physicsentwined/.
20. https：//www.elekta.com/radiotherapy/treatment-delivery-systems/unity/.
21. http：//bccresearch.blogs pot.com/2010/09/global-market-for-mrisystems-to-grow.html.
22. Judy Jackson，‘Down to the wire’，SLAC Beam Line，vol. 23（1），1993，p.14. https：//www.slac.stanford.edu/history/newsblq.shtml.

第十二章

1. 埃文斯也是我所在的加速器物理领域唯一的英国皇家学会会员。
2. M.Krause，*CERN：How We Found the Higgs Boson*，World Scientific，Singapore，pp. 98-107.
3. Interview with Lyn Evans，*BBC Wales*（archived）. Available online at https：//www.bbc.co.uk/wales/scifiles/interviewsub/liveevans.shtml.
4. Krause，*CERN.*
5. W 和 Z 玻色子重约 70 吉电子伏。
6. 这一数字看起来相当明确，因为它基于希格斯玻色子的质量，我们就要谈到了，坚持住！
7. 由伦敦大学学院的物理学家大卫・米勒提出。
8. J. D. Shiers，*Data Management at CERN：current status and future trends*，Proceedings of IEEE 14th Symposium on Mass Storage Systems，1995，pp. 174-181，doi：1109/MASS.1995.528227.
9. https：//www.bondcap.com/pdf/Internet_Trends_2019.pdf.
10. 人均国内生产总值为 1369 美元，克什米尔的人口为 1255 万，因此总 GDP 约 170 亿美元。参见 https：//thediplomat.com/2020/08/perpetual-silence-kashmirs-economy-slumps-underlockdown/。
11. 'Tevatron experiments close in on Higgs particle'，*Symmetry*，July 2011. Available online at https：//www.symmetrymagazine.org/breaking/2011/07/27/tevatron-experiments-close-in-on-higgs-particle.
12. 贾诺蒂后来成了 CERN 的首位女性总干事，撰写本文时她在这一职位。
13. https：//seeiist.eu.
14. 关于 CERN 技术系列产品的信息，可见 https：//kt.cern/technologies。
15. 参见 *The Impact of CERN*，CERN-Brochure-2016-005-Eng，December

2016. https：//home.cern/sites/home.web.cern.ch/files/2018-07/CERN-Brochure-2016-005-Eng.pdf. Accessed 11/10/2021. Also see P. Castelnovo et al.，'The economic impact of technological procurement for large scale infrastructures：Evidence from the Large Hadron Collider，*CERN* paper，2018. Available online at https：//cds.cern.ch/record/2632083/files/CERN-ACC-2018-0022.pdf.

16. David Villegas et al.，'The role of grid computing technologies in cloud computing'，in B. Fuhrt（ed.），*Handbook of Cloud Computing*，Springer Verlag，Berlin，2010，pp. 183-218.
17. P. Amison and N. Brown，*Evaluation of the Benefits that the UK has derived from CERN*，Technopolis Group，2019.
18. 顺便一提，中微子的质量不能解释宇宙中缺失的质量。

第十三章

1. 这项工程基于高频 X 波段加速技术：撰写本文时，它们的检测系统之一，正被安装在位于墨尔本大学的我的新实验室里，在医疗和工业加速器方面发展我们的项目，也会为未来的直线对撞机发展做出贡献。
2. 在 CERN，Edda Gschwendtner 正在监管高级尾流场实验（the Advanced Wakefield Experiment），获取 400 吉电子伏的质子束，用它们制造等离子体通道来加速电子。
3. 这项调查于 2015 年进行，在新冠病毒大流行、特朗普任期与英国脱欧之前。可参考 https：//ourworldindata.org/a-history-of-global-living-conditions-in-5-charts。
4. https：//www.theguardian.com/science/2013/dec/06/peter-higgs-boson-acade mic-system.

著作权合同登记号：图字 18-2023-196

图书在版编目（CIP）数据

迷人的粒子 /（澳）苏西·希伊著；杨光译 . -- 长沙：湖南科学技术出版社，2024.7
ISBN 978-7-5710-2877-0

Ⅰ . ①迷…　Ⅱ . ①苏… ②杨…　Ⅲ . ①粒子物理学 Ⅳ . ① O572.2

中国国家版本馆 CIP 数据核字（2024）第 088545 号

上架建议：畅销·科普

MIREN DE LIZI
迷人的粒子

著　　者：［澳］苏西·希伊
译　　者：杨　光
出 版 人：潘晓山
责任编辑：刘　竞
监　　制：吴文娟
策划编辑：董　卉
特约编辑：陈　黎　罗雪莹
版权支持：王媛媛　姚珊珊
营销编辑：傅　丽
封面设计：利　锐
版式设计：马睿君
出　　版：湖南科学技术出版社
（湖南省长沙市芙蓉中路 416 号　邮编：410008）
网　　址：www.hnstp.com
印　　刷：河北鹏润印刷有限公司
经　　销：新华书店
开　　本：680 mm × 955 mm　1/16
字　　数：255 千字
印　　张：18.5
版　　次：2024 年 7 月第 1 版
印　　次：2024 年 7 月第 1 次印刷
书　　号：ISBN 978-7-5710-2877-0
定　　价：59.80 元

若有质量问题，请致电质量监督电话：010-59096394
团购电话：010-59320018